Web开发者晋级之道

架构、模式和领域驱动设计

U0171716

王西友◎编著

道

机械工业出版社
China Machine Press

图书在版编目（CIP）数据

Web开发者晋级之道：架构、模式和领域驱动设计/王西友编著. —北京：机械工业出版社，2021.7

ISBN 978-7-111-68810-5

Ⅰ．①W…　Ⅱ．①王…　Ⅲ．①网页制作工具－程序设计　Ⅳ．①TP393.092.2

中国版本图书馆CIP数据核字（2021）第152889号

Web 开发者晋级之道：架构、模式和领域驱动设计

出版发行：机械工业出版社（北京市西城区百万庄大街 22 号　邮政编码：100037）

责任编辑：刘立卿　　　　　　　　　　　　　　　责任校对：姚志娟

印　　刷：中国电影出版社印刷厂　　　　　　　版　　次：2021 年 8 月第 1 版第 1 次印刷

开　　本：186mm×240mm　1/16　　　　　　　印　　张：24.5

书　　号：ISBN 978-7-111-68810-5　　　　　　定　　价：109.80 元

客服电话：（010）88361066　88379833　68326294　　　投稿热线：（010）88379604

华章网站：www.hzbook.com　　　　　　　　　　读者信箱：hzit@hzbook.com

本书法律顾问：北京大成律师事务所　韩光/邹晓东

  Web 应用程序是企业应用开发的主流领域之一，它一般采用"客户端-服务器"架构，用户在客户端的浏览器上进行人机交互，而重要的逻辑和数据计算则在服务器上进行。随着移动互联网的普及，手机 App 逐渐兴盛，它比 Web 应用程序有更好的用户体验，在使用的灵活性上也远超 Web 应用程序，以至于出现了"手机 App 会代替 Web 应用程序"的说法。但这种说法忽略了一个事实：一个软件，尤其是企业应用软件，其核心在于解决问题的领域模型。从这个角度看，手机 App 和 Web 应用程序的区别仅仅在于人机交互方式的不同，手机 App 同样采用"客户端-服务器"架构，这和 Web 应用程序一样，其最有价值的核心代码仍然运行在服务器上。事实上，手机 App 和 Web 应用往往使用的是同一个服务器。

  随着物联网技术的发展，软件的交互方式更加丰富，很多联网的硬件可以和软件系统进行交互，而不仅限于人机交互。这些智能硬件作为新的交互方式将会大大改变软件的模式。手机 App 和 Web 应用程序作为流行的交互方式，将与智能硬件交互方式共存。交互方式本质上也是企业应用中流程控制的一种方式，就算 Web 应用程序会进化到所谓的"流程嵌入软件"的程度，运行在服务器端的越来越复杂的领域模型代码也不会改变。

  开发一个功能强大、性能稳定、使用灵活和易扩展的 Web 应用程序离不开编程语言的支持，更离不开软件工程的支持。如果说软件产品是现实的抽象，那么软件工程就是抽象的抽象，或者说是对软件开发过程和解决方案的提炼与重用。对于开发人员而言，编程语言是基础，但其对软件工程的理解程度决定了他所开发的软件的质量。可以说软件工程的重要性要远大于编程语言本身，毕竟软件是思想的产物，而语言只是表达思想的手段。

  目前，已经出版的 Web 开发类图书大多都把重点放在了 Web 框架的使用和项目的编码实现上，而鲜见一本从软件的设计思想、架构和开发模式的角度讲解 Web 开发的图书。这便是笔者写作本书的原因。本书将带领读者快速建立软件开发的知识体系，了解基于 ASP.NET Core 的项目案例的开发过程，从而帮助读者系统地学习开发高效、稳定的 Web 应用程序所需要掌握的知识。

本书特色

- 不局限于 Web 框架的介绍，而是以架构和模式为起点，全面介绍应用软件解决问题的思路和方法。这些思路和方法是新入职开发人员所缺乏的，也是他们职业晋级所必备的。
- 通过一个 Web 应用项目案例，详细介绍领域驱动设计的落地过程和支撑技术，这对于 Web 应用开发人员而言有较高的参考价值。

- 用理论结合实战的方式进行讲解，帮助读者快速掌握项目开发的相关知识和技巧。
- 本书的项目案例源代码具有较高的工程应用价值，读者稍加修改即可用于自己的项目开发中。

本书内容

第1篇　软件开发内功心法

第 1 章主要介绍开发一个软件项目需要面对的几个问题，包括领域模型的创建、架构的选择、软件框架的使用和数据存储的实现。

第 2 章主要介绍软件的发展历程，以及几种主流编程规范的特点和它们在描述问题、解决问题时的思想。其中，重点介绍面向对象和面向组件的编程思想，这是后续章节中要频繁使用的。

第 3 章围绕软件架构展开，主要介绍架构的概念、意义和描述架构的"4+1 视图"，并介绍几种 Web 应用的常用架构，以及它们之间的演进过程。

第 4 章主要介绍面向对象程序设计的六大原则和设计模式的相关知识，这些原则用于指导开发人员在面向对象的程序设计中避免错误的选择，而更具象的设计模式则是这些原则的实际应用。

第 5 章介绍项目案例 iShopping 的背景知识，以及如何用"4+1 视图"设计和描述项目架构。该项目是用流行的 ASP.NET Core 框架实现的，它是一款非常典型的企业级 Web 应用。

第2篇　领域驱动设计落地

第 6 章介绍领域驱动设计的工具，以及组成领域模型的基本元素的概念和意义。

第 7 章介绍如何综合运用第 6 章中介绍的工具和元素创建项目案例的领域模型。

第 8～10 章分别对 iShopping 系统的基础设施层、应用程序层和 UI 层的实现展开讲解，展示一个 Web 应用程序的完整实现过程。

配套资源获取方式

本书项目案例的完整源代码需要读者自行下载。请在华章公司的网站（www.hzbook.com）上搜索到本书，然后单击"资料下载"按钮，即可在本书页面上找到下载链接。另外，读者还可以通过 https://e.coding.net/ishopping/ishopping/iShopping.git 网站进行获取。

读者对象

本书适合以下读者阅读：
- 有一定 C#基础的 Web 开发人员；
- 想提升 Web 项目开发水平的程序员；
- Web 开发项目经理；
- 高校相关专业的学生；
- 相关培训机构的学员。

本书意在帮助新入行的软件开发人员和编程爱好者快速了解和掌握基于 ASP.NET Core 的 Web 应用程序开发技术。阅读本书需要读者具备基本的 C#语言基础和面向对象程序设计的基础知识。另外，建议读者对统一建模语言（Unified Modeling Language，UML）也要有所了解，这有助于更好地理解书中的模型。

致谢

编写本书遇到的困难远超笔者的想象。如果没有家人和朋友的支持，很难想象笔者能完成这本书的写作。在此首先要感谢笔者的家人，在编写本书的一年多的时间里，笔者陪伴他们太少。另外还要感谢参与本书出版的编辑，他们一次次不厌其烦地帮我出谋划策并细心地修改书稿，才得以让本书顺利出版。最后感谢读者朋友们，本书因你们而有价值。

王西友

|目录|

第 2 篇 领域驱动设计落地

第1篇
软件开发内功心法

第1章 如何开始一个软件项目

软件开发并不是一件轻松的事情。尤其是对于刚入行的设计人员来说，虽然他们已经学习过编程语言的基础知识，但是在面对一个复杂的软件项目时，仅仅掌握编程语言的基础知识，很难独立完成项目的设计。本章将从完成一个软件项目需要面对的几个问题出发，简单介绍领域模型的创建、架构的选择、软件框架的使用和数据存储的实现所涉及的一些基本概念和理念，帮助读者从整体上了解一个软件项目的基本开发过程。

1.1 软件项目开发面临的挑战

一个软件项目的实现过程大致可以分为两个部分：一部分是软件架构设计，另一部分是代码的实现。每一部分的工作都需要相应的知识体系作为支撑。软件开发知识体系不仅包括编程语言，而且还涉及大量的设计原则和模式，这些原则和模式是对以往经验的提炼。开发人员很好地掌握这些设计原则和模式，有利于软件项目的设计，同时也可以帮助他们避免前人所犯的错误。

软件产品的独特性在于：它是思想的产物，开发人员在实现他的想法时几乎不用耗费太多的实体材料。不同于创造一辆汽车或其他产品，软件产品的创造过程没有物理实体的制造环节。也就是说，创建软件产品的主要过程可以分成两步：第一步是原型的构思，第二步是针对原型构思的详细设计。没有物理制造的环节也就意味着软件产品的创建成本很低。

这种成本很低的实现方式，为软件的开发提供了不同于实体产品的巨大的灵活性，设计师完全可以根据个人的知识体系和爱好选择实现的方式。这种巨大的发挥空间同时也带来了巨大的隐患。一个好设计的基础是完整的知识体系，而不是盲目的设想。如何在设计的巨大空间中避免隐患，就是本书前半部分所要阐述的内容，也就是创建软件产品的知识体系。

软件工程是一个庞大的知识体系，它源自一个个成功或者失败的项目，是对软件设计过程中的经验总结和教训提炼。总结和提炼出来的内容最终形成了软件设计的理论，也就是软件设计的原则和模式。这些原则和模式不但可以应用到开发人员的软件系统设计中，更重要的是可以帮助开发人员在从构思到实现的过程中，避免犯前人曾经犯过的错误，避免走前人曾经走过的弯路。

本书的后半部分将通过一个软件项目的实现过程，展示软件开发过程中如何应用这些原则和模式。当然，这些原则和模式是高度提炼和抽象的理论知识，在设计过程中往往因为各种因素的限制并不能完全满足开发人员的需求。在软件设计的过程中，理论和实践之间的平衡非常重要，但平衡的前提是开发人员需要非常了解这些原则。

在正式开始本书的讲解之前，先让我们通过一个虚拟的图书馆管理项目来了解一下软件项目开发中的各项挑战。

1.1.1　领域模型的创建

假设我们要开发一个简易的图书馆管理项目。在项目开始设计时，首先要用面向对象程序设计的相关知识为图书馆管理项目建模。所谓建模，简单地说就是使用类来定义项目所要管理的对象，也就是实体对象，而在这个项目中，图书和会员就是实体对象。在建模时类定义了实体对象的数据，比如图书的书号、名称、作者和出版社等。类里除了定义实体对象的数据以外，还定义了实体对象的操作方法，比如图书的入库方法。

在为图书馆管理项目建模时，必须要考虑图书馆管理的逻辑，比如读者最多只能借阅三本图书。在图书馆管理项目中，还有很多这样的逻辑，一般我们称这些逻辑为业务逻辑，它们都属于图书馆管理的领域范围。业务逻辑一般是在实体对象类的方法中实现，为了实现业务逻辑，类之间还需要维持各种关系，比如读者类必须知道他所借阅的图书。

为实体对象建模的类组成了一个完整的模型，我们称之为领域模型。领域模型包含所有实体对象及领域范围内的业务逻辑，领域模型体现了软件的核心价值。在项目开发过程中，领域模型可能一直在迭代，它的迭代体现了设计人员对问题的深入思考。因此在实际项目开发中，一般都用 UML 图来创建领域模型。UML 图可以忽略很多次要的细节，而专注于实体对象之间的关系，它比代码更加符合人类思考问题的习惯。如图 1.1 所示为图书馆管理领域模型的 UML 图。

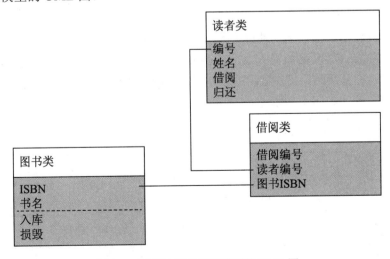

图 1.1　图书馆管理领域模型的 UML 图

　　如图 1.1 所示的图书馆管理领域模型的 UML 图是一个忽略了很多细节的模型，但该模型却能准确地展示图书和读者之间的关系。当然，对于项目开发而言，UML 图并不是领域模型的终点，领域模型最终还是需要利用代码来实现。在利用代码实现领域模型时，为了保持领域模型的适用性和灵活性，最好通过一个单独的项目完成领域模型。

　　在设计领域模型时，需要使用面向对象设计的一些原则和方法，这些原则和方法会在本书第 4 章中进行介绍。在本书的第 6 章和第 7 章中则会详细描述如何实现领域模型，以及如何实现领域模型的设计方法——领域驱动设计（Domain Driver Design）。

1.1.2　架构的选择

　　利用代码实现领域模型后，下一步要考虑领域模型代码的部署方式。领域模型的代码可以选择部署在服务器端或客户端。通常情况下，选择哪一种部署方式不会对领域模型的代码造成太大的影响，因为领域模型的代码只是实现了业务逻辑，几乎不会对运行环境产生依赖。但是不同的领域模型代码部署方式，会对使用它的客户端代码产生很大的影响。

　　选择把领域模型代码部署在客户端，就意味着客户端代码可以与领域模型代码运行在同一个程序进程中，客户端代码就可以直接调用领域模型公开的方法，如图 1.2 所示。

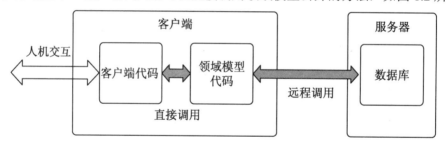

图 1.2　领域模型部署在客户端示意图

　　除了把领域模型部署在客户端以外，还可以选择将其部署在服务器端。把领域模型部署在服务器端的方式可以更加集中地管理领域模型的代码，这种方式有利于领域模型代码的升级和管理。在升级时，只要把新的领域模型代码部署到服务器端即可，而客户端代码不需要做任何改变，如图 1.3 所示。

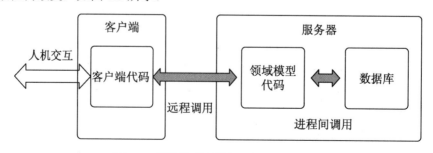

图 1.3　领域模型部署在服务器端示意图

当领域模型部署在服务器端时，客户端不能再使用直接调用的方式调用领域模型中的方法，而必须使用远程调用的方式与领域模型进行交互。进程内直接调用和远程调用的代码差异很大，这就意味着领域模型的部署方式对客户端代码的实现方式影响很大。在软件项目的详细设计阶段，如果贸然改变领域模型的部署方式，可能会造成大量的客户端代码重写，因此承担项目设计的软件工程师都希望在详细设计前确定领域模型的部署方式。

领域模型部署方式需要根据软件项目的运行环境及项目的使用人数（客户端数量）等一系列因素做出合理的选择，并且需要在项目的详细设计前完成。在软件项目开发中，需要在详细设计前做出的选择还有很多，比如客户端和服务器端的交互方式使用同步还是异步等。这些选择的共同特点是，一旦改变，将会造成大量代码的重写，因此在进行项目的详细设计前，一般都要进行架构设计，把这些选择固定下来，从而形成项目详细设计的指导和约束。而项目的详细设计则是在架构的指导和约束范围内实现系统的功能。在本书的第 3 章中会详细介绍软件项目架构设计的原则和方法，以及一些常用的架构风格和架构模式特点及其应用范围。在本书的第 5 章中会介绍书中的项目案例架构设计的详细过程。

1.1.3　软件框架的使用

在项目开发时，往往离不开软件框架（Software Framework）的支持。软件框架通常指的是为了实现某个业界标准或完成特定的基本任务的软件组件规范，也指为了实现某个软件组件规范时，提供规范所要求的基础功能的软件产品。适用于 Web 应用开发的常用软件框架有 Java 平台的 Struts、Spring，以及适用于.NET 平台的.NET Framework 及.NET Core 等。这些框架为设计人员提供了项目开发所需要的基础功能，如基本文件的读写和网络通信等。使用软件框架能够极大地提高开发效率。本书中的项目案例都是基于.NET Core 框架开发的。

事实上，大部分 Web 应用程序都是基于某个框架开发的，但过多地使用软件框架也会让开发者对框架产生依赖。在项目开发中，依赖是不可避免的，但是过多的依赖会对项目的灵活性和可扩展性产生负面影响。在使用软件框架时如何避免不必要的依赖是本书的重点内容。

ASP.NET Core 是.NET Core 的一部分，它是一个 Web 应用程序开发框架。相比市面上流行的 Web 程序开发框架，如 Spring Boot、Elixir 和 Node.js 等，ASP.NET Core 毫不逊色。ASP.NET Core 是 ASP.NET 的最新演进版本，和早期版本相比，它是非常先进的开发框架。这得益于它是开源软件，而且支持跨平台开发。开源意味着 ASP.NET Core 可以吸收来自开发社区最酷和最棒的设计思想，而不再禁锢于早期"Web 窗体"的封闭空间。事实上，开源的 ASP.NET Core 已经与主流 Web 开发框架并无二致。跨平台特性为 ASP.NET Core 的大规模应用扫除了障碍。开发人员可以把基于 ASP.NET Core 框架的 Web 应用程序部署在 Windows、iOS 和 Linux 等操作系统上。另外，对 Docker 技术的支持，意味着开发人员也可以使用 Docker 镜像把服务器程序方便地部署到云端。

1.1.4　数据存储的实现

几乎任何一个 Web 应用都离不开数据存储。项目中的数据存储主要用于把领域模型中的状态存储到数据库中。在图书馆管理项目中，每一个借书或还书的操作都会更改图书的借阅状态，那么就需要应用系统把最新的状态保存在数据库中。

在软件项目中，实现保存领域模型的状态需要很多具体技术绑定的代码，这也离不开软件框架的支持。大多数软件框架都提供了数据库读写的基础代码，比如.NET 中的 ADO.NET。使用框架中提供的技术细节就意味着对框架的依赖。为了避免领域模型对数据存储技术的依赖，最好的方式是把数据存储的代码在一个单独的项目中实现，这样就产生了分层架构的需求。

分层架构就是把软件项目分成不同的层来实现。不同的层可以保证把功能相关的代码组织在一起，从而保证不同功能的代码之间有隔离。但分层时必须遵守依赖倒置原则（Dependence Inversion Principle），才能体现分层架构的优势。而依赖注入（Inversion of Control）则是在使用分层架构时遵守依赖倒置原则的一个有效的技术手段，这部分内容会在本书的第 3 章和第 4 章中详细介绍。

实现数据存储时，如何实现领域模型对象和数据库的映射是一个挑战。对象关系映射技术（Object Relational Mapping）是应对这个挑战的有力工具。本书第 8 章会介绍如何实现对象关系映射。

1.2　小　　结

作为本书的开篇，本章通过对一个图书馆管理项目开发过程的思考，简单介绍了完成一个软件项目需要面对的几个问题。通过对这几个问题的思考，引出了软件项目开发需要面对的挑战。另外，本章对本书中要用到的相关概念和技术也做了简单介绍。

第 2 章　软件如何解决问题

本章主要涉及的知识点有：

- 面向对象：使用面向对象解决问题的思路；
- 面向组件：面向组件的思想及应用；
- 对象：对象的意义是生命周期及依赖项；
- 组件：组件的设计，以及接口的分解和继承。

🔔注意：本章内容不包括基础的语言知识和面向对象的知识。

2.1　软件的发展历程

计算机对当今世界的影响力不言而喻，而产生这种巨大的影响力的关键因素无疑是运行在各种计算机（个人计算机、服务器、智能手机）中的软件。我们都知道，计算机系统是由软件和硬件组成的，关于计算机软件和硬件的定义，这里就不再赘述了。现在我们通过另外一个视角来了解计算机（更准确地说是软件）的意义。

在一次接受采访的过程中，史蒂夫·保罗·乔布斯（Steve Paul Jobs）有一段关于计算机的描述："我认识到，人类擅长制造工具，工具可以提高工作效率，在我看来计算机就是大脑中的'自行车'，是我们超越自身的工具。"乔布斯的这段话与其说是赞扬计算机，不如说是赞扬运行在计算中的程序，也就是软件。我们都知道，虽然软件的运行离不开硬件的支持，但是能让计算机成为"智力自行车"，还得靠灵活多变、功能丰富的软件。

严格意义上的程序是 20 世纪 50 年代随着电子计算机的发明而产生的。而更广泛意义上的程序则产生得更早，例如二战时期德国军队广泛使用的"恩尼格玛密码机"。这种密码机是一系列使用相似的转子机械加密、解密机器的统称，它使用机械和电子结合的方式实现了加密和解密的算法。

恩尼格玛密码机虽然并不是严格意义上的程序，但是它的运行流程却体现出了程序的本质。这种密码机虽然在当时取得了巨大的成就，但是它的程序是靠硬件来实现的。也就是说，要想改变加密的算法，必须改动硬件。这对于已经大量装备的产品来说几乎是不可能实现的，因此在二战期间不可避免地被芬兰人雷杰夫斯基通过反复尝试的方法成功破解。

在计算机发明出来后，程序脱离了硬件的限制而成为可以自由改动的软件。这是一个伟大的进步，通过软件和硬件的解耦，软件成了计算机的"灵魂"，计算机的功能由运行在其中的软件所定义。

自从计算机被发明出来后，它被广泛地应用到各个行业中。从早期火炮的弹道计算到现在无所不在的移动应用，这期间软件发生了天翻地覆的变化，在从简单到复杂，从单机到互联的进化过程中，有两个核心问题始终贯穿其中，那就是如何描述问题及解决问题。

2.1.1　面向过程的编程

在计算机发展的早期，计算机的应用还不广泛，大部分计算机都是用于解决单一的问题，计算机系统（包括软件和硬件）都是针对单一问题而设计的。这就意味着硬件的用途较单一，不能应用到其他领域，同样，软件也是专用的。而软件的"专用"有两层含义：首先，软件是为了解决单一问题而设计的，和硬件一样，并不能应用到其他领域；其次，软件的设计依赖于具体的硬件，并不能移植到其他硬件系统中。

在现在看来，这种方式的软件有点不可思议。程序必须直接和 CPU 打交道，即编写的程序必须实时从 CPU 中读取数据，同时把运行的指令发送到 CPU 中。由于软件直接和 CPU 打交道，并且早期的 CPU 没有抽象的标准指令集，因此当时的软件都是针对特定的 CPU 设计的，几乎没有可移植性。

当然，这种方式的软件也并不是一无是处。因为针对的是单一问题，并且硬件的设计是针对具体问题的，所以当时的计算机系统中的硬件和软件都可以针对需要解决的问题进行优化。同时在问题的描述上，对于当时的软件并不是什么难题。以早期火炮的弹道计算机为例，它的问题描述就很简单，就是计算火炮射击时的角度。火炮射击的原理如图 2.1 所示。

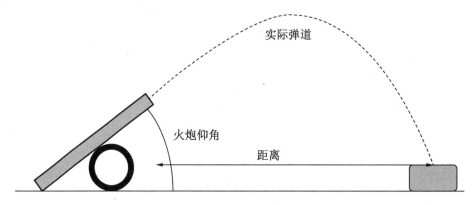

图 2.1　火炮射击的原理

了解火炮原理的人都知道，火炮在射击时，炮弹受重力的影响并不是按照一条直线飞行，实际上炮弹的飞行轨迹是一条抛物线。因此在火炮射击时并不是直接瞄准目标，而是把炮口上仰，上仰的角度是根据炮弹出膛的速度和目标的距离计算出来的。

弹道计算机就是在火炮瞄准时，根据目标的距离计算出火炮的仰角。因此弹道计算的问题描述很直接，就是根据目标的距离和炮弹的出膛速度，当然还包括大气温度、风向、风力等影响炮弹使用的各种因素，计算出火炮的仰角。而解决问题的核心就是抛物线的算法。

弹道计算程序是早期软件的典型形式，那时候程序功能很单一，也很简单，要解决的问题也是单一问题。所以那时程序的典型形式是使用数据结构描述程序的输入，使用一种或多种算法来计算输出。对于这类程序，尼古拉斯·沃斯（Niklaus Wirth）曾经给出了很精辟的定义：数据结构+算法=程序。

随着计算机价格的逐步降低，人们开始尝试着把计算机应用到更多的领域。不同领域，对软件的要求也不同。传统的根据输入计算输出的程序被组合成更复杂的软件系统。在这个过程中，代码的可维护性、可读性和可重用性这些非功能性需求也越来越受到重视。由于计算逻辑的日益复杂，原先的顺序程序设计已不能适应复杂的程序开发。为了应对更复杂的问题域，迪杰斯特拉（E. W. Dijikstra）提出了结构化程序设计的设计思想。

结构化程序设计采用以模块功能和处理过程为中心的设计原则，从而能设计出结构清晰、易读、易于扩展的程序。为了能够应对日益复杂的程序，结构化程序设计使用了基本的顺序结构、选择结构和循环结构来控制程序的执行流程，同时把算法封装到子函数中，从而实现执行流程和算法的分离。

在那个年代，算法是软件最核心的"价值和资产"。执行流程和算法的分离就意味着可以对算法单独封装和重用。一个经过使用和验证的算法，可以很快地移植到其他程序中。算法代码的重用对软件公司至关重要，不但可以通过重用算法有效地降低开发成本，而且可以把成熟的算法单独打包出售。

结构化程序设计是对面向过程程序设计的改进，也属于面向过程程序设计的一种，其编程思想是以过程为中心，强调解决问题的流程和算法。一般而言，结构化编程都被应用到单一应用程序中，在设计时，由于只需要解决单一问题，程序员可以把全部精力都放在解决问题的算法和流程上。

2.1.2　面向对象的编程

在计算机慢慢应用到企业管理领域中时，软件所面对的问题已经发生了变化。企业应用程序所面对的不再是一个个单一的计算问题，而是数量众多的人、组织和业务规则之间的关系。这时软件需要面对的问题是如何正确地描述这个复杂的模型。该模型是由描述这些人、组织和业务规则的对象组成的，而问题是通过对象间的相互作用及跟踪对象的状态求解而得到解决的。

在企业应用程序这类问题中，关注点已经不再是计算或解决某一个问题的流程和算法（当然这些也是必不可少的），而是对象的互动和状态的改变。这些算法和流程被用在对象状态变化的规则中。而面向过程的程序设计在面对这类问题时已经无能为力了，为此产生了一种新的编程思想：面向对象的程序设计。

和以过程为主要关注点的面向过程的程序设计不同，面向对象的程序设计将关注点放在了对象上。以面向对象的视角来看，"万物皆对象"是亘古不变的真理。对象不只是真实世界中的具体物体，也包括软件自身创建的虚拟物体，如一个在显示器中显示的用户界面或一个通过网络传送的消息等。

不管是真实对象还是虚拟对象，都不是独立存在的。对象之间需要互相调用和响应。对象之间的调用是通过消息（Message）传递来完成的，每个对象都会公开接收消息的方法。对象间还可以通过引用、组合及聚合而组成更庞大的对象和更复杂的关系。通过这些对象和关系的组合，就可以描述现实和虚拟世界中错综复杂的对象关系。

有了这些描述对象和关系的方法后，用面向对象的思想解决问题的方法就变成了"为对象和关系建模"的问题。问题的描述和解决都是依靠对象的模型，问题的关注点不再是具体的某个方法怎么执行，而是在这个错综复杂的对象模型中，每个对象要接收哪些消息，并在接收消息后做出哪些状态改变。就像在现实生活中，每个人和组织每天都在解决和处理问题，而每天处理的问题不是关键，关键在于我们每天都在改变状态。

早期的面向过程的编程语言，如 Basic 和 C 语言等并不支持面向对象的编程方式，因为这些语言背后的思想并不支持对象建模。最早实现面向对象思想的语言是 Smalltalk，后来出现的 C++语言深受其影响。但是 C++并不是完全面向对象的语言，它同时支持面向过程和面向对象的思想。真正让面向对象思想成为主流的是 Java 和 C#语言。

在面向对象的语言中，并不是针对对象建模，而是针对类（Class）建模。类是一组具有相同属性和方法的对象的集合。这种模式和现实世界一样，例如我们所说的"冰箱"就是一个类，它并不特指哪台冰箱。而当我们说"你房里的那台冰箱"时，指的就是一个对象，它也称为"冰箱"类的一个实例。

组成类的元素是属性和方法。属性用于描述对象的状态，比如冰箱的颜色、功率、体积和启/停状态等；而方法则是类可以执行的操作，比如启动、停止、调节温度等。属性和方法也称为状态和消息，组成了类的全部。也就是说，类是由属性和方法组成的。以"冰箱"类为例，不管使用哪种编程语言，描述"冰箱"类的方式都是类似的。UML 为类的描述提供了更加抽象的方式。"冰箱"类的 UML 描述如图 2.2 所示。

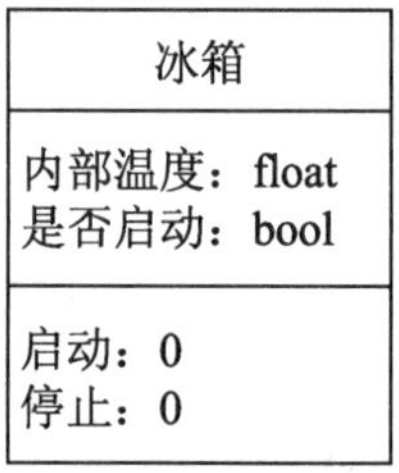

对象中的属性是在类里定义好的，在类里定义的属性是它的实例必须拥有的属性。而在类的实例（也就是对象）中，这些属性拥有具体的值。每个对象的属性值有可能都不一样，而不同的属性值表示不同对象之间的差异。

同样，对象中的方法也是在类里定义好的。对象的方法可以依赖对象的属性值，也就是说，它对于不同的属性值有不同的实现效果。同时，方法的执行过程也可以改变对象的属性值。例如，冰箱的"启动"方法依赖于"是否启动"这个属性。如果这个值是"真"，

冰箱
内部温度：float 是否启动：bool
启动：0 停止：0

图 2.2　"冰箱"类的 UML 描述

那么启动方法就会什么事也不做，只有在"是否启动"为"假"时才真正执行启动步骤。而启动方法的执行也会改变"是否启动"属性的值。

在面向对象的程序设计中，使用一个类把对象属性和方法封装在一个内聚的代码块中。使用定义好的类，就可以创建多个实例。这种代码的封装对于程序设计而言有重要的意义。

通过封装，可以把属性（状态）封装在类的内部，以防止外部代码直接修改，除非公开一个修改属性的方法（这不是一个值得推荐的方法）。属性用于描述一个对象的状态，而对象的状态和现实世界一样，一般都会因为执行了某个方法而发生改变。直接修改状态可能会造成逻辑混乱。以"冰箱"类为例，下面的代码展示了公开修改"是否启动"属性的方法后引发的错误。

```
// 定义类
public class Refrigerator
{
    private float m_InnerTemperature = 0;
    private bool m_Started = false;
    // 构造方法
    public Refrigerator(){}

    // 设置启动状态
    public void SetStarted(bool value)
    {
    m_Started = value;
    }

    // 启动冰箱
    public void Start()
    {
        if(m_Started) return;
        // 启动压缩机
        StartCompressor();
        ...
        m_Statred = true;
    }

    // 私有方法——启动压缩机
    private void StartCompressor()
    {
        ...
    }
}

// 主程序
void main()
{
    // 创建两个冰箱的实例
    Refrigerator refrigerator1 = new Refrigerator();
    Refrigerator refrigerator2 = new Refrigerator();
```

```
    // 冰箱 1 直接修改启动状态的属性，没有启动压缩机，逻辑错误
    refrigerator1.SetStarted(true);
    // 冰箱 2，压缩机正确启动，启动状态被修改，逻辑正确
    refrigerator2.Start();
}
```

在上述代码中，首先定义了类 Refrigerator。在类里定义了两个分别表示内部温度和是否启动的属性 m_InnerTemperature 和 m_Started。同时在类里定义了 3 个方法，其中，Start()方法用于正常启动冰箱，StartCompressor()是一个私有方法，用于启动压缩机，SetStarted()方法提供了修改 m_Started 属性的接口。

在主函数 main()中，创建了两个 Refrigerator 类的实例，也就是冰箱对象。refrigerator1执行了 SetStarted()方法，从而修改了 m_Started 的值。虽然 m_Started 的值被修改为 true，但是冰箱并没有正确启动（冰箱内部的压缩机并没启动），从而造成冰箱启动逻辑的混乱。

正确的方式是从 Refrigerator 中删除 SetStarted()方法。在主函数中对 refrigerator2 对象的应用就是一个正确的示范，refrigerator2 执行了 Start()方法。Start()方法封装了冰箱启动的逻辑，在冰箱完成启动后，把 m_Started 的值修改成 true。

对于一些想要公开客户端代码（使用该类的代码，在上述代码中主函数 main()就是客户端代码）的属性，可以在公开方法中返回这个属性值的副本（Copy），或者在 C#语言中使用语法糖衣把属性公开为只读属性（Property）。示例代码如下：

```
// 定义类
public class Refrigerator
{
    ...
    // 获取启动状态
    public bool GetStarted()
    {
        m_Started = value;
    }
    // 获取一个值，指示启动状态——属性（Property）
    public bool Started
    {
        get{return m_Started;}
    }
    ...
}
```

注意：在 C#语法中，属性与对象的属性并不相同。为了不与对象中的属性混淆，在后面的章节中，需要指明是 C#属性的，则使用属性（Property）表示，除此之外不加英文注释的属性都是指对象的属性。

对于类里面的方法来说，封装的概念同样存在。类封装了方法实现的细节，客户端代码只需要调用相应的方法，而不需要了解具体的细节。这对客户端代码和类的代码都有好处，封装细节实现了客户端和类的关注点的分离。客户端代码只需要关注怎么使用对象，

而类的关注点在于怎么更好地实现方法。就像实际生活中一样，厂家负责设计和制造好用的冰箱，而消费者负责怎么使用冰箱来达到自己的目的。

在面向对象的程序设计中，类的方法也叫操作。对于面向对象的设计思想来说，操作比方法更能体现对象的本质。在调用对象的方法时也有另外一种说法，那就是向对象发送消息，客户端代码发送的消息是方法签名，方法签名包含方法的名称和参数列表。在执行时，编译器会根据方法签名找到对象中匹配的方法。

设想一下，如果客户端代码能够获取它所使用的对象的所有方法签名，那就意味着客户端有一份如何使用对象的说明书。当然这份清单应该只包含公开方法，而私有的方法也就是封装的细节，不应该公开给客户端代码。

这份公开方法的方法签名列表，其实就是一份实现这种类型对象可以接收的消息列表。此时对于客户端来说，除了方法签名以外，剩下的所有细节都被封装到了类的内部。这张方法签名的列表清单，在一定意义上就是对象的类型。

类型和类虽然在很多时候表现都一致，但二者并不是相同的概念。很多面向对象的书籍中把它们混为一谈。类型是一份如何使用对象的契约，同时也是对使用方的约束。一个类或对象可以有多个类型，一个类型也可以用在很多类和对象中。下面的代码展示了类型和类的区别。

```
// 定义类（class）A
public class A
{
    public void ExecuteA()
    {
    }
}
// 定义类（class）B 继承 A
public class B : A
{
    public void ExecuteB()
    {
    }
}

void main()
{
    // 定义 A 类型（type）变量 obj
    A obj = null;

    // 创建一个 B 类（class）的实例（对象）
    // 使用 A 类型（type）变量指向这个对象
    obj = new B();

    // A 类型中有 ExecuteA()方法，可以执行
    obj.ExecuteA();
    // A 类型中没有 ExecuteB()方法，错误
    // 即使 obj 指向的是 B 对象，也不允许调用
    obj.ExecuteB();
```

```
    // 把 A 类型（type）转换为 B 类型（type），可以执行
    ((B)obj).ExecuteB();
}
```

在上面的示例代码中定义了两个类，分别是 A 类和继承自 A 类的 B 类。在主函数中先声明了一个变量 obj，在声明时使用的是类型 A，也就意味着不管 obj 指向哪个类的对象，obj 变量只能按照类型 A 的方式使用。因此 obj 只允许使用 ExecuteA()方法，而不允许调用 ExecuteB()方法。

类型 A 是编译器根据类的定义自动解析而产生的，类型的名称和类的名称一致。这也是造成类型和类的概念容易混淆的原因。大部分时候，把类型和类理解成一个概念都不会影响程序的编写。但是，如果能够正确地理解类型和类的差异，则有助于更好地理解面向对象的编程思想。类型和类的本质区别是：类型是契约，而类是实现。这种契约和实现分离的方式，影响到了后来诸如 SOA、WebServer 和 WebAPI 等技术。

对于 Java 和 C#这些使用中间语言的编程语言来说，通过编译时生成的元数据来体现类和类型的区别，元数据中记录了类的类型数据。这些语言都提供了在运行时能够获取元数据的反射技术，这为诸如 IDE（集成开发环境）的智能感知技术提供了支持，如图 2.3 所示。

图 2.3　使用元数据的智能感知

封装、继承（Inheritance）和多态（Polymorphism）被称为面向对象中的三大特性。不管使用哪一种面向对象语言，都可以通过简单的语法实现类的继承。继承的类称为子类，而被继承的类则是父类。通过继承，子类继承了父类的所有属性和方法。继承是一种很有争议的技术。一方面通过继承能实现代码重用，这无疑极大地提高了开发的效率；另一方面，继承被认为会破坏封装。图 2.4 展示了在 UML 中类的继承关系。

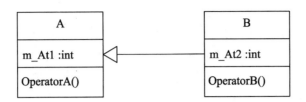

图 2.4　继承在 UML 类中的描述

在图 2.4 中的 UML 类中，B 类继承了 A 类，意味着 B 类拥有了 A 类的全部属性和方法，其中也包括 A 类的私有属性和方法。用 C#语言实现类的继承关系很简单，代码如下：

```
// 定义 A 类
public class A
{
    private string m_Att1 = string.Empty;

    public A()
    {
    }
    // 定义虚方法 OperatporA()
    public virtual void OperatporA()
    {
        // 为 m_Att1 赋值，然后在控制台中输出
        m_Att1 = "m_Att1_OperatporA";
        Console.WriteLine(m_Att1);
    }
}
// 定义 B 类继承 A 类
public class B:A
{
    private string m_Att2 = string.Empty;
    private string m_Att3 = string.Empty;

    public B()
    {
    }

    // 重写方法 OperatporA()
    public override void OperatporA()
    {
        // 调用父类 A 的 OperatporA()
        base.OperatporA();
        // 为 m_Att2 赋值，然后在控制台中输出
        m_Att2 = "m_Att2_OperatporB";
        Console.WriteLine(m_Att2);
    }
    // 定义方法 OperatporB()
    public void OperatporB()
    {
        // 为 m_Att3 赋值，然后在控制台中输出
        m_Att3 = "m_Att3_OperatporB";
        Console.WriteLine(m_Att3);
```

```
        }
    }
```

在上述代码中，在 A 类的定义中把 OperatporA()方法标注为虚方法，虚方法在子类里可以被重写。重写方法可以使子类和父类的同一个方法被调用时执行不同的操作。这种通过继承重写父类方法的方式是多态的一种实现方式。

通过继承增加子类，并且通过重写父类而获取多态的方法，是实现功能扩展的常用方式。这种方法也叫子类化（SubClass），也是一种很有争议的方法。

子类化最大的问题在于子类继承父类时，尤其在重写父类方法时需要了解父类的细节，从而增加子类与父类的垂直依赖。随着继承层数的增加，这种依赖关系会愈加复杂，从而造成在继承层次很多的类库中，修改任何一个类的细节都可能对子类造成灾难性的影响。

在面向过程的语言中，代码的重用形式是封装了算法的函数。而在面向对象编程时，重用的形式就是封装的代码的类。软件公司和设计人员通过分发类库的形式提高开发效率，但是分发类库的方式并不如想象中那么美好。除了类库的开发十分困难以外，类库的使用方式只能是源码引用，并且需要对类库十分了解。在使用类库时，如果对类库的实现细节不了解而贸然使用是十分困难且危险的事情。

对于企业应用程序来说，面向对象技术被用来解决最核心的问题，也就是业务逻辑。在开发过程中，这些业务逻辑和运行环境被设计人员抽象成一个个的对象。这些对象的集合就是领域模型（Domain Model）。在设计领域模型时，为了使领域模型保持低耦合，应尽量避免对其他类库的引用。同时，为了保持领域模型的稳定性和可维护性，应尽量避免过多层次的继承，也就是使用子类化实现重用。

2.1.3　面向组件的编程

面向组件的编程（Component Oriented Programming）或许不如面向对象的编程那样被人们广为熟知，但是在近二十年里，面向组件的思想却一直在深刻地影响着软件的开发方向。至今它仍然是 Windows 系统软件的开发标准，甚至 Windows 系统就是使用组件构建的，不同版本的 Windows 系统都提供了一个用于管理组件服务的专用窗体，如图 2.5 所示。

面向组件思想是对面向对象思想的补充，这是解决面向对象在继承和重用方面所带来的耦合问题的一种方法。现在的主流语言和框架，如 Java 的 EJB 和 C#的.NET 框架从本质上都体现了面向组件的编程思想。而最早实现面向组件编程并且取得巨大成功的是 Microsoft 的 COM（组件对象模型）技术，图 2.5 中的 COM+和 DCOM 都是 COM 技术的升级。COM 技术源自 OLE（Object Linking and Embedding），是 Microsoft 为了解决 Office 套件中文件嵌入的问题而开发的一种技术。自从 COM 技术面世后就成为 Microsoft 程序开发的标准，并且一直影响着 Windows 程序设计。

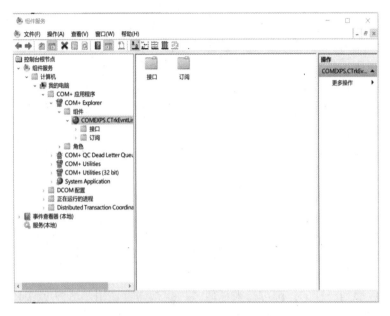

图 2.5　Windows 系统中组件管理的窗体

　　和面向对象不一样，面向组件的思想更强调契约（Contract）和实现的分离。这种思想也被用到后来的面向服务的架构和微服务架构中。面向组件是以组件作为重用的单元，组件（Component）实现了服务，同时提供服务的契约。客户端代码则通过组件提供的接口（Interface）获取组件提供的服务。任何客户端都可以按照契约使用组件提供的服务。客户端使用组件服务的方式如图 2.6 所示。

　　客户端通过组件提供的接口使用组件提供的服务，而接口的定义有多种方式。理想状态下，接口应该使用和语言无关的通用标准进行定义，客户端代码只要能解析接口定义的语言就可以使用组件提供的服务，而组

图 2.6　客户端使用组件提供的服务

件实现的语言和它的接口无关。这就为组件的跨语言使用奠定了基础。

　　在面向组件的编程中，客户端代码只会依赖组件的接口。如果使用的组件有了更好的替代品，在接口统一的情况下可以任意替代组件。这种方式让程序的开发变成了"积木的组合"，设计人员根据程序的需要，只需要把组件看成"积木"，根据需要任意搭配这些"积木"，直至程序满足设计需要。

　　在使用组件提供的服务时，如果发现组件有问题或者发现了更好的组件，可以方便地把老的组件替换掉。例如，客户端需要压缩文件，现在使用的组件是基于较老的压缩算法，当有了新的压缩算法时，如果想替换老的算法，只要重新写一个具有相同接口的组件就可以把老的组件替换掉，甚至都不需要重新编译程序。

　　面向组件的编程技术在代码重用方面为代码提供方和使用方都提供了很好的支持。组

件使用二进制实现对服务细节的封装。也就是说，允许客户端以多种语言使用组件，而不必关心组件的实现语言。这种对组件的实现细节及实现技术的高度封装，为客户端与组件的隔离带来了极大的便利。作为使用方，只需要了解组件的接口即可，剩下的所有细节都封装到了组件内部。而对组件的实现细节了解越少，就意味着使用方对组件的依赖性越低。

在 Windows 程序开发领域，自从 COM 技术推出以来，软件行业发生了巨大的变化，主流的程序已经从单一的难以维护的代码，转变成使用二进制组件构建的可重用、可扩展和可维护的面向组件的程序。但是 COM 技术的复杂性，诸如 DLL 版本、组件的并发访问等，始终是程序员不得不面对的难题。

面对 COM 组件的这些问题，尤其是要应对 Java 的竞争，Microsoft 推出了.NET 技术和全新的 C#语言。和 Java 语言一样，C#和所有的.NET 托管（Managed）语言都不会被编译成本地代码，而是被编译成中间语言，称之为 MSIL。在程序运行时，这些编译好的 MSIL 语言运行在由公共语言运行时（CLR）提供的公共上下文中，因此被称为托管代码。

MSIL 是一种和编程语言无关的伪二进制代码。不管是哪一种托管语言编写的组件，编译成 MSIL 后都是一样的，都可以被任何一种托管语言使用。这种近似于二进制的中间语言，可以为组件的二进制重用和接口的定义提供更方便、快捷的支持，以至于在使用.NET 的任何一种托管语言编写组件时都感受不到 MSIL 的存在，甚至不需要写任何多余的引导代码，这相比 COM 来说是巨大的进步。

面向组件的思想在近十年产生了巨大的影响，应用这种编程思想的 COM 技术也获得了巨大成功，无数功能强大、易扩展和易维护的软件系统都采用了这种技术，如微软的 Office 软件。但是，由于 COM 技术的复杂性，其在很多程序员的眼中成了"食之无味，弃之可惜"的鸡肋。而.NET 通过各种手段大大简化了组件设计的难度。例如，在 C#中定义一个接口时，只要简单的一条语句即可，再也不需要像 COM 技术那样定义一个 C 函数风格的接口。C#定义接口的示例代码如下：

```
// 定义一个接口
public interface IComponentnterface
{
    // 定义接口的方法
    void OperatporA();
}
```

C#从编程语言的层面提供了关键字 interface 用于定义接口。在经典的面向对象语言中，由于不能定义接口，只能用抽象类代替接口。而在 C#中，接口的定义比抽象类有更多的约束，这些约束是为了帮助设计人员定义更符合面向组件思想的接口。但有趣的是，通过 ILDASM 工具可以查看到，接口的定义在 MSIL 中会被转换成抽象类，如图 2.7 所示。

```
.class interface public abstract auto ansi eAutoDebug.xUnit.Demos.IComponentnterface
{
} // end of class eAutoDebug.xUnit.Demos.IComponentnterface
```

图 2.7　接口定义的 MSIL 的实现

2.1.4　面向方面的编程

面向方面的编程（Aspect Oriented Programming）是施乐公司帕洛阿尔托研究中心（Xerox PARC）在 20 世纪 90 年代提出的编程思想。

现在的企业应用程序开发，除了解决业务逻辑以外，都离不开诸如日志、安全认证和异常处理等辅助功能。这些功能都可以通过类库或组件来提供，然后在实现业务逻辑的代码中调用。这种辅助的功能并不在业务主线上，因此把这些功能称作与业务主线垂直的功能。通过类库或组件封装这些通用的功能，确实实现了通用功能与业务逻辑的隔离。但是在业务逻辑代码中调用这些功能，又把业务逻辑和调用这些逻辑的两部分代码混杂在一起，从而造成代码职责的混乱，即代码泥团。

面向方面则从另一个角度看待这个问题。如果对这些辅助的通用功能不只是通过组件或类库封装，把对它们的调用代码也封装起来再织入业务逻辑代码中，实现在业务逻辑主线中对这些功能的自动调用，就实现了从代码到调用逻辑的重用。面向方面的执行流程如图 2.8 所示。

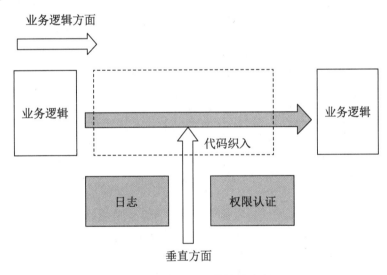

图 2.8　面向方面的执行流程

面向方面编程的关键技术是代码的织入。代码的织入是指把一部分代码织入一段正常流程的代码中。也就是说把面向方面的诸如日志记录、权限认证和异常处理等代码通过配置等方法，自动插入正常流程的代码中。为了实现这些辅助功能，织入的代码不但能够在恰当的时机执行，还要在执行时能够获取正常流程代码的执行数据，比如方法的参数及运行的状态等。

正常的代码编完以后，不管是编译代码还是解释代码，都是按照顺序一步一步地执行。

在这些步骤中插入一些代码并不是容易的事情。在织入代码时一般会使用两种方式：静态织入和动态织入。

　　静态织入的方式需要在编译器中加入特殊的代码，编译时通过读取织入的配置文件，实现对编译文件的修改，从而把需要注入的代码和业务流程的代码编译在一起。以.NET为例，静态织入的示意图如图 2.9 所示。

　　在.NET 社区广泛使用的 AOP 框架 PostSharp 就是采用静态织入的方式。从图 2.9 中可以看到，这种方式在最后运行的是合并后的 MSIL 代码，因此在执行效率上和普通代码没有任何区别。

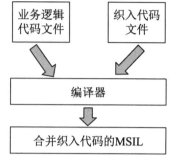

图 2.9　静态织入示意图

　　代码织入的另外一种方式是动态织入。根据所使用技术的不同，在.NET 中通常使用两种动态织入方式：一种是使用 Remoting 中的上下文拦截技术；另一种是使用反射（Reflection）技术。Remoting 是.NET 中用于远程调用的框架，它的架构图如图 2.10 所示。

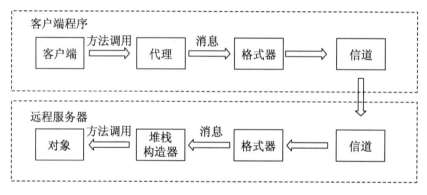

图 2.10　Remoting 架构图

　　客户端使用 Remoting 和远程对象通信时并不能和它直接交互，而是通过一个代理。代理提供了远程对象操作的接口，并把客户端对远程对象的操作转换成消息，然后通过网络发送给服务器。Remoting 框架允许在代理中增加自定义代理，这就为代码的织入提供了切入点。同时，在代理中可以获取方法调用的参数和返回信息，因此可以使用自定义代理实现方面代码，并通过添加自定义代理的方式织入主流程序中。

　　使用反射进行动态织入时，可以通过反射获取运行时的方法信息，并通过框架把方面代码插入指令流程中。使用反射技术实现 AOP，因为不涉及编译器代码的修改，由于实现起来比较容易，这也是目前 AOP 框架中常见的实现方式。

　　面向方面的编程提出后，这种从操作层面把业务逻辑与辅助功能解耦的方式引起了很多程序开发人员的兴趣，但是实现代码织入的复杂性一直是制约其应用的一个重要因素。可喜的是实际中出现了很多优秀的面向方面的框架技术，极大地促进了面向方面的应用发展。

2.1.5　综述

面向过程、面向对象、面向组件和面向方面都是十分优秀的编程思想和规范，它们在不同时期都起到了巨大的作用。这几种编程思想和规范并不是简单的替代关系。随便翻开一本主流编程语言的书籍就会发现，最基本的语法仍然包含控制结构化流程的分支——循环语句。这是面向过程的标准语法，但这不意味着你仍然可以使用面向对象的语言编写面向过程的程序，只是说在面向对象的程序设计中，方法的实现仍然需要面向过程的设计。

在 C++ 中，你可以使用面向过程或者面向对象的方式编写程序，因为 C++ 是面向过程和面向对象的混合语言。而在 Java 和 C# 中已经不能使用面向过程编写程序了，所有程序必须按照面向对象的方式定义类和创建对象。但是这并不代表面向过程已经被抛弃，它们只是被用到类的方法中，而程序的结构是依靠对象来组织的。

Java 和 C# 语言都是从 C++ 语言继承而来的，但是这两种语言被开发出来并不是为了设计一个更好的面向对象的语言，事实上它们背后的思想是面向组件。面向对象和面向组件从语法上说没有太大的区别。在 Java 和 C# 语言中，仍然可以编写传统的面向对象的程序，它们只是在背后的框架的支持下让程序员以更方便、快捷的方式设计面向组件的程序。

面向组件的编程思想强调契约与实现的分离，这样使程序员可以方便、快速地替换组件而不影响程序的其他部分，最终可以用"搭积木"的方式快速搭建系统的功能。在面向组件的开发中，组件的实现单元也是对象，组件通过一个或多个对象提供服务。而实现组件的方式毫无疑问是面向对象的，只不过程序的架构由组件和接口来组织。

和面向组件一样，面向方面也是对面向对象的补充，在语法和实现单元上仍然是以面向对象为基础，只是在框架上增加了对编程思想的支持。这两种编程思想更多地体现在对程序的组织上，而程序的基本实现仍然依靠面向对象的方式，当然程序更多细节部分的实现则要依靠面向过程的方式。

2.2　对象的意义

在设计 C++ 语言时，有一个重要的目标是让 C++ 可以创建自定义类型，通过这些自定义类型可以扩展系统的功能，并且使得使用这些自定义类型与使用内嵌的原生类型一样方便。类型对程序设计很重要，但是面向对象的编程思想绝不是仅仅增加类型这么简单。类型对编程人员而言甚至比编译器都重要，一个变量的类型决定了可以调用它的方法。但是真正对需要解决的问题更有意义的是对象，对象是领域问题（需要解决的问题）的描述和解决方案。

对象的创建很简单，在定义好类以后，只要一条简单的语句就可以创建对象。创建对

象背后的行为是面向对象编程思想的体现。而理解对象的创建过程和生命周期对于以后的
程序开发有着重要的意义。

　　创建对象的细节与具体的运行时环境有关，不同语言的运行时环境在处理对象的行为
上大同小异，但是在一些细节上还是有所不同，因为不同语言的设计思想有所差异。从本
节开始，除非特别声明，大多数的示例代码的编写和技术细节的展现都是基于 C#语言
及.NET 框架（.Net Framework 或.NET Core）。

2.2.1　对象和类型

　　大部分的编程语言都有内置的几个原生类型（如整型、浮点型、双精度型和字符型），
这些原生的类型为程序设计提供了很大的便利条件。同样，在 C#中也有这样的基础原生
类型。使用这些原生类型创建一个变量十分简单，例如：

```
int a = 0;
```

　　在这段代码中，首先创建了一个 int 类型的变量 a（实际上在 C#中不能直接使用 int
类型，C#使用了语法糖衣），并把 0 赋值给了变量 a。而在对象的创建上，语法也很相似，
如下面这段代码：

```
public class ClassA
{
    ...
}
void main()
{
    // 定义 ClassA 类型（Type）变量 a
    ClassA a = new ClassA();
}
```

　　在上述代码中定义完 ClassA 类以后，在主函数 main()中使用了一句和定义原生类型
变量一样的语法。这条语句虽然很简单，但是程序运行时编译器在后台所做的事情却很多。
　　首先，这条语句定义一个类型为 ClassA 的变量，然后通过调用类 ClassA 构造方法创
建了一个实例对象。但这和定义原生类型变量并直接把创建的对象赋值给变量 a 不一样，
而是把对象的指针也就是对象在内存中的地址赋值给变量 a。
　　变量通过指针引用对象，意味着对象与变量保持着相对独立的关系。在 C#语言中，
虽然已经禁止了直接对指针的使用，但是对对象的引用仍然靠指针实现。给变量赋值的是
对象的指针，也就是说变量的类型也是指向 ClassA 的指针类型。C#和大多数主流语言一
样，没有区分或者可以说淡化了类型与类的区别，只是在编译时实现了自动转换。

🔔注意：C#中不允许对指针进行运算，也无法实现类似于 C++中对指针的移动运算。

　　在获取了对象的指针后，可以通过类型调用对象的方法。这时对象是独立于变量而存
在的。变量不等同于对象，变量只是拥有对象的指针，也就是知道对象在内存中的地址。

通过变量调用对象的方法可以理解为通过变量找到对象，然后通知对象（消息）去做某些事情（方法）。而变量是通过它的类型知道对象可以做哪些事情的，如图 2.11 所示。

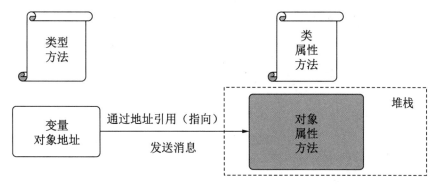

图 2.11　对象、类与类型的关系

把对象的地址赋值给变量，意味着可以把对象的指针赋值给任意多个变量。多个变量甚至可以使用不同的类型来定义，只要定义的类型是这个对象支持的类型即可，如图 2.12 所示。

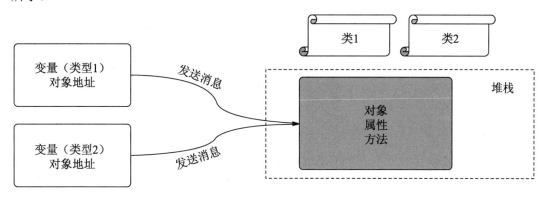

图 2.12　多个类型的变量引用同一个对象

在 C#和大部分面向对象的语言中，定义一个类和接口后，编译器都会为它们生成一个同名的类型对象。因此对象的类型就是它所属的类，以及直接或间接继承的父类和接口。通过这些类型定义的变量都可以引用对象，但是变量允许调用的方法（发送的消息）是由定义变量的类型决定的，因此不同类型的变量允许操作的方法不一样，即使它们引用的是同一个对象。

2.2.2　对象的创建和生命周期的控制

程序在运行时需要一定的内存空间，除此之外还需要有一部分内存空间为程序存储数据做准备。在 C#或者.NET 中，这部分内存被分成两块，分别是堆（Heap）和栈（Stack）。

简单地说，类的实例也就是对象是在堆里创建的。更准确地说，.NET 中引用类型的对象是被创建在堆里。在.NET 中比较特殊的对象是使用关键字 struct 定义的结构类型的对象，也就是值类型对象。值类型对象被创建在栈中。事实上，.NET 的很多原生类型都是用 struct 创建的结构体，比如 int 其实就是 int32 类型的结构体。

与在堆里创建引用类型的对象相比，在栈里创建值类型的对象虽然在语法上是一样的，但实际情况要复杂一些。在堆里创建对象时，首先要创建该对象的类型对象，这是一个隐藏的对象。这个类型对象会按照它的继承链创建父类的类型对象，并用一个特殊的属性引用父类的类型对象，直至继承链的顶端，也就是所有.NET 的父类 Object。在创建对象时，新创建的对象里也有一个隐藏的属性，这个属性指向这个新对象隶属的类型对象。对象在堆中的布局如图 2.13 所示。

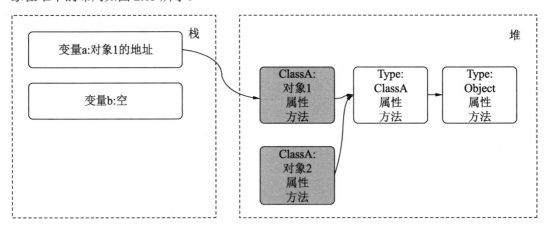

图 2.13　对象在堆中的布局示意图

图 2.13 是在内存的堆里创建了两个 ClassA 实例对象，当一个类型有多个实例时只会创建一个类型对象（Type 的实例）。创建对象的类型对象时首先会在堆里搜索类型对象是否存在，如果已经存在就直接指向它，如果不存在，则创建一个新的类型对象。所谓指向，就是通过地址保持对类型对象的引用。

变量则存储在栈中，变量中存储的是对象的地址。对于存储在堆中的对象，我们不能把它赋值给栈中的变量，而只能把它的地址赋值给变量。取得地址后，变量就保持了对对象的引用。在图 2.13 中，变量 a 保持了对对象 1 的引用。

变量中存储的地址也可以是空的。在图 2.13 中，变量 b 因为没有存储对象的地址，所以可以认为变量 b 引用了一个空对象。变量引用空对象并不意味着变量不知道怎么操作对象。声明变量时必须指定变量的类型，而类型已经规定了变量可以执行哪些操作，而和变量引用的对象无关，唯一的约束条件是引用的对象必须拥有变量的类型（对象可以拥有多个类型）。演示代码如下：

```
class Program
    {
```

```
static void Main(string[] args)
{
    // 声明一个 ClassA 类型的变量，并给变量赋值 null
    ClassA b = null;
    b.OperatoeA();
}
}
```

在上述这段代码中，虽然变量 b 引用了一个空对象，在编译时没有任何问题，但是在运行时会抛出异常，如图 2.14 所示。

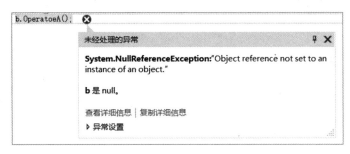

图 2.14　引用对象为空抛出异常

抛出这个异常是因为变量 b 尝试给一个空对象发送消息（调用方法）。这个异常是很多设计人员最初编程时经常遇到的。

使用面向对象的思想解决问题往往是用对象模拟现实或虚拟的世界。这些对象在内存中运行，相互交互，发送消息。用户通过这些对象运行后的状态得到问题的答案。对于这些对象，程序是不能直接操作的，而必须通过对对象的引用来发送消息。而在发送消息前，对象必须被创建出来。

对象和引用对象的变量在生命周期上并不同步。虽然一般情况下对象是在被引用时通过 new 关键字创建出来的，但是创建出来的对象在堆中更像是独立运行的。在 C++中除了使用 new 关键字创建对象之外，对象的引用者还需要负责使用 delete 命令删除对象。如果删除了一个被其他变量引用的对象，则会引发 C++中最常见的错误：内存泄漏。

.NET 中的垃圾回收（Garbage Collection，GC）完美地解决了这个问题。.NET 中的公共语言运行时（CLR）会时刻监视堆里的对象，扫描对象被引用的情况，把不会再引用的对象进行压缩，并在恰当的时机（上下文切换、内存压力增大或者手动强制回收）删除这些不会再引用的对象。

当企业应用程序使用对象描述业务范围时，要解决对象的生命周期和引用它们的变量不同步，甚至和系统本身也不同步的问题。设想一下，如果用对象描述一个财务系统，可能涉及的对象有很多。这些对象处理的周期很长，比如一项借款可能需要数月才会归还。这些对象必须长期存在，即使这期间把系统关闭了，释放了对象使用的内存，也必须通过其他形式把对象保存下来（通常是数据库），并在需要时再把这个对象在内存中还原出来。

2.2.3   对象的依赖

依赖性一直以来就是面向对象必须面对的问题。面向对象的方式不可避免地会产生依赖，但程序的设计应尽量避免那些不必要的依赖。

对象的依赖产生于对象的创建和使用。对于强类型语言来说，使用对象必须依赖对象的类型。例如，定义一个引用对象的变量，首先必须指定变量的类型，代码如下：

```
// 定义类 ClassA
class ClassA
{
    public ClassA()
    {
    }
    ...
}
void main ()
{
    ClassA a = new ClassA();
}
```

在上面的代码中，首先定义了 ClassA 类，然后在 main()方法里创建了一个 ClassA 类的实例对象，同时创建了 ClassA 类型的变量 a 并引用了创建的对象。其中，在 main()方法的那条语句中产生了两个依赖（实际更多）。其一是变量 a 依赖于类型 ClassA，这是不可避免的依赖，但这种依赖只需要知道 ClassA 类型能提供什么操作（能接收什么消息）。其二是使用 new 创建对象时依赖了 ClassA 类和该类的构造方法。

依赖类型和依赖类实际上是有差异的，虽然在 C#及大部分语言中不区分类型和类。依赖类型只是依赖定义，而依赖类则是依赖细节。如果 ClassA 类构造方法中需要初始化其他类型的对象，那么这种依赖也会传递到 main()方法中。

为了降低对类的依赖，在程序中应尽量避免直接使用 new 创建对象。作为代替，《设计模式：可复用面向对象软件的基础》的作者提出了构建型模式，提供了在创建对象时降低耦合度的解决方案。目前大量使用的依赖注入（Dependency Injection）为消除这种依赖提供了更加便利和有效的解决方案。

2.3　组　　件

面向组件编程的核心是契约与实现的分离，而接口又是实现这种分离的核心。契约和接口其实都是用于定义提供的服务。相比 COM 技术，C#为创建接口提供了更加简洁、优雅的方式，在语言层面提供了对面向组件编程的极大支持。但是这种支持也仅限在语言层面，而更好的支持应该是面向组件的设计原则。

　　如果说面向对象主要应用在实现服务的细节上，那么面向组件就是用在如何提供服务的组织方式上。组件的粒度比对象更有弹性，组件可以是一个对象，也可以由多个对象共同组成。对于组件的使用方来说这并不重要，重要的是组件提供什么样的服务，以及如何使用这些服务。

　　组件提供的服务是由接口定义的。接口是契约，从本质上说并不是组件的一部分，而是组件必须实现的承诺，并且接口也可以被其他组件实现。承诺不等于一定会实现，在组件实现接口时，并不能确保提供的服务一定能达到预期的效果，因为接口只定义了提供的服务，并没有为客户端和组件做出更多的约束。在客户端和组件之间定义一致的约定，是完善接口并使之更能表达契约的重要方法。

2.3.1　接口与实现分离

　　在面向对象的设计思想中有一个重要的原则就是"依赖于抽象而不依赖于细节"。抽象是问题的本质，比细节具有更高的稳定性。因此依赖抽象的代码也具有更高的稳定性。在面向对象的程序设计中，如果一个类是抽象类，那么就可以在类里定义抽象方法。抽象方法是没有实现代码的方法，它只有完整的方法签名。完整的方法签名定义了客户端可以发送的消息。如果一个抽象类里全部是抽象方法，那么这个抽象类就没有任何实现的细节，因此具有高度的稳定性。

　　只有抽象方法的类没有任何实现的细节，只定义了这个类可以调用的方法或组件能够接收的消息。从这个意义上来说已经和接口非常类似了。在 C#中使用了更为简洁的语法，用 interface 关键字就可以定义一个更加简洁、更有约束性的接口。

　　在 C#的接口中，只能定义方法和使用语法糖衣的 C#属性。C#的属性本质上还是方法（在编译时会自动生成 GetXXX 和 SetXXX 方法）。下面的代码就定义了包含一个属性和一个方法的接口 IClassA。

```
// 定义接口
public interface IClassA
{
    // 属性
    string Property1 { get; set; }
    // 方法
    void OperatorA();
}
```

　　注意：C#接口中的方法不能标注访问修饰符，因为所有的接口中的方法必须是公开的。

　　在 C#中实现组件时，也是使用类作为基本的构建单元。用类构建组件意味着最后提供组件服务的依然是类的实例。从语言和编译器的层面来说，这个对象和解决问题的对象（为业务逻辑建模的对象）没有任何区别。但是在实际设计中，尤其是在企业应用程序中，还是应该把这个组件对象和描述业务逻辑的对象区分开，尽量避免业务逻辑对象直接作为

组件。组件提供了比零散的业务逻辑对象粒度更大的服务和功能。组件和业务逻辑对象的
关系如图 2.15 所示。

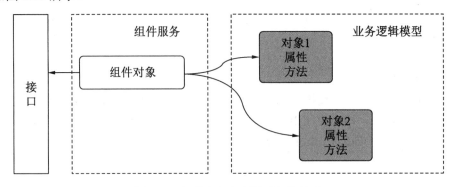

图 2.15　组件和业务逻辑对象的关系

　　C#在实现接口的语法上比较特殊，提供了显式实现与隐式实现两种方式。隐式实现就
是用类的方法实现接口，是默认的实现方式。客户端通过接口的类型和类的类型都可以调
用接口定义的方法。而显式实现则通过有特殊标记的方法实现接口，并且只能通过接口的
类型调用。下面的代码演示了使用两种方式实现接口及调用的方法。

```
// 接口的隐式实现
public class ClassAImp1 : IClassA
{
    public string Property1 { get; set ; }

    public void OperatorA()
    {
    }
}

// 接口的显式实现
public class ClassAImp2 : IClassA
{
    string IClassA.Property1 { get; set ; }

    void IClassA.OperatorA()
    {
    }
}

class Program
{
    static void Main(string[] args)
    {
        // 隐式实现，通过接口的类型和类的类型都可以调用
        // 通过类的类型调用
        ClassAImp1 imp1 = new ClassAImp1();
        imp1.Property1 = "隐式实现";
        imp1.OperatorA();
```

```
        // 通过接口的类型调用
        IClassA classA1 = new ClassAImpl();
        classA1.Property1 = "隐式实现";
        classA1.OperatorA();

        // 显式实现, 只能通过接口的类型调用
        // 通过类的类型无法调用
        ClassAImp2 imp2 = new ClassAImp2();
        imp2.Property1 = "显式实现";            // 错误
        imp2.OperatorA();                       // 错误

        // 通过接口的类型调用
        IClassA classA2 = new ClassAImpl();
        classA2.Property1 = "显式实现";
        classA2.OperatorA();
    }
}
```

在 C#中, 接口显式实现的约束性更强, 客户端代码只能通过接口类型调用, 这意味着客户端代码只能通过契约来获取组件的服务。从这一点上说 C#更符合面向组件的编程思想, 因此对于组件的实现, 应该尽量使用接口的显式实现。

⚠注意: 大部分语言并不支持接口的显式实现, 因此对于从别的语言移植过来的框架和类库, 使用显式实现可能会引发意想不到的错误和异常。

在使用 C#开发的过程中, 大部分解决方案都是由不同项目组成的, 项目最后会被编译成可执行程序或者使用 DLL 封装的类库, 接口和实现的组件一般都会定义在类库中。得益于.NET 对面向组件的支持, 可以把接口和实现分别放在不同的类库中, 甚至使用不同的编程语言来定义。

接口和实现的组件是否放在不同的类库中, 取决于项目使用的架构 (Architect)。在不使用依赖注入的传统三层架构中, 提供服务的组件一般都在下层, 因为下层不能引用上层, 所以接口和组件都会定义在下层。但是在更多的情况下, 为了让接口有多种实现方式, 会把接口定义在一个单独的层中, 客户端和组件所在的层都会引用这个层, 这种架构如图 2.16 所示。

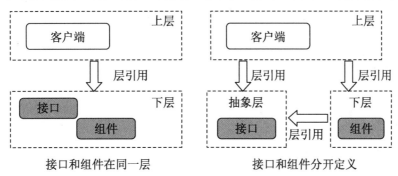

接口和组件在同一层　　　　　接口和组件分开定义

图 2.16　不使用依赖注入的组件和接口的分层

对于六边形架构或者使用了依赖注入的架构来说，由于可以把组件注入容器中让客户端在需要的时候通过容器获取，所以可以把接口定义在客户端所在的层。为了能够引用接口的定义，组件所在的层作为高一级的层引用接口的定义，架构如图 2.17 所示。

使用依赖注入还可以为组件的选择和生命周期的管理提供配置式的管理。依赖注入对于整个项目架构的搭建都是不可缺少的"基石"，后面的章节会详细介绍。

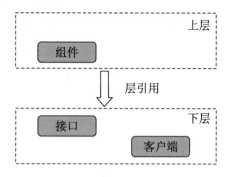

图 2.17　使用依赖注入时接口和组件的分层

2.3.2　接口分解

接口是面向组件中最为核心的概念，一个好的组件设计首先是好的接口设计。接口的设计是为了定义组件提供的服务，而组件需要提供的服务来源于对系统需求的分解。一个系统的设计，会根据客观存在的需求进行分解和划分，从而分解成一个个的动作，最终会形成一个个独立的方法。组件通过这些方法为客户端提供服务，而客户端需要调用这些方法满足自己的需求和目的。

就像类聚合了逻辑相关的属性和方法一样，组件设计时也会把逻辑相关的方法聚合在一个接口中。逻辑相关一般与组件需要解决的问题的领域有关联。以空调为例，假设需要一个系统为房间温度控制建模，通过模型能自动计算启动空调以后房间的温度变化，问题描述见图 2.18。

房间或环境温度是一个单独的类，房间拥有固定的面积（用于计算温度）和环境温度，房间内可以安装一台或多台空调。假设房间类已经实现，现在的关注点放在怎么设计空调组件的接口上。

图 2.18　环境温度模型示意图

作为一个提供热量交换的空调组件，必然要提供设置目标温度、产生热量、启动和停止等方法。把这些方法聚合在一起（作为空调服务的领域）就是空调组件的接口，代码如下：

```
// 空调组件的接口
public interface IAirCondition
{
    // 获取目标温度
    float GetTargetTemp();
    // 设置目标温度
    void SetTargetTemp(float value);
```

```
        // 启动
        void Start();
        // 停止
        void Stop();
        /// 获取产生的热量
        /// <param name="temp">环境温度</param>
        float GetEnergy(float temp);
    }
```

　　空调的接口提供了能在房间里模拟温度变化所需要的方法，在模拟时，房间对象会调用接口的 GetEnergy()方法获取空调产生的热量（制冷量）。但是这个接口设计得仍然不完美。即使接口的方法都是与空调这个领域密切相关的，但是启动和停止的关系相比设置目标温度（SetTargetTemp）和获取产生的热量（GetEnergy）的关系在逻辑上更紧密。

　　启动和停止反映在空调的可启动方面，应该在更广的方面得到支持，比如所有的家电都具有启动和停止的方法，而不仅仅是空调。更好的方式是把启动和停止分解成一个单独的接口，这个接口关注可启动的对象，代码如下：

```
    // 空调组件的接口
    public interface IAirCondition
    {
        // 获取目标温度
        float GetTargetTemp();
        // 设置目标温度
        void SetTargetTemp(float value);
        /// 产生热量
        /// <param name="temp">环境温度</param>
        void GenerateEnergy(float temp);
        /// 获取产生的热量
        float GetEnergy();
    }
    // 定义可运行对象的接口
    public interface IRunableObject
    {
        // 启动
        void Start();
        // 停止
        void Stop();
    }
```

　　在面向组件的程序设计中，基本的可重用单元是接口。因此在接口设计中应尽量考虑接口是否可以被其他的实体重用。把 IRunableObject 接口分离出来后，不但可以被空调实体使用，而且还可以将其应用到一切可运行的实体上。虽然这个例子没有重用 IRunableObject 的需求，但如果把模拟方式稍微更改一下，让它变得更有趣，那么分解接口的作用就体现出来了。

　　为了让模拟程序更真实，增加了人的因素。房间里的人也会散发热量。这时模拟环境温度时就要计算人散发的热量了。如果让人这个"对象"实现 IAirCondition 接口就太笨拙了，人这个"对象"显然没有实现设置目标温度的方法。在实现接口时，SetTargetTemp

方法什么也不做。让一个对象实现它不具备的接口方法显然不合适。

从对环境温度的影响方面来看，人和空调本质上都是热源，都会和环境产生热交换从而影响环境温度。从这方面来理解，应该把产生热量的相关方法分解成一个独立的接口，代码如下：

```
// 定义可运行对象的接口
public interface IRunableObject
{
    // 启动
    void Start();
    // 停止
    void Stop();
}
// 定义热源对象的接口
public interface IEnergySource
{
    /// 产生热量
    /// <param name="temp">环境温度</param>
    void GenerateEnergy(float temp);
    /// 获取产生的热量
    float GetEnergy();
}
// 空调组件的接口
public interface IAirCondition
{
    // 获取目标温度
    float GetTargetTemp();
    // 设置目标温度
    void SetTargetTemp(float value);
}
```

在这个示例中，经过分解，最终形成了 3 个可以高度重用的接口。分解成独立的接口后，环境温度的代码更简洁了。模拟环境温度时，只需要依赖 IEnergySource 接口而不用关心具体实现接口的组件是空调还是人。程序也很容易扩展，支持在房间里加入火炉、冰块等，只要这些对象实现的是 IEnergySource 组件即可。对于空调组件的其他功能，可以使用两个接口来控制，如图 2.19 所示。

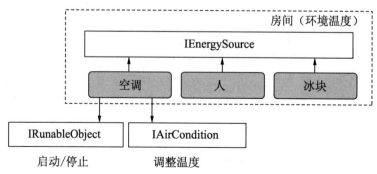

图 2.19　使用接口分解后的环境温度模型示意图

2.3.3　接口的多重实现与继承

在进行组件设计时，通常把一个包含很多方法的大接口分解成多个逻辑相对独立的小型接口。小型接口在重用方面有天然的优势。事实上，按照逻辑关联划分的每个接口，规模都不应该过大。

在面向对象的程序设计中，通过类的继承，子类继承了父类的属性与状态。使用继承的方式实现了"实现"的继承。这里的"实现"是指子类继承了父类对某些功能的实现细节，并且可以通过重写方法来修改这些实现细节，从而实现多态和功能的扩展。

接口也存在继承关系，只是它继承的不是实现的细节，而是不包含任何实现细节的功能契约。虽然接口的定义并不完全等同于类型，但是接口的继承更接近于子类型化（SubType）。通过接口的继承，可以形成功能上的层次关系。

C#在语法上已经禁止类的多重继承，但是允许实现多个接口。对于组件来说，在实现多个接口时就有了两个选择：一个是组件实现多个并列的接口，另一个是组件实现一个具有层次关系的接口。

多个并列的接口很好理解，而是否需要把这些接口层次化，取决于这些接口是否具备替换能力，即是否满足里氏代换原则（Liskov Substitution Principle）。里氏代换，简单地说就是在父类型出现的地方可以用子类型替换。也就是说，如果两个接口存在替换关系，就可以层次化。关于里氏代换，后面会详细介绍。

以模拟环境温度的例子来说，空调组件设计了 3 个接口：IEnergySource、IAirCondition 和 IRunableObject。在仅需要 IRunableObject 接口的地方，完全可以用 IAirCondition 代替，只是 IAirCondition 接口又扩展了部分功能，但这不会影响它作为 IRunableObject 接口提供服务。同理，在需要 IEnergySource 接口的地方，也可以用 IAirCondition 代替。而 IEnergySource 接口和 IRunableObject 接口就不存在这种代替关系，因此 3 个接口可以修改如下：

```
// 定义可运行对象的接口
public interface IRunableObject
{
    ...
}
// 定义热源对象的接口
public interface IEnergySource
{
    ...
}
// 定义空调组件的接口
public interface IAirCondition : IEnergySource,IRunableObject
{
    ...
}
```

空调组件只要实现具有继承层次的 IAirCondition 接口即可，实现这个接口后，它仍然具有启动、停止和温度调节的功能。

2.3.4　接口与契约式编程

组件的核心是契约，在 C#及 Java 语言中是通过接口来定义契约的。从概念上说接口很接近于契约，但是仍然没有完全达到契约的要求。契约这个词来自合同，规定了双方的责任和义务。对于组件来说，契约规定了组件的客户端和组件本身达成的一种服务约定。从这个角度上看，组件本身更应该是"完成契约的过程"。

契约对客户端和组件都是有约束的。对客户端来说，使用组件时传入的参数必须符合双方的约定。对于不符合约定的参数，组件会拒绝执行契约。对于组件来说，符合约定的参数必须返回预期的结果。

符合契约的组件，对于客户端和组件从某种意义上来说都是一种"解耦"。客户端不需要为自己提供的参数是否符合要求而去了解组件的细节。通过契约，能大幅提高组件的重用性。Bertrand Meyer 曾经说过："没有契约的重用，根本就是瞎胡闹。"

虽然 C#和 Java 在语法上定义组件提供的功能比较方便，但是在约束客户端的输入和组件执行的效果方面几乎无能为力。以上一节的模拟环境温度示例中的空调接口为例，在接口中，调整温度的方法很难约束期望调整的温度必须大于 0，而只能通过文档或注释标注来约束，代码如下：

```
// 空调组件的接口
public interface IAirCondition
{
    ...
    // 设置目标温度
    // value 值必须大于 0
    void SetTargetTemp(float value);
}
```

为了体现契约思想在程序开发中的意义，Bertrand Meyer 在 *Eiffel Programming Language* 一书中提出了契约式编程（Design by Contract，DBC）。在 DBC 中定义了 3 种约束：前置条件（Pre-conditions）、后置条件（Post-conditions）和类不变量（Class Invariant）。前置条件和后置条件很好理解，分别描述对输入参数和返回结果的约束。类不变量是指类的状态在执行前后要保持一定的约束，这种约束主要应用于聚合对象的一致性方面。聚合及聚合的一致性是属于领域驱动设计（DDD）的概念，后面章节会详细介绍。

契约式编程的概念很简单，但是实现起来比较困难。目前大部分的约束都是靠文档来实现的。为了降低契约式编程的难度，C#从 4.0 版本开始增加了 Contract 静态类，用于支持契约式编程。Contract 通过一系列的静态方法提供了从前置条件到后置条件的约束配置，而这些方法基于对宏和条件编译进行抽象封装。

2.4　小　　结

　　本章主要介绍了软件编程思想的发展轨迹，并通过几种主要的编程原理，介绍了它们解决问题的方法及其对应的编程思想。这些方法和思想会为以后的项目设计提供坚实的基础。本章对涉及的大部分知识点仅做简要介绍，在后面的章节中还会详细介绍这些内容。

　　对象和组件是 C#构建程序的基本单元，分别代表面向对象和面向组件的编程思想。虽然它们有很多相似之处，但是它们的编程思想有着巨大的差异。它们被应用于程序的不同场景，以解决不同的问题。对象主要用于解决实际的业务逻辑，而组件则是架构实现的基础。理解对象和组件的本质与意义，有助于开发者设计功能强大、架构良好的企业应用程序。

第 3 章　软件架构

本章内容分为两部分，第一部分介绍架构的定义、特性、内容及描述架构的 4+1 视图，第二部分主要介绍几个与 Web 应用程序相关的架构风格和架构模式。

本章主要涉及的知识点有：

- 架构的定义和特征；
- 架构风格和架构模式的定义；
- 4+1 视图的定义；
- 分层架构、MVC 架构、REST 架构和微服务架构的定义及特征。

3.1　软件架构概述

"架构"在软件行业中属于高频词。从事软件开发的设计人员都或多或少都接触过架构。和许多人的理解不一样，架构的目的并不是为了实现功能，也就是说架构并不能帮助设计人员开发一款功能强大的软件产品，而是为了保证软件的质量。

设计架构需要系统的知识体系，同时这个知识体系又是设计人员晋升通道中所必须掌握的。知识体系不只体现在对架构概念的理解上，也包括能够根据软件产品的需求，设计一个适用的架构所需要的方法和经验。而这些方法和经验的总结和提炼就是架构的模式和风格。

3.1.1　软件架构的定义

在软件行业中，架构（Architecture）不但是个高频词，也是一个令人生畏和迷惑的词。许多设计人员喜欢用架构表达一些含糊不清的概念。对架构的概念不能够清晰地理解，也反映在架构师的工作职责方面。软件公司或者软件开发部门一般都设有架构师的职位，但很多公司或部门对架构师的职责并没有进行清晰的定位，有的架构师甚至从事产品经理的工作，而产品的架构反而是由设计师自由选择。这些现象其实都反映了一个问题：什么是架构。

架构并不是软件领域的专有名词，它在软件产生前就已经被应用到了各个领域中。架构在很多领域中都是指提供如何满足用户需求的通用方法。比如在建筑领域，建筑的架构表达建筑物为了满足特定的需求而需要提供的元素和这些元素之间的关系，以及设计原则和约束。同样，一本小说也有架构，小说的架构描述主要人物的特点和他们之间的事件脉络，而这些设计是为了约束作者如何写一本满足读者阅读需求的小说。

软件架构的作用和其他领域中架构的作用相似。对于架构，很多人尝试着给出符合软件行业的架构定义。这些定义基于他们自身对架构的不同理解，从各个方面对架构进行了描述。由于基于不同的角度和理解，这些定义中有些甚至相互矛盾，但在三个观点上达成了共识。

- 第一个共识是"架构是高层次的分解"。随着软件系统的发展，软件提供的功能越来越强大，软件的规模和复杂程度也大幅增加。为了方便项目的开发和管理，需要从某个或多个结构上对软件产品进行分解。从这个方面来定义，架构就是对这些组成系统的抽象元素及这些元素之间的关系和约束的分解。

设计架构时，架构设计师可以从多个结构对系统进行分解和划分，可以从逻辑方面划分，也可以从物理和进程方面划分，这些不同的结构就是架构的各个组成方面。这些结构在 3.1.3 节会介绍。这里读者只需要知道每种结构都由各种类型的组件和连接这些组件的关系构成。一种结构代表从某一方面对系统的抽象和分解。

组件代表在一种结构类型下系统的主要组成内容。它们相互调用、通信及交互，共同呈现系统的功能。组件可以是计算硬件、工作站、通信协议、程序运行的内存、进程或者一段抽象定义的功能。简单地说，组件就是从不同的角度分解系统时的构成元素。

- 第二个共识是"架构是不易改变的决定"。系统设计人员希望有些组件和关系在开发之前就能定义好。这些组件和关系一般都不涉及系统的功能，主要是指系统分解成各种类型的抽象组件后同时定义的各个抽象组件的组成关系和交互方法。因为这些组件和关系一旦发生改变，会严重影响系统的设计。

在进行系统的分解时，分解组件一般包含功能的抽象定义，这是系统设计人员非常关心的问题，也是他们在程序开发过程中的主要实现目标。软件的架构除了包含这些功能的抽象定义之外，还包含这些组件的关系，这些关系包括硬件的拓扑关系、软件模块的通信方式和通信协议等。系统设计人员虽然较少涉及这方面的设计工作，但是在实现设计方案时却需要依赖这些组件和关系，它们的稳定性直接影响着系统设计的稳定性。如图 3.1 所示，示例定义了两个组件的调用方式。

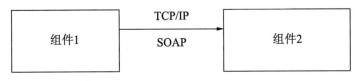

图 3.1　组件关系示例

在图 3.1 中，架构规定了组件 1 通过 TCP/IP 和组件 2 通信，并且通过简单对象传送协议（SOAP）获取组件 2 的对象。架构规定了通信使用的协议和获取对象的协议，如果在组件开发过程中变动通信协议和对象获取方式，则会对组件的开发造成混乱。

- "架构是一种约束和规则"是第三个共识。系统中不易改变的地方同样体现在约束上，架构定义了一系列的约束条件。这些约束条件组成了架构的统一性，架构中的各个组件按照约束相互作用。这些约束的组合，呈现出了一种独特的风格。同样，架构也定义一组规则，用于维持系统的完整性。这些规则有利于降低系统的复杂性，并能根据组件之间的调用和响应来定义一套完整的约定，用于指导后期的系统设计工作。

通过上述三点，可以得到架构的一个简单定义：架构就是一系列组件和它们关系的抽象，以及维持这些关系的约束和规则。架构由多个结构来描述这些组件和关系，这些不同的结构共同组成了架构。

在软件的生命周期内，架构并不是一成不变的。架构虽然是名词，但是在系统设计中，架构是一个不断演进的过程。软件架构是不变的深层结构，而在设计之初很难全部定义这些不变的深层结构。随着系统开发的深入，有些不变的因素可能发生了改变，那么这些因素就会被移出架构。当所有可变化因素都被移出架构之后，架构就是一个维持最小结构的集合，就像《计算机体系架构》中所说：

"我们将计算机系统的架构定义为一组最小的特征集，它们决定了哪些程序将会运行，以及这些程序将会得到什么结果"。

3.1.2　软件架构风格和架构模式

当我们在说"架构"时，其实表达的是架构风格和架构模式的双重概念。许多系统设计师将架构风格和架构模式混为一谈。架构风格和架构模式有明确的定义和范围，两个概念共同组成了所谓的架构。

首先看架构风格。风格是对一系列特征和属性的约束。这些约束可能是对架构组件的功能约束，也可能是对连接这些组件关系的约束。现在流行的微服务就是一种架构风格。微服务的架构风格定义了一系列的特征（约束），满足这些约束的系统就是采用了微服务架构风格。

Roy Thomas Fielding 在他的 Rest 论文中准确地定义了架构风格："一种架构风格是一组协作的架构约束，这些约束限制了架构元素的角色和功能，以及在任何一个遵循该风格的架构中允许存在的元素之间的关系。"简单地说架构风格就是约束，只要符合某种约束就符合这种架构风格。而在满足架构风格的约束时可以使用多种模式。这些模式就是架构模式。

术语"模式"也是从建筑行业引入的概念，模式是在特定环境中针对一类问题的解决方案。而架构模式就是架构风格在特定环境中具体应用的解决方案。也就是说，一种架构风格可以有多种架构模式。一种架构风格定义了必须遵守的规则与约定，而遵守这些规则和约定是为了达成架构风格的预期目的。在实现架构时，会根据特定的环境和条件采用不同的方式，这种针对特定环境的实现方式就是特定环境下的解决方案，也就是架构模式。

以常见的"客户端-服务器"架构风格（Client-Server，简称 CS）为例，CS 架构风格被广泛应用到各种软件系统中，尤其是企业应用程序中。CS 架构风格通过一系列的约束来实现客户端和服务器的分离，它的主要约束如下：

- 服务器（Server）公开了一系列服务，并随时监听对调用服务的请求。
- 客户端（Client）可以通过连接向服务器发出请求。
- 服务器可以处理客户端的请求并返回结果。
- 服务器也可以拒绝客户端的请求并返回拒绝的理由。

通过上述内容可以看出，CS 架构风格的定义很简洁，事实上大部分架构风格的定义都很简洁。CS 架构风格只是定义了客户端和服务器交互方式的规则和约束，约束了客户端请求服务器前必须连接服务器，同时服务器通过监听网络提供服务，当接收到客户端的请求时，服务器会根据请求内容响应或者拒绝服务请求，如图 3.2 所示。

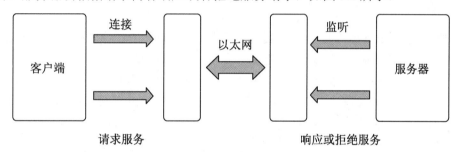

图 3.2 CS 架构风格

CS 架构风格将系统分为客户端和服务器两个应用，并且服务的请求和响应都是通过通信实现的。CS 架构风格被大量地应用于软件产品中，在实现 CS 架构风格时根据实际需求和条件会有所差别。其中最常见的是两层架构模式（2-Tier），即把服务器和客户端分别部署在两个物理层（工作站和服务器主机）上，然后通过局域网或以太网把两个物理层连接起来。这种架构模式的典型应用是 FTP（File Transfer Protocol）系统，如图 3.3 所示。

图 3.3 使用两层架构模式的 FTP 系统

两层架构模式只是 CS 架构风格中的一种应用。针对更复杂的情况，系统可能会采用三层甚至多层架构模式。

注意：示例中所谓的两层架构模式（2-Tier）和分层（Layer）模式不一样，两种层代表不同的含义，Tier 表示物理上的层，而 Layer 表示逻辑上的层。

3.1.3　4+1 视图

一个软件架构有多个关注点，每个关注点都有自己的系统分解方法。在设计架构时，架构师必须从这些关注点出发来描述架构，并把架构的设计通过文档传递给系统设计人员。尝试从多个关注点来描述架构是十分困难的事情，为此一些研究者提出了很多的设计方法。其中，Philippe Kruchten 在 IEEE Software 上发表的论文 *The 4+1 View Model of Architecture* 中首次提出的 4+1 视图完美地解决了这个问题。

"4+1 视图"从 5 个从不同的侧面来描述架构，其中包括 4 个主视图和一个冗余的场景视图。4 个主视图分别如下：

- 逻辑视图（Logical View）：对象模型（使用面向对象的设计方法）。
- 进程视图（Process View）：捕捉设计的并发和同步特征。
- 物理视图（Physical View）：定义软件到硬件的映射，反映架构的分布式特性。
- 开发视图（Development View）：定义在开发环境中软件的静态组织结构。

在进行设计架构时，可以说架构的各个关注点都归结于以上 4 个视图，使用一个场景视图对它们进行解释和说明，就形成了第 5 个视图，如图 3.4 所示。

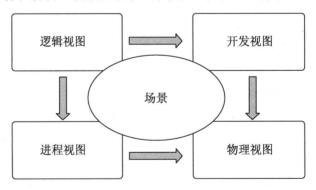

图 3.4　描述架构的 4+1 视图

在设计架构时，会基于每个视图对系统进行独立分解，每种分解都是基于这个视图的关注点而进行的。基于每个视图的分解都会使用相同的方法和步骤，把系统分解成组件并维持组件间交互的关系。但是每个视图构成的组件类型各不相同，这些组件的类型源自视图分解的需求。同时，在进行系统分解时可以为每个视图选择不同的架构风格，允许系统中不同风格的并存。

逻辑视图描述了对用户提供的功能支持。这意味着逻辑视图的分解依赖于需要解决的问题。在使用面向对象解决问题时，构成逻辑视图的组件是对象，架构师根据需要解决的问题定义抽象类，再定义对象之间类的继承、组合和关联等关系。

进程视图描述的是系统的非功能性需求，即系统在运行时的分布性和并发性，以及逻辑视图中的主要对象如何运行在不同的进程中的问题。进程视图的组件是程序中的进程，而描述它们关系的是消息、事件发布和远程调用等。

开发视图关注的是架构如何指导开发流程，在这个视图中，软件系统会被分解成小的子程序或软件包（类库），并为每个子程序或软件包定义接口。系统设计人员会根据这些分解的子程序和软件包分配工作内容。

物理视图关注的是支撑软件功能的硬件性能，也是非功能性需求，主要体现在吞吐量、可靠性和可用性上。物理视图主要考虑如何把软件映射到硬件节点上，并解决网络的拓扑关系以及硬件的安装、连接和通信等问题。

软件产品是用来满足用户需求的。同样，软件的架构是用于满足软件开发需求的。也就是说，架构的最终目的也是为了满足用户的需求。用例和场景都用于描述用户的需求方式，用例是通过用户使用的场景来获取需求，一个用例有很多场景，在架构设计中更强调场景的作用，"4+1 视图"是场景驱动设计的。通过增加场景视图，可以与其他视图原生无缝地结合起来共同描述系统架构。

架构师在设计架构时，其实是先在大脑中把整个系统搭建起来，再使用场景去验证这个架构是否能满足需求。当然，架构师不可能永远把对软件产品的设想装在大脑中，他需要把这个蓝图展现出来，用以指导设计人员的开发。"4+1 视图"就是展现这个蓝图的解决方案。本节只是简单介绍了架构和"4+1 视图"的概念和定义，后面章节中会结合项目示例详细介绍运用"4+1 视图"设计架构的方法。

3.2　主流软件架构简介

随着软件应用领域的扩展和软件产品数量的激增，出现了适合各种需求的软件架构。随着软件工程技术的快速发展，软件架构也在不停地演进。推动这些架构发展的力量是编程思想的进步及新技术和框架的产生。

由于篇幅的原因，本节不能详细介绍这些架构及其发展过程，只能集中介绍几个与本书配套的演示项目相关的架构，它们也是目前主流的软件架构，如分层架构、REST 架构和微服务架构等。

3.2.1　分层架构

分层架构（Layered Architecture）是目前为止最为常用的架构，也是最符合软件公司组织结构的架构。分层架构的思想很简单，把系统分解为若干个层（Layer），每一层的逻辑代码都具有高内聚的特点，每层之间只能通过抽象的接口进行访问，降低了层之间的耦合性。为了更合理地管理依赖关系，每一层只能访问和它相邻的低级别的层，并且只能向高一级的层提供服务，如图 3.5 所示。

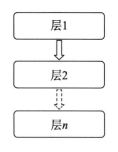

图 3.5　分层架构风格

从图 3.5 中可以看出，分层架构简单、易懂，大部分程序设计人员都可以理解。这种架构的程序开发和测试都比较容易，在测试时每一层可以单独进行，对下一层的依赖可以通过模拟获取。

分层架构因为简单、易用，被应用到大量的系统开发中。分层架构在系统的模块化和低耦合、高内聚方面也起到了很好的作用。分层架构是一种架构风格，在其应用中约束了层之间的依赖和调用，每一层相当于上一层的服务器或基础设施，而更深的层则完全隐身，并且不允许跨层调用，也不允许下层调用上层。下层对上层的调用只能通过中介模式。

在分层架构风格中，层之间的隔离和约束为开发和测试提供了有力的保障，并有效地提高了软件产品的质量。层之间的调用通过抽象接口，避免了层之间的类型泄漏和相互依赖。通过层的隔离，保证了可修改性、可移植性和可重用性。

分层架构风格在实际使用中可以选择多种架构模式。最常用的模式是 4 层架构模式。这种模式把系统分解成 4 层，分别是 UI 层、应用程序层、业务逻辑层（或领域模型层）和数据访问层。4 个层的关注点各不相同。

UI 层关注如何和用户交互。应用程序层关注如何提供系统的功能，它直接为 UI 层服务，为 UI 层获取需要显示的数据，以及解释来自 UI 层的命令。业务逻辑层是系统的核心层，负责描述和解决特定领域的问题。数据访问层把业务逻辑层中的对象状态保存到数据库中，并在需要时读取出来。4 层架构模式如图 3.6 所示。

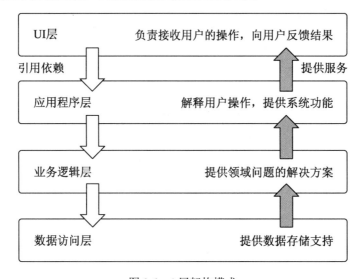

图 3.6　4 层架构模式

4 层架构模式是分层架构风格最简单的应用，用十分简单的方式实现了分层架构风格的约束。但是由于这种架构模式自身的弊端，并没有被大规模应用。在该模式中，上层对下层的引用虽然以抽象的接口解耦，但是在描述返回数据值时十分困难。这时可以使用单独的数据模型定义返回数据的类型。以 UI 层和应用程序层为例，加入数据模型后的架构如图 3.7 所示。

加入数据模型以后，UI 层和应用程序层都会引用数据模型，这样就解决了返回数据类型的问题。当然，如果数据模型能够贯穿整个系统分层，那么这个数据模型可以被所有层引用，从而成为所有层共享的数据模型。

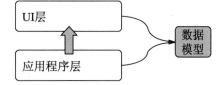

图 3.7　分层架构中使用单独的数据模型

数据模型的加入解决了部分问题，但同时也带来了两个问题。首先，数据模型的本意是定义各层之间需要传递的数据，在业务逻辑层用于描述问题和解决问题的是领域对象。当从数据访问层获取数据模型以后，还要提供一个数据模型到领域对象的双向转换。如果直接把领域模型写在数据模型中会带来更大的麻烦，这一点在后面介绍领域模型时会详细讨论。

第二个问题来源于依赖。数据模型看似降低了依赖，甚至有的项目为了降低依赖，会把服务接口也定义在数据模型中，这其实是分层模式本身的问题。数据模型和接口都可以定义在单独的包中，它们的定义都依赖于上层的需求。也就是说，下层的实现依赖于上层的定义，不管它们是否定义在单独的包中，上层都会依赖于下层的实现而定义，这时就在上下两层间形成了双向依赖，这违背了依赖倒置原则（Dependence Inversion Principle），即依赖于抽象而不依赖于实现，如图 3.8 所示。

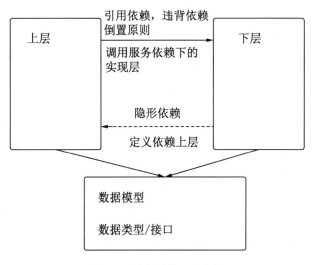

图 3.8　层之间的双向依赖

解决这个问题的方案是在层之间引入依赖注入。依赖注入是实现控制翻转的一种形式，主要方法是通过依赖注入容器，实现层之间的解耦。注入依赖主要是为了解除上层对下层的引用依赖，下层保持对上层接口和数据类型的抽象依赖，而上层对下层的引用依赖被转移到容器中。简单地说，上层的调用接口仍然定义在上层，当上层需要使用下层实现的对象时，直接从容器中获取即可，如图 3.9 所示。

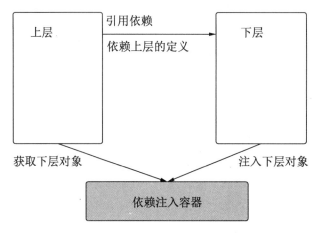

图 3.9　层之间引入依赖注入容器

当引入依赖注入后，下层的服务接口及上层需要的数据类型都定义在上层，上层不引用下层，而下层引用上层。其实这时候上下层已经互换了，原来的下层已经变成了上层。在传统的 4 层架构中，数据访问层作为实现的下层，在加入依赖注入后已经变成了上层。

当数据访问层变为上层以后，就可以为其他各层提供具体的服务，只是在各个层中需要定义服务的接口。而应用程序层和业务逻辑层也不需要保持引用依赖。同时，数据访问层提供了其他层的实现接口，也就成了其他层的基础设施。UI 层负责在初始化时把基础设施层的实现对象注入容器中。引入依赖注入的 4 层架构模式如图 3.10 所示。

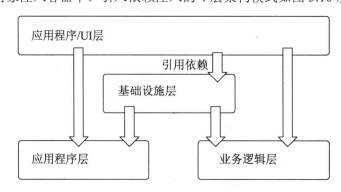

图 3.10　引入依赖注入的 4 层架构模式

分层架构是一个简洁、易用的架构模式，但是在很多项目中，由于开发者对分层架构的错误理解，造成了各层之间错误的依赖关系。各层之间错误的依赖关系会使系统的稳定性降低，只有使用依赖注入技术，才能真正解决分层架构的依赖问题。

3.2.2 MVC 架构

MVC（Model-View-Controller）是一种架构模式，也就是"模型-视图-控制器"模式。MVC 也用于系统的关注点分离方面，把系统分为模型（Model）、视图（View）和控制器（Controller）3 个模块，这些模块共同作用，向用户提供交互的支持。在分解时，3 个模块各自维持一个关注点，实现业务逻辑代码和视图展示代码的分离。MVC 架构中的 3 个模块的定义如下：

- 模型（Model）：负责描述问题和解决问题。
- 视图（View）：负责在 UI 中渲染模型，并将信息呈现给用户。
- 控制器（Controller）：接收和处理视图传入的用户交互信息，根据交互的命令修改模型。

在理解 MVC 架构以前，首先要明确数据和视图的概念。模型以数据的形式存储在数据库中。数据是不可视的，也就是说数据是不能直接看到的，在 UI 界面看到的不是数据本身而是展示数据的视图，并且同一个数据可以使用不同的视图渲染出来。以电子表格软件为例，数据和视图的关系如图 3.11 所示。

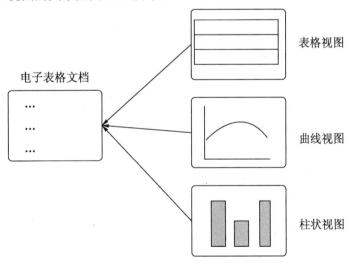

图 3.11　数据和视图的关系

模型和视图分离意味着一个模型可以拥有多个视图，使用多个视图是源于用户的需求，用户需要从不同的视角查看数据，就像在电子表格里可以通过表格视图或曲线视图查看数据一样。

模型可以拥有多个视图，因此产生了模型选择的问题，虽然没有强制规定，但在 MVC

的实现中选择视图的任务一般是由控制器完成的。控制器在响应视图的输入时会选择合适的视图，它在 MVC 中起到中枢的作用。MVC 的结构如图 3.12 所示。

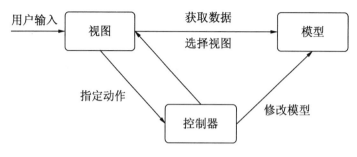

图 3.12　MVC 的结构

在 MVC 中，控制器起着协调的作用，但控制器并不涉及业务逻辑代码，只是将用户的指令翻译成模型需要执行的动作，而实际承担业务逻辑的是模型。事实上，通过视图直接获取模型对象也不是一个好方法。在稍微复杂的系统中，MVC 会和其他架构一起使用，协同工作。模型仅仅是对描述业务逻辑对象的一个快照或映射，真正的业务逻辑模型会放在一个更加独立的模块中，而 MVC 只是用于与用户交互的架构模式。

MVC 是 Xerox PARC 在 20 世纪 80 年代为编程语言 Smalltalk 提出的框架，至今都是作为 Web 程序的首选模式。当然 MVC 也有缺点。例如，对于关注点如何分离没有严格的定义，从而造成业务逻辑代码的泄漏，以及视图对模型的过度依赖，视图与控制器的联系过于紧密等。为了克服这些缺点，MVC 在演进过程中发展出了多个变种，比如使用事件驱动的 MVP（Model View Presenter）模式。

在 MVP 中，展示器（Presenter）视图和控制器进行了进一步分离，并且展示器和具体的视图不再直接关联，它们通过预定的接口相互通信，从而使视图和展示器真正分离，进一步优化了视图的可替换性。MVP 也支持展示器的单独测试。MVP 的结构如图 3.13 所示。

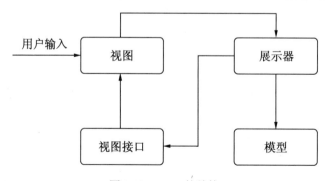

图 3.13　MVP 的结构

MVP 确实解决了 MVC 的部分缺点，但是 MVP 的代码更加复杂，致使展示器的代码过度膨胀。目前被大量使用的仍然是 MVC。主流的编程框架都针对 MVC 的缺点进行了改进，如 Spring MVC、ASP.NET MVC 等都提供了"约定式编程"，也就是约定大于配置的契约式编程的支持，极大地简化了使用 MVC 进行开发的复杂度，也避免了视图和控制器过度耦合的缺点。

3.2.3　REST 架构

REST（Representational State Transfer，具象状态转移）是一种用于 Web 程序设计的架构风格。REST 是 Roy Thomas Fielding 在他的博士论文 *Architectural Styles and the Design of Network-based Software Architectures*（架构风格和基于网络的软件架构设计）中首先提出的。REST 定义了指导现代 Web 程序接口设计与开发的一系列约束。

REST 的拗口的名字暗示了它的设计思想是以状态转移为核心的。REST 把网页看成一个虚拟状态机（Virtual State-machine），用户通过选择不同的链接执行不同的操作，从而引发状态转换，将下一个页面呈现给用户，以便用户在使用程序时能明确感受到状态的变化，并通过状态变化的逻辑引导用户进行下一步操作。

这和许多程序员认为的 REST 就是一个接口的编写规范不同，REST 强调的是如何把应用程序的状态变化和网页的链接有效地无缝融合，而不仅仅是约定应用程序的接口使用 POST 或 GET 编写。接口的约束仅仅是 REST 约束中的一部分。

在 REST 中，具象状态转移就是指资源状态的变化，REST 关注的是资源（Resource）的具象。所谓"资源"，代表一个网络上的实体，它可以是一段文本、一张图片或者一个对象，并且可以通过统一资源定位符（Uniform Resource Identifier，URI）指向它。要获取这个资源，直接通过 URI 访问即可，因此 URI 就成了每一个资源地址独一无二的识别符。

对于应用程序来说，资源不仅是一段文本或一张图片，它是一个个对象，是用于解决领域问题的对象。所谓具象状态就是这些对象的状态。对于和网络结合的 Web 应用程序来说，这些对象也作为资源向用户呈现，只是呈现的是对象状态的快照，也就是对象的具象。同样，用户通过 HTTP 的不同请求方法（POST、PUT 和 DELETE）也会引发对象状态的改变，也就是具象状态的转移。

和其他架构风格一样，REST 也是由一系列约束组成。其中最主要的约束是统一接口（Uniform Interface）的约束，即组件之间要使用一个统一的接口，这个统一的接口一般用 HTTP 的 4 个方法（GET、POST、PUT 和 DELETE）。统一接口约束下还有 4 个子约束，这 4 个子约束共同决定 REST 架构风格的核心特征。具体说明如下：

- 资源的识别（Identification of Resources）：每个资源都有各自的标识符。客户端在请求时需要指定该标识符。客户端获取的是资源的具象或者说状态，这些状态使用 HTML、XML 或 JSON 等格式描述。
- 通过表述操作资源（Manipulation of Resources Through Representations）：客户端操作的是资源的表述，而不是资源本身。这些表述可以是资源状态的获取，或者是对资源状态的修改。

- 自描述消息（Self-descriptive Messages）：每条消息都包含足够的信息来描述如何处理该消息，也就是包含对状态转移的链接（URI）。
- 超媒体作为应用状态引擎（Hypermedia As The Engine Of Application State，HATEOAS）：客户端通过服务器提供的超媒体内容来了解如何操作表述，通过超媒体中的链接，就能引导用户进行下一步操作。

对于 REST 架构模式来说，经常发生的误解是使用 HTTP 方法对资源实现 CURD（增、删、改、查）操作的封装。两者在形式上确实很相似。REST 的核心概念在于"超媒体作为应用状态引擎"，而不仅仅是实现对资源的 CURD。

超媒体在本质上与常用的超文本（Hypertext）是一致的，是指一种采用非线性网状结构对块状多媒体信息（包括文本、图像、视频等）进行组织和管理的技术。HATEOAS 约束要求在超媒体中必须包含对资源操作的描述及链接。通过这些指向资源的超媒体和链接就支撑了能够映射应用程序状态的虚拟状态机。下面是一个购物商城中请求商品详情的返回信息的例子。

```
{
    "id" : 1,
    "body" :
    ... // 描述商品的详细信息
    "links" : [
        {
            "rel" : "self",
            "href" : http://xxx/commodity/{id},
            "method" : "GET"
        },
        {
            "rel": "commodity list",
            "href": http://xxx/commoditys/
            "method" "GET"
        }
        {
            "rel": "add to cart",
            "href": http://xxx/cart/?id={id}
            "method" "PUT"
        }
        ....
    ]
}
```

在上述代码中，用户不但能获取描述对象的状态（商品详情），也就是应用程序的状态，而且还能获取对这个资源进行进一步操作的链接。所有的超媒体描述的这些资源和操作链接组成一个资源的状态机及驱动状态变化的流程，就是所谓的应用程序状态引擎。例如，在开发购物商城网站的应用程序接口（Application Programming Interface，API）的过程中，当考虑把商品添加到购物车时，如果把问题简化，应该是这样的流程：浏览商品→

查看商品详情→添加到购物车。状态机的原理如图 3.14 所示。

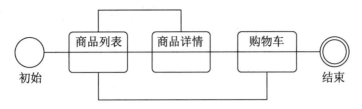

图 3.14　商品和购物车的状态机原理

在系统开发过程中，系统的业务逻辑层或应用程序层通过 API 提供系统的操作接口。在一般的系统中或者不符合 HATEOAS 约束的设计中，客户端必须提供相应的可视化组件来引导用户完成这样的流程。这就意味着 UI 的设计是依赖业务流程的。UI 对业务流程的依赖势必会造成 UI 和应用程序的耦合。而这种耦合必然会造成 UI 和应用程序的可替换性及独立演进性的下降。

HATEOAS 的关键之处在于，这个流程是作为应用程序的返回结果被传递到 UI 中。UI 在渲染资源时也会把指导下一步操作的链接渲染出来。这样 UI 在获取资源的渲染结果的同时，能够明确地获知下一步的操作指导，而操作指导就是应用程序的状态引擎。

REST 规定，实现 HATEOAS 才是真正符合 REST 的约束，并把这样的程序称为 RESTful，意思是完全符合 REST。完全实现 REST 是十分困难的，为此 Richardson 提出了用于逐步实现 REST 的理查德森成熟度模型（Richardson Maturity Model）。该模型把 REST 服务按照成熟度划分成了 4 个层次，分别是 Level0、Level1、Level2 和 Level3。下面具体介绍。

Level0 模型基于远程过程调用（Remote Procedure Invocation），没使用任何 Web 规则，是典型的 RPC 风格的系统。传统的基于简单对象传送协议（SOAP）的 Web 服务就属于这种类型。在这种方式中，HTTP 仅仅是作为消息传输的通道。还是以前面的购物商城为例，在 Level0 中会定义一个商品订购的服务，并通过一个 URL 公开这个服务。服务的定义如下：

```
// 定义商品服务的接口
public interface ICommodityService
{
    // 获取商品列表
    Commodity[] GetCommoditys();
    // 获取商品详情
    Commodity GetCommodity(string id);
    // 把商品添加到购物车中
    void AddCommodityToCart(string id);
}
```

客户端或者 UI 会通过 URL 引用单一的 ICommodityService 服务契约（Service Contract）。所有的操作都是围绕着这个服务契约进行的，如图 3.15 所示。

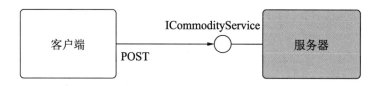

图 3.15　REST Level0 模型

在这种方式中，客户端或 UI 引用服务的契约，客户端自己决定调用方法的顺序，或者说必须知道对服务中方法调用的顺序，而调用结果为 SOAP 或 XML 格式。

Level1 模型是迈向 REST 的第一步，在该模型中引入了 REST 资源的概念。服务器公开的不再是一个单独的服务契约，而是公开的资源。在客户端中不再是使用服务契约，而是直接获取资源，如图 3.16 所示。

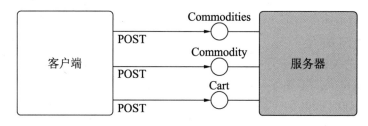

图 3.16　REST Level1 模型

此时客户端的请求是请求获取资源。例如，用户想获取商品列表的请求应该使用如下方式：

[POST]
http://xxx.xxx.com/commodities

在获取商品列表以后，如果用户想查看某个商品的详情，可以采用如下请求：

[POST]
http://xxx.xxx.com/commodity/001

地址编码中最后的标识表示请求编号为 001 的商品对象资源。这个编号会被框架映射到 API 的参数中，此时服务端的方法将知道客户端需要获取编号为 001 的对象，两个请求返回的都是描述对象状态的数据，而不是对象本身。也就是说，在 UI 层中，并不需要知道有"商品"这个对象，而只需要知道如何渲染相应的数据即可。

把商品添加到购物车中的操作更能体现这种以标识和数据为基础的交互方式。把一个商品添加到购物车中可以采用如下请求：

[POST]
http://xxx.xxx.com/cart/addCommodity/001

客户端不需要获取购物车对象和商品对象调用购物车添加商品的方法，而是在请求资源时把商品对象的 ID 编码到 URI 中。服务器在获取商品的 ID 后会获取商品对象和购物车对象，然后再执行相应的方法。

　　虽然可以把描述业务逻辑的对象看作是资源，但是两者并不完全等同，资源更像是对象状态的快照。客户端不需要真实的对象，因为客户端不需要操作这些对象，客户端把操作转换成指令，通过请求资源的方式把操作资源的指令传递给服务器，这无疑大幅降低了客户端对业务逻辑的认知要求，也就实现了客户端和服务器的进一步解耦。

　　Level2 模型在 Level1 模型的基础上规范了接口的定义。在 Level0 模型和 Level1 模型中，只是把 HTTP 当作隧道机制（Tunneling Mechanism）完成通信，但并没有利用 HTTP 方法的特性。在 Level0 和 Level1 两个级别中一般都使用 POST 方法，当然也可以使用 GET 方法，事实上使用每个方法的效果是一样的。在 Level2 中要充分利用 HTTP 的方法特性，也就是说要严格区分 HTTP 的方法。HTTP 方法的具体含义如下：

- GET：发送请求以获得服务器上的资源，请求体中不会包含请求数据，请求数据放在协议头中，用于请求获取资源。GET 支持快取以及缓存可保留书签等。
- POST：向服务器提交修改资源的请求，如提交表单、上传文件等，可能导致建立新的资源或者对原有资源进行修改。
- PUT：用于修改资源的部分数据。
- DELETE：删除某一个资源，该请求就像数据库的 Delete 操作一样。

　　在向网站发送请求时区分 HTTP 方法，就可以充分利用 HTPP 中的各种优化方法，如利用路由中的缓存机制。在请求资源时使用 GET 方法并不需要修改资源，意味着可以充分利用缓存机制提高响应效率，并且 GET 方法也可以防止对资源的修改。这就允许客户端以不同的顺序多次调用 GET 方法时都会获得同样的结果。

　　在 Level2 模型中，因为使用了 HTTP 方法标注了不同类型的接口方法，这些 HTTP 方法本身就是动作，这就意味着接口方法的命名必须使用名词，而该名词一般选择资源的名称。以网上商城为例，接口的定义如下：

```
// 定义商品服务的接口
public interface ICommodityService
{
    // 获取商品列表
    [GET]
    Commodity[] Commoditys();
    // 获取商品详情
    [GET]
    Commodity Commodity(string id);
    // 把商品添加到购物车中
    [PUT]
    void AddCommodityToCart(string id);
}
```

🔊注意：上述代码的作用是为了演示伪代码。在真实的接口中，不会在商品服务的接口添加与购物车相关的方法。

　　客户端的请求也会依据不同的类型而采用不同的 HTTP 方法，比如请求商品列表和商品详情资源都会使用 GET 请求。代码如下：

```
GET /commodities/ HTTP/1.1
Host: xxx.xxx.com/

GET /commodity/?ID=001 HTTP/1.1
Host: xxx.xxx.com/
```

添加商品到购物车是一个修改资源的方法，在请求时必须用到 PUT 方法。代码如下：

```
PUT/cart/111 HTTP/1.1
Host: xxx.xxx.com/
<AddCommodityToCart>
  <id = "001"/>
</AddCommodityToCart>
```

Level3 模型符合 HATEOAS 规范，即它是一个 RESTful 风格的接口。还以网上商城为例，在请求商品列表资源时获取的结果中不但包含商品列表的资源，而且还包含指导下一步操作的方法描述"查看商品详情"。在请求商品资源的结果中包含两个操作描述："添加到购物车"和"查看商品详情"。用户通过这些操作描述的引导，一步步完成商品订购流程。

REST 是一个定义简洁的架构风格，也是一个复合风格。除了以上介绍的统一接口约束以外，还有客户端服务器交互、无状态、分层、缓存及按需代码等约束。在这些约束中，最重要、最能体现 REST 风格的是统一接口约束。而在统一接口约束中，HATEOAS 约束是最重要也是最难实现的约束，实现 HATEOAS 的基础在于正确地理解应用程序状态引擎的概念。

REST 被提出来后，被用到了很多项目的架构设计中。目前大多数主流的编程框架都支持 REST 风格的接口设计。同时，REST 架构风格也被大量地用于和其他架构的整合使用，如下面介绍的微服务架构。

3.2.4　微服务架构

微服务架构（Micro Service Architecture）也是一种架构风格。微服务架构和许多架构都有关系。它是面向服务架构（Service Oriented Architecture，SOA）的演进版，也是单体架构（Monolith Architecture）的对立面。微服务架构很多都采用 REST 架构风格来设计 API，同时它的实现模式多为"端口-适配器"模式（Ports Adapters Architecture），也就是六边形架构模式（Hexagonal Architecture）。

微服务架构是面向服务架构的升级，具有微服务继承者 SOA 的大部分特点。在 SOA 架构中，是以大粒度的服务组件来组织和呈现系统功能的。SOA 通过网络通信把松散的服务组件组织起来，即程序=服务+黏合剂，并且通过分布式部署获取更大的灵活度。

在 SOA 中，服务组件的一个重要约束是指服务是有边界的。服务不可能是对系统功能的单一提供，相反系统功能会由众多的服务一起提供。每个服务都有自己的关注点。当然，一个服务也可以通过组合多个服务来提供更高层次的服务。服务组件的组合模式如图 3.17 所示。

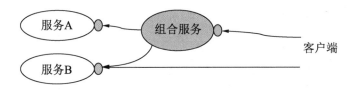

图 3.17　服务组件和组合服务

在图 3.17 中，能够为客户端提供的服务有 3 种：服务 A、服务 B 及它们的组合服务。在向客户端提供服务时，为了保证每次提供的服务效果具有一致性，而不会因为请求的次数和顺序而改变，因此设定服务是无状态的，这是 SOA 的另一个重要约束。

服务效果的一致性并不是说每次请求服务的返回结果都一样。服务返回的结果有时会依赖于内部的逻辑对象，这些解决逻辑的对象是有状态的。例如，从 ATM 机中取钱，忽略安全认证，不管进行多少次操作，是否能够成功取钱在于取的钱要小于账户余额，账户余额是逻辑对象的状态，而不是服务的状态。ATM 机在操作时只会验证取钱数是否小于余额而没有自己的状态。

为了降低客户端对使用服务的认知负载，服务是封闭的。服务只会公开服务的契约，而实现服务的细节是封闭的。因此客户端只要引用或了解服务的契约就可以使用服务。至于服务的所有细节，包括实现的方法、语言、架构和运行环境等，对客户端来说都没有意义。

服务的另外一个约束是服务必须是自治的。服务自治是指服务不能依赖于边界以外的任何代码，而是要能够自己独立运行并且提供相应的功能。

微服务在一定程度上可以看作是轻量级的 SOA，这也是 SOA 的弊端。在使用 SOA 提供服务时，为了保证服务请求和响应的准确性与规范性，定义了 SOA 的通信协议栈 WS-*，这些协议栈的复杂性妨碍了 SOA 的应用和推广。现在的软件对去中心化和快速开发都有需求，这与 SOA 的庞大"体积"格格不入。

微服务在 SOA 的基础上进一步强化了服务的组件化，它是使用轻量化的技术来实现快速开发和部署的一种架构风格。具体来说，微服务就是由多个小服务组成的应用，每个服务独立部署和运行，从而实现部署和管理的最小单元化。微服务的架构示意如图 3.18 所示。

微服务架构的大部分约束原则和 SOA 一样，但也有自己独特的约束原则。

微服务架构的业务能力的划分方式与 SOA 不一样，它更适合领域驱动设计（Domain Driver Design）。微服务按照业务能力来划分服务，一个服务提供一种业务能力，也就是领域模型中的限界上下文（Bounded Context）。使用领域驱动设计能够更好地应对复杂的业务逻辑，而限界上下文则可以让服务在领域中聚焦关注点。限界上下文特别适合用于微服务中的服务划分。通过服务划分，不但可以降低系统的开发难度，而且还能在服务的粒度上重用功能，这种重用不同于代码的重用，完全是业务能力的重用。

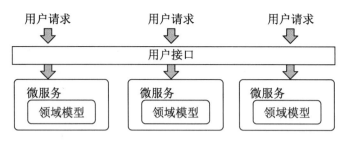

图 3.18　微服务架构示意图

去中心化：微服务比 SOA 更强调服务的自治。在微服务中，高度独立的服务不仅是代码和部署的独立。由于服务的划分是基于业务能力的，基于业务则意味着服务是为了解决高内聚的领域问题，因此每个服务可以使用独立的数据库，并且在高并发情况下甚至还可以使用多个独立的数据库。这种服务完全独立的方式，可以更好地应对系统的高并发和吞吐量的变化。

微服务架构风格这种高度组件化的服务形式自从提出来后就被大量地应用到 Web 程序开发中。多数的主流编程框架都提供了对微服务的支持。微服务框架和微服务架构是两个概念，框架是功能实现的解决方案。在微服务框架中提供了诸如企业服务总线和服务 API 网关等技术支持，这些基础设施降低了微服务的开发难度，让程序人员能够集中精力处理企业应用程序的核心问题——领域模型。

3.3　小　　结

3.1 节主要介绍了架构的概念及描述架构的通用方法 "4+1 视图"。架构是高层次的分解，是系统中保持不变的最小特征集合。设计架构是架构师的职责，但了解甚至掌握架构的知识体系，对于设计人员也至关重要。这种重要性体现在两个方面：首先，架构用于指导系统的设计，只有了解架构的特征，才能更好地设计系统；其次，架构是设计人员在软件行业中晋级必须掌握的知识体系。

3.2 节着重介绍了几个典型的架构及架构的演进过程。本节对常用的六边形架构并没有做单独介绍，这是因为在引用依赖注入以后，分层架构的演进已经非常接近六边形架构。在介绍微服务架构时详细介绍了 SOA，因为微服务就是 SOA 的演进版。

第4章　面向对象的设计模式和原则

本章将从最基本的重用技术开始介绍面向对象设计的六大原则，以及这些原则的应用方法——设计模式。

本章主要涉及的知识点有：

- 重用：几种重用方式的优缺点；
- 面向对象的六大设计原则：六大原则的概念、意义及应用；
- 设计模式：设计模式的意义及使用方法。

☖注意：本章不介绍具体的设计模式，读者是否掌握设计模式并不影响本章的学习，后续
　　　章节中涉及具体的设计模式时会详细介绍。

4.1　重　　用

软件重用（Reuse）或者说复用无疑是软件行业里公认的提高效率的最重要的方法之一。重用是设计人员最常使用的技术，是对软件中的有关知识的重复使用。软件设计人员在刚开始学习或接触程序开发时，看到好的代码或者寻求已久的实现代码时可能会使用"复制"和"粘贴"来重用代码，这种重用是低效的，仅仅是对一个问题的解决办法的复制。

更普遍的方式是使用继承实现重用。使用继承方式的重用比简单的复制代码效率更高，但是带来的问题也更多。继承会带来破坏封装和垂直耦合等一系列问题，尤其在实现业务逻辑的代码中，过多的继承会阻碍模型的表达能力，同时也会使代码难以理解，并且增加过多不必要的耦合。

组合（Composite）是另一种重用方式。这种方式使用多个对象组合成一个新的对象，在组合时，新对象通过引用其他对象来构建更复杂的功能。当一个对象引用另一个对象时，通常引用的并不是它的源码，而是该对象的功能。对于被引用的对象来说，引用时不能修改它的实现代码从而破坏封装。相比继承来说，组合是耦合度更低的重用。

模式（Pattern）是更高层次的重用，或者说是一种更抽象的重用。模式的重用在于特定环境下对解决方案的重用。模式的重用有很多种方式，其中最著名和最有效的是设计模式。针对不同的问题环境，模式有多种粒度，除了类粒度的设计模式以外，还有更大粒度

的架构模式等。

4.1.1　继承重用

继承是面向对象的三大特性之一，也是争议最大的特性。继承带来的优势毫无疑问，使用继承可以快速借用和扩展已有的代码。也就是说，当需要定义一个新的类时，可以通过继承一个已经存在的类来定义，这时被继承的类称为父类（Parent Class）或者基类（Base Class），而继承的类称为子类（Sub Class）。

当子类继承父类时，也就继承了父类的所有属性和方法。从另一个方面说，子类也继承了父类的所有功能。这时候就可以说父类被重用了，因为它可以被很多子类继承。这时重用的是父类的实现，也就是说即使子类没有任何代码，它也重用了父类的所有功能。例如，在 WinForm 中，Form 是 .NET 提供的 Windows 窗体的基本实现，在设计一个新窗体时，仅仅简单地定义一个继承 Form 的类就能实现窗体的基本功能，代码如下：

```
// 定义 Form1 类，继承 Form
public partial class Form1 : Form
{
    public Form1()
    {
        InitializeComponent();
        Text = "新窗体";
    }
}

class Program
{
    // 程序运行入口
    static void Main(string[] args)
    {
        // 创建 Form1 的示例
        Form1 form = new Form1();
        // 调用继承自父类的 ShowDialog 方法
        // 显示对窗体
        form.ShowDialog();
    }
}
```

在运行以上代码时会显示一个具有完整功能的 Windows 窗体，如图 4.1 所示。

这种通过继承实现重用的方式，在基础框架的设计和利用基础框架开发时应用特别广泛。实际上，上述代码中窗体的完整功能并不是全部在 Form 类里实现的，在 Windows 里显示一个窗体需要很复杂的代码。在 WinForm 中，Form 类通过多层继承关系实现窗体的全部功能，如图 4.2 所示。

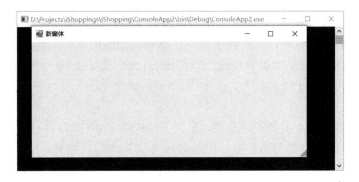

图 4.1　继承的窗体

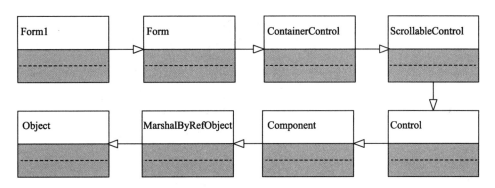

图 4.2　窗体类 Form 的继承关系

在框架中，Form 的每一个继承层次都对应着窗体的一个关注面，而更基础的实现则要通过继承下一个层次来实现重用，并且更加基础的实现也可以被其他类所重用，如窗体中常用的按钮。按钮和窗体具有不同的方法和属性，但是作为窗体显示元素，它们还具有很多共同的特性，比如都会在显示器中被渲染出来。在 WinForm 中，按钮和窗体直接或间接地继承了 Control 类，其继承关系如图 4.3 所示。

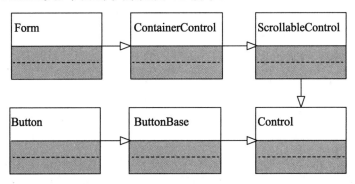

图 4.3　按钮（Button）和窗体（Form）的继承关系

事实上，在 WinForm 中所有的窗体控件是直接或间接从 Control 类中继承的。也就是说，所有的窗体控件都重用了 Control 类的实现，这为框架的实现节省了大量的代码。同样，在使用这些框架时也可以利用继承重用，就像前面的例子中创建的 Form1 类一样。

在继承时，有时需要在子类中实现一些特殊的功能，比如实现一个有不同风格的按钮。可以通过两种方式修改子类的行为，一种是为子类增加方法，另一种是重写（Override）父类的方法。

增加方法确实可以为子类扩展功能，子类方法的增多意味着可以接收更多的消息（调用），方法的增加也就是类型的扩展。但是这种方式带来的问题是，如果使用子类的客户端仍然是父类的类型，则无法调用这个新增的方法，如图 4.4 所示。

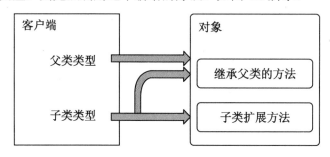

图 4.4　父类与子类的类型

如果想使用子类扩展的方法，则在客户端必须使用子类的类型。而在复杂的系统中，为了维持系统的稳定性是不会轻易改变客户端引用类型的。相对于类的实现，在客户端改变引用的类型所造成的影响和破坏性更大。

重写覆盖父类的方法是另一种被更广泛应用的修改子类行为的方法。通过重写父类的方法，可以使子类在接收同一个消息（调用）时有不同的反应和效果。重写方法在并没有改变类型的情况下实现了子类的特例化。

继承最大的争议就在于重写父类方法时会破坏封装，这种破坏性体现在两个方面。一方面子类重写父类方法的前提是必须了解父类的实现，而这种了解意味着在父类封装的业务知识会渗透到子类中。另一方面，覆盖父类的方法可能会破坏父类已有的实现和流程，尤其是在对父类没有深入了解的情况下，危害更大。

在类的继承体系中，底层的父类对稳定性的要求比高层的子类要高，因为修改父类的影响力和危害性要高于修改子类。要做到底层的稳定，一般是要求底层的父类中尽量不要涉及容易变化的代码，不应该包含实现细节的代码。因为越是实现细节的代码，在系统的演进中越有可能发生变化。父类中只应该保留抽象的接口或不易变化的流程。

例如，开发一个文件压缩器时，在设计继承层次时考虑到压缩方式的演进，一般不会把压缩算法的细节写在父类中。而不管压缩方式如何演进，处理压缩文件的流程一般是相对固定的。处理压缩文件一般需要"读取文件流→压缩文件流→创建压缩文件名→保存压缩文件"4 个步骤。在设计压缩文件的继承关系时，可以把压缩的流程写在父类中，而压缩的细节在子类中实现即可。父类的代码如下：

```
// 压缩文件的基本实现
public abstract class CompressedFileBase : CompressedFile
{
    /// <summary>
    /// 压缩执行的文件
    /// </summary>
    /// <param name="fileName">需要压缩的文件名</param>
    /// <returns>返回信息 OK-成功</returns>
    public string Compressed(string fileName)
    {
        Stream stream = ReadFile(fileName);
        if(stream == null)
        {
            return "Error-文件不存在";
        }
        Stream streamCompressed = CompressedFileStream(stream);
        string fileNewName = CreateNewFileName(fileName);
        return SaveFile(streamCompressed, fileNewName);
    }

    // 对文件流进行压缩
    protected abstract Stream CompressedFileStream(Stream stream);
    // 读取文件
    private  Stream ReadFile(string fileName)
    {
        ...
    }
    // 创建新文件名
    private  string CreateNewFileName(string fileName)
    {
        ...
    }
    // 保存问价
    private  string SaveFile(Stream stream, string fileName)
    {
        ...
    }
}
```

由于在父类中已经实现了压缩文件的流程和一些通用不变的方法，在子类中只要实现具体的压缩细节即可，并且不同的压缩方式的子类都可以继承父类定义的流程。子类的实现代码如下：

```
// 使用 ZZZ 压缩方式
public class CompressedFileZZZ : CompressedFileBase
{
    // 实现压缩的细节
    protected override Stream CompressedFileStream(Stream stream)
    {
        ...
    }
}
// 使用 CCC 压缩方式
```

```
public class CompressedFileCCC : CompressedFileBase
{
    // 实现压缩的细节
    protected override Stream CompressedFileStream(Stream stream)
    {
        ...
    }
}
```

注意：为了尽量保护父类的封装，在 C#语言中只有抽象方法和虚方法才可以在子类中被重写。

在上述实现的子类中定义了两个压缩方法，分别用于虚拟的 ZZZ 和 CCC 压缩类。这两种压缩类通过继承复用了父类中定义的压缩文件流程。文件压缩的流程是相对稳定的，因此可以将压缩流程的代码写在父类中。

当需求发生变化导致压缩流程改变时，比如需要压缩网络文件，则必须要修改父类的代码或者更换父类，也就是说继承造成了子类对父类的垂直依赖。为了维持系统的稳定性，这种依赖最好是抽象的依赖，也就是说父类的方法最好是没有任何实现代码的抽象方法。

4.1.2　组合重用

使用继承实现的重用，往往因为必须了解父类的实现细节而被称作白盒重用（White Box Reuse）。与之对应，利用对象组合实现的重用被称为黑盒重用（Black Box Reuse）。组合重用是指新的功能可以通过组装和组合对象而获得，只要这些对象具有定义明确的接口即可。

对象组合重用相比继承的一个明显优势是，对象组合时不必要了解实现的细节，通过接口或类型组合重用对象的功能即可。在使用组合重用时，类倾向于更小的封装单元，并用更小的封装单元实现更小的功能模块。

在使用组合重用进行系统设计时，关注的不是类的继承层次而是对象的关系。换句话说，系统的行为和功能不定义在某个类的继承层次中，而是通过对象运行时的交互关系定义的。对象的相互交互依赖于它们的接口，而接口是双方都要遵守的约定。

例如，在设计一个车辆速度模拟系统时，如果把问题简化，车辆的功能就是由发动机、变速箱和驱动轮组合而成的。简单地说，发动机驱动变速箱，变速箱驱动车轮，而车辆通过检测车轮的转速来获取车辆的行驶速度，而这些对象间的交互都是通过接口完成的，如图 4.5 所示。

在构建这个车辆速度模型系统时，先要把实现车辆速度模拟的各个构件（发动机、变速箱和

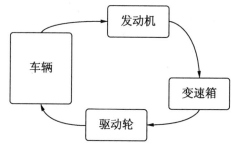

图 4.5　车辆速度模拟示意图

驱动轮）定义并构建出来。在定义这些构件的类型时必须符合一系列接口，而接口的定义来源于对需求的分解。也就是说，使用对象组合方式解决问题的核心在于接口的定义。在传统的面向对象语言中，可以使用纯抽象类也就是只包含抽象方法的类定义接口，而对于Java 和 C#这些融入面向组件设计思想的语言来说，它们提供了原生态接口定义的语法。例如在 C#中可以先定义用于模拟车辆速度的几个构件的接口，代码如下：

```csharp
// 定义发动机的接口
public interface IEngine
{
    // 启动发动机
    void Strat();
    // 停止发动机
    void Stop();
    // 发动机增速
    void Speedup();
    // 发动机减速
    void Slowdown();
    // 获取发动机的速度
    int GetSpeed();
}
// 变速箱接口
public interface ITransmissionBox
{
    // 选择挡位
    void SelectPosition(int position);
    // 通过挡位输出车速
    int Transmit(int inputSpeed);
}
// 定义驱动轮接口
public interface ICarriageWheel
{
    // 获取车轮直径
    int Diameter { get; }
}
```

有了这些构件的接口以后，就可以使用这些构件的接口类型组合成一个车辆模型，用来模拟车辆的速度。车辆模拟的功能是通过几个构件对象互相交互完成的，代码如下：

```csharp
// 模拟车辆
public class Car
{
    private const double PI = 3.14;

    private IEngine m_Engine = null;
    private ITransmissionBox m_Transmission = null;
    private ICarriageWheel m_Wheel = null;

    // 启动车辆
    public void Start()
    {
        m_Engine.Strat();
```

```
    }
    // 选择挡位
    public void SelectPosition(int position)
    {
        m_Transmission.SelectPosition(position);
    }
    // 仿真速度
    public double EmulatingSpeed()
    {
        // 获取发动机的速度
        int speedEngine = m_Engine.GetSpeed();
        // 计算驱动轮的速度
        int speedWheel = m_Transmission.Transmit(speedEngine);
        // 计算车速
        return speedWheel * m_Wheel.Diameter * PI;
    }
}
```

在 Car 类里使用了接口类型构建系统的功能。也就是说，Car 类不能单独运行，必须为这个引用的接口绑定对象才能运行。这就为系统的实现提供了很大的灵活性，Car 类的运行依赖于构件的实现，而构件的不同实现方式可以在运行时动态绑定。例如，可以为 Car 的 ITransmissionBox 接口绑定各种变速箱对象，如手动变速箱和自动变速箱，只要这些变速箱对象实现 ITransmissionBox 接口即可。

在使用对象组合时，是通过接口的类型来引用对象的，这就意味着引用的对象只能通过它的接口类型访问公开的方法。这样带来的好处是客户端和构成的构件因使用接口类型而天然隔离。构件对象可以任意修改它的私有方法而不会影响到客户端，而客户端可以使用任何实现接口的构件。

4.1.3　模式重用

模式（Pattern）的重用就像在上学时老师常说的："学习某某人的先进经验"。学习经验并不是要完全模仿，而是学习他们处理问题的方法和思路。模式一词来源于建筑行业，在软件工程中的应用也是借鉴了建筑领域。就像 Christopher Alexander 所说的 "每一个模式都描述了一个在我们周围不断重复发生的问题，以及解决该问题的方案的核心。这样你就能一次次地使用该解决方案而不必重复劳动"。

虽然 Alexander 的这番话是针对建筑领域而说的，但是它同样适用于软件开发领域。软件行业每年都会有大量的开发项目。这些项目有成功的也有失败的。模式就是在不同粒度上对这些项目的总结，从而形成一些核心的解决方法，以便于重复应用到类似场景的问题中。

这些被提炼的模式中，广为流传的是 GoF 的"设计模式"。GoF 强调他们并没有"发明"任何一种模式，这些模式是从历史经验中总结出来的，他们只是负责把这些模式写了出来。

注意：GoF 并不是设计模式的作者名字，而是 Group Of Four 的简写，代表设计模式的 4 个作者：Erich Gamma、Richard Helm、Ralph Johnson 和 John Vlissides。

4.2　面向对象的设计原则

面向对象的概念本身并不难理解，它使用了近似真实世界的方式来解决问题。相比结构化编程，面向对象的编程思想很符合人类的思维习惯，但这并不等于可以很轻松地编写出符合面向对象的程序。

软件是一种思想的产物，但不代表构思和设计时不受约束。没有丰富经验的设计人员在设计模型时很容易造成不易觉察的细小错误。这种错误往往不会造成性能或功能上的明显偏差，有时还会方便代码的编写。但是这些微小的不易觉察的错误如果数量过多，则可能会引发系统的崩溃。

为了避免这些错误，在设计和实现软件产品的功能时，必须为构思解决方案加入约束和原则。这些约束和原则不是为了帮助设计人员实现某项功能，而是为了帮助他们避免一些细微的错误，从而避免积羽沉舟，造成系统的崩溃。

4.2.1　单一职责原则

单一职责原则（Single Responsibility Principle，SRP）是六大原则里最简单的原则，也是最难真正实现的原则。单一职责原则是指一个类只能有一个可以使它发生变化的原因。引起一个类发生变化是因为这个类所承担的职责发生了变化。换句话说，就是一个类只应承担一个职责。

在进行系统设计时，设计人员一般会把多个职责的代码集成在一个类里，目的是进行快速增量开发，即不停地为了功能的增加而在类里增加新的方法。在一个类里集成多个职责并不影响功能的实现，相反可以使功能快速地实现，但是这种方法为系统的稳定性带来了隐患。

在一个类里集成了多个职责的弊端是，如果职责改变了，那么需要修改这个类时可能会影响其他职责，从而造成系统不稳定。这样，在类里集成的多个职责必然会混淆在一起，形成一个庞大的代码"泥团"。在混淆的代码中，很难明确地把各类职责的代码进行清晰的分离，从而使代码很难修改和演进。

这种多个职责混淆在一起的代码"泥团"也破坏了封装。混淆职责的代码很难形成一个高内聚的清晰封装，而高内聚是封装的基本要素，只有真正的逻辑内聚的代码，才有可能形成有意义的封装。

高内聚的代码易于扩展也利于修改，毕竟内聚的是逻辑密切相关的代码，可以很方便地按照逻辑思路修改代码。而对于强制封装起来的代码"泥团"，多个职责的逻辑代码会分散在代码"泥团"中，修改时只能全部"打散"，例如以下代码：

```
// 描述个人的模型
public class Person
{
    // 人类最大年龄
    public const int MaxAge = 200;
    public string ID { get; set; }
    public int Age { get; set; }

    // 设置年龄
    public void SetAge(int age)
    {
        // 逻辑代码
        // 对设置的年龄进行逻辑检查
        if(age<0||age > MaxAge)
        {
            throw new Exception();
        }
        Age = age;
        // 数据库访问代码
        // 使用数据连接对象
        using (SqlConnection sqlConnection = new SqlConnection())
        {
            // 创建修改年龄的 SQL 语句
            string commandText =
                string.Format("update persons set age = {0}", age);
            SqlCommand command =
                new SqlCommand(commandText, sqlConnection);
            // 执行 SQL 语句
            command.ExecuteNonQuery();
        }
    }
}
```

在上述代码中，Person 是描述个人的类，在它的 SetAge()方法中做了两件事。首先，修改个人的年龄（在修改前需要检查要修改的年龄是否合法，这是一段极其简单的业务逻辑代码）。其次，把修改年龄后的 Person 对象保存到 SQL Server 数据库中。

很明显，业务逻辑代码和数据库访问代码是两个不同的职责。而在 Person 的 SetAge()方法中包含两个不同职责的代码，这就意味着不管是修改年龄的业务逻辑发生变化还是保存数据库的方式发生变化，都会影响 Person 类，而 Person 是用于封装个人信息的业务逻辑类，如果承担两个不同的职责，则会使 SetAge()方法变成两种职责的代码"泥团"。

解决上述代码中的问题方案很简单，只要把数据库访问的代码移出 Person 类，而将其写在一个专用于数据库访问的类中即可。在上述示例中，领域逻辑和数据库访问代码分属于不同的类型，能比较容易地识别出是否违反了单一职责原则。

如果是在两个近似职责的逻辑代码中则很难识别出来。事实上，逻辑代码是否属于两个不同的职责依赖于描述问题的模型设计，同一段代码是否分属于两个不同的职责，在不同的解决方案中会有不同的选择。

识别是否违反单一职责原则的一个小技巧就是类和方法的名称。如果一个类的名称（名词）不能涵盖它提供的所有方法，即方法名超出了类名定义的概念范围，那么这个类就有可能不符合单一职责原则。同样，如果一个方法的名称（在编程时通常用动词）不能涵盖方法实现中的所有动作，那么这个方法也有可能违背了单一职责原则。

符合单一职责原则，可以保证专注点更明确和单一，从而降低系统的设计难度。同时单一职责也意味着更有利于类的封装和重用。事实上，单一职责原则不但被应用在类的设计中，而且这种思想也被应用在诸如 MVC 等架构的设计中。

4.2.2　开闭原则

开闭原则（Open Close Principle）是指软件对象（类、模块、方法等）应该对扩展开放，对修改关闭。这是面向对象最基本的原则，也是最能发挥面向对象优势的原则。

任何一个商用软件，在它的生命周期里总是不断地进行需求更改。有时这种更改源自软件设计的缺陷，有时则源于客户需求。在应对需求更改时，要尽量保持系统框架的稳定，这就是开闭原则。开闭原则要求系统在增加或替换功能时，要通过扩展的方式来实现，而不是通过修改代码的方式来实现。

开闭原则实现的关键在于抽象和接口。系统要想保持框架稳定并且易于扩展，需要在设计时定义一个抽象层，在抽象层中使用接口或抽象类定义对象之间的关系，而把实现的细节放在具体的实现类中。也就是说，通过抽象层定义功能，而使用具体的子类实现功能的扩展，在需要修改时只需要扩展或增加实现的子类，而不需要修改抽象层。

抽象层是对动作逻辑或对象关系的抽象定义，一般情况下保持不变。为了维持系统框架的稳定，抽象层的设计一定要简洁，同时不能依赖于实现细节。这种思想被广泛应用于程序设计的各个领域中。

在.NET 和其他框架中都提供了文件读取的基础功能。在框架设计时要考虑不同的文件来源，如正常的文件、网络文件或内存文件。而框架需要把这些不同来源的文件都转换成一致的流格式（文件的二进制格式），这就需要几种不同的子类来处理，当然这些子类都继承了抽象父类 Stream，Stream 定义关于流操作的抽象方法，如图 4.6 所示。

在不同文件的实现子类中都实现了从父类继承的读取字节的 Read()方法。Read()方法用于读取文件的字节内容，但很多情况下系统需要读取文件的文本内容。.NET 也提供了用于从流中读取字符串的 StreamReader 类，它来源于另外一个继承体系，这个继承体系使用一个抽象类 TextReader 来定义读取字符串的接口，如图 4.7 所示。

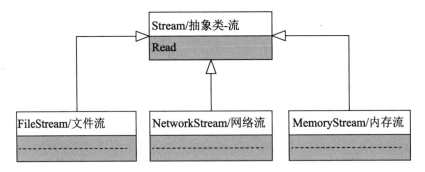

图 4.6　.NET 中文件流的继承关系

图 4.7　.NET 中 StreamReader 的继承体系

在.NET 框架中，针对流（Stream）的字符串读取抽象类 Stream 和 TextReader。组成读取流的字符串的抽象层使用这两个类定义了从不同的流中使用不同的方式读取字符串的通用抽象流程。在客户端中使用两种抽象类的类型实现对流的读取，示例代码如下：

```
// 分析流内容
public void ParseStreamContext(string fileURL)
{
    // 创建具体的流（文件流）
    using (Stream stream = CreateStream(fileURL))
    {
        // 使用流创建流读取器
        TextReader reader = new StreamReader(stream);
        // 使用读取器的接口读取流的内容
        string content = reader.ReadToEnd();
    }
}

// 创建流对象
private Stream CreateStream(object param)
{
    if(param == null)
    {
        throw new Exception();
    }
    // 创建文件流
    return new FileStream(param.ToString(), FileMode.Open);
}
```

上述客户端代码中使用的 Stream 对象和 TextReader 对象都是手动创建的。对于这段代码，更好的处理方式是把创建对象的代码移出去，在代码中只负责读取和分析文件内容，而具体使用哪一种流，则是另外一个职责。

对于这个抽象层来说，因为读取流的流程一般是保持稳定的，所以这个抽象层会在一定范围内保持稳定。抽象层的稳定也就意味着客户端代码的稳定，毕竟客户端代码依赖于抽象层的定义。如果需求发生了变化而需要另外一种流，或者读取某一种流的方式发生了改变，则只要增加新的流定义即可。在扩展增加流的定义时，例如需要增加对数据采集设备的支持，只要增加针对这种采集设备的读取定义即可，而客户端代码几乎没有变化。代码如下：

```
// 分析流的内容
public void ParseStreamContext(string fileURL)
{
    // 创建具体的流（读取设备流）
    using (Stream stream = CreateStream(...))
    {
        // 使用流创建流读取器
        TextReader reader = new StreamReader(stream);
        // 使用读取器的接口读取流的内容
        string content = reader.ReadToEnd();
    }
}

// 创建流对象
private Stream CreateStream(object param)
{
    if(param == null)
    {
        throw new Exception();
    }
    // 创建文件流
    return new DeviceStream();
}

// 读取设备的流
public class DeviceStream : Stream
{
    ...
}
```

开闭原则是面向对象的基本原则，在项目和框架的应用中极其频繁。在本书的示例中也有开闭原则的应用。开闭原则也是其他几大原则的基础原则，即其他原则都是以开闭原则为基础展开的。开闭原则并不一定要拘泥于一种形式，重要的是开闭原则的思想——对扩展开放，对修改封闭。

4.2.3　里氏代换原则

里氏代换原则（Liskov Substitution Principle，LSP）是一个很有趣的原则。里氏代换原则中说，在父类对象出现的地方，子类可以没有任何障碍地代替父类，即当子类继承了父类以后，子类即继承了父类的所有属性和方法，也就是说子类和父类具有 **is-a** 的关系。

例如，在系统中如果有一个动物父类和狗类的子类，则在需要动物类的地方完全可以使用狗类对象来代替，也就是说狗首先是一个动物，具有 is-a 的关系，如图 4.8 所示。

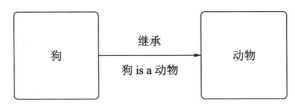

图 4.8　狗和动物的继承关系

具有 is-a 关系是使用继承以后的效果，里氏代换原则显然不是为了描述使用继承后的效果。里氏代换原则是指导设计人员更好地设计继承关系的原则，是实现继承重用的基本原则。

里氏代换原则的严格表述是"如果有一组类型为 TS 的对象，在使用类型 TP 对象的程序中，所有 TS 类型的对象代换 TP 类型对象时，程序的行为没有变化，那么类型 TS 是类型 TP 的子类型"。从定义可以看出，里氏代换原则是从类型的角度定义了实现继承的前提条件。

里氏代换原则之所以强调的是类型，是因为子类型化也是继承重用的一种方式，而客户端使用类型完成对象的引用。子类型化的继承更强调功能定义或接口的继承。子类型化相比子类化（直接使用类的继承）约束更严格，这种约束更符合里氏代换原则的要求。

子类型化要求子类型的方法能够完全代替父类型，这就要求子类型的接口方法比父类型具有更宽松的前置条件（方法的输入参数）和更严格的后置条件（方法的返回值），并且在子类型的对象中应尽量只实现父类型定义的抽象方法。只有完全满足这些条件才真正符合 is-a 关系。

满足 is-a 关系是符合里氏代换原则的基础和首要条件。符合约束的子类型化完全满足 is-a 关系，而使用类继承实现的子类化不一定满足 is-a 关系。子类化更强调的是语法上的实现，使用继承重用父类实现的功能，也就是说不满足 is-a 关系也可以实现子类化。例如，在设计一个图像系统时，对于正方形和长方形的继承关系，如果仅以子类化考虑，则完全可以实现类的继承，代码如下：

```
// 定义长方形
public class Rectangle
{
    // 获取宽
    public int Width { get;}
    // 获取高
    public int Height{get;}

    // 绘制图形
    public virtual void Draw()
    {
```

```
        ...
    }
}
// 定义正方形继承长方形
public class Square :Rectangle
{
    // 获取边长
    public int SideLength { get => Width; }

    // 绘制图形
    public override void Draw()
    {
        ...
    }
}
```

上述代码中定义了一个长方形类 Rectangle，然后定义了一个正方形类 Square 继承它，通过继承 Square 重用了 Rectangle 的属性和方法。当继承后，Square 类根据正方形的特点增加了自己的方法，并重写了父类的绘制方法 Draw()，这是一个典型的继承。这个继承关系是否符合里氏代换原则，需要仔细考虑一下。

小学数学知识告诉我们，正方形属于特殊的长方形，在现实世界中它们也存在继承关系。可是在软件系统中，正方形和长方形却不一定存在 is-a 关系。设想一下，如果在 Rectangle 中定义一个设置宽和高的方法，分别根据参数设置长方形的长和宽。而这个方法对于正方形来说并不适合。正方形的长和宽相等，只有参数里的长和宽相等才适用于正方形，也就是说，正方形必须对参数进行更加严格的检查。代码如下：

```
// 定义长方形
public class Rectangle
{
    // 设置长方形的宽与高
    public virtual void SetWidthAndHeight(int width, int height)
    {
        Width = width;
        Height = height;
    }
}
// 定义正方形继承长方形
public class Square :Rectangle
{
    // 设置正方形的宽与高
    public override void SetWidthAndHeight(int width, int height)
    {
        // 参数检查
        if(width != height)
        {
            throw new Exception();
        }
        // 调用父类方法
        base.SetWidthAndHeight(width,height);
        // 设置边长
```

```
        SideLength = width;
    }
}
```

正方形对参数的要求更严格（更严格的前置条件），意味着它不可能代替长方形对象。对于 SetWidthAndHeight() 方法来说，有些参数对于长方形对象而言可以正确地执行，而对于正方形对象则会导致程序出现异常。

从上述示例可以看出，正方形对象对正方形对象并不能完全代替，也就是不符合里氏代换原则。如果系统对两种图形的操作只涉及获取面积和绘制图形等操作，则可以完全代替。也就是说，是否符合里氏代换原则，依赖于系统设定功能时对现实事物的抽象定义。

类似于这种在现实世界存在 is-a 关系而在程序设计中不符合 is-a 关系的例子有很多，最接近上述示例的就是椭圆形和圆形。现实世界所定义的 is-a 关系要宽松得多。对于这种情况，在设计时可以采用取消继承关系或类型，或者增加一个类型的方法来解决。

对于取消类型，可以使用一个特例化的对象来描述正方形。事实上，在很多 CAD 或者绘图软件中都没有正方形的类型，在需要时可以创建一个长与宽相等的长方形来代替。一般而言，对于不符合里氏代换原则的情况，都可以使用特例化的方式来解决，这种方式既避免了类型和类的增加，又为特殊对象提供了创建机制。特例化是最简单、最普遍的解决方案。

对于不能通过对象特例化解决的问题，可以添加一个新的类型作为父类型。采用这种方式的关键点在于父类型既符合里氏代换原则，又要有足够的接口搭建系统的功能。例如，对于前面的示例可以创建一个四边形的类型，将长方形和正方形作为它的子类型，然后通过四边形的类型搭建系统的功能，如图 4.9 所示。

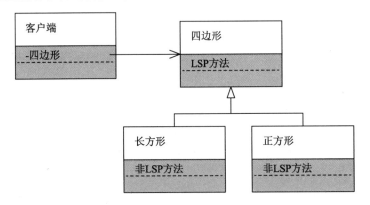

图 4.9　通过增加类型满足里氏代换原则

里氏代换原则是实现继承重用的基础，也是更好地使用继承机制的准则。符合里氏代换原则的设计方案，既能充分利用继承重用带来的优势，同时又能避免因继承带来的不稳定性。不满足 is-a 的继承虽然在初始阶段看似没有危害，很多时候程序也能很好地运行，但是随着代码的增加，看似没有危害的缺陷却能直接导致系统的崩溃。

4.2.4　依赖倒置原则

依赖（Dependency）是我们在开发程序中不得不面对的问题。依赖的本意是指依靠某人或事物而不能自立或自给。在软件里，依赖是指必须依靠某些模块、类型和接口等进行开发。在程序编写中，即使最简单的一句话也会产生依赖关系。例如，最简单的 Hello world，代码如下：

```
static void Main(string[] args)
{
    // 在控制台输出 Hello World
    System.Console.WriteLine("Hello World");
}
```

这段经常被用来演示 C# 入门的简单程序，在向控制台输出 Hello World 时依赖了 Console 类，也就是说没有 Console 类，这个程序便无法运行。依赖在程序开发中无处不在，大致可以分为对抽象的依赖和对具体代码的依赖。依赖具体代码很好理解，即依赖于一个类的实例对象或者一个静态类。而对抽象的依赖可以理解为对类型的依赖。示例代码如下：

```
public class ClassA
{
    // 定义了类型为 ClassB 的属性
    // 依赖于类型 ClassB （依赖类型）
    private ClassB m_Field;

    public ClassA()
    {
        // 创建一个 ClassB 对象，赋值给 m_Field
        // 依赖于类 ClassB 的实现（依赖实现）
        m_Field = new ClassB();
        // 创建一个 ClassB 对象，赋值给 m_Field
        // m_Field = new ClassC();
    }

    public void MethodA()
    {
        // 调用属性 m_Field 指向的对象的方法
        // 具体调用的方法取决于 m_Field 指向的对象
        m_Field.MethodB();
    }
}
public class ClassB
{
    public virtual void MethodB()
    {
        Console.WriteLine("ClassB - Method");
    }
}
public class ClassC
{
```

```
public void MethodB()
{
    Console.WriteLine("ClassC - Method");
}
}
```

示例代码中的 ClassA 同时依赖于 ClassB 的类型和具体代码。相比依赖于具体代码，对类型的依赖稳定性更高，因为可以为类型为 ClassB 的属性赋值不同的对象，如 ClassC 的对象。而为了使稳定性更高，一般类型都依赖于抽象类或者接口的类型，因为只包含功能定义的抽象类和接口的稳定性要高于包含实现细节的实现类。

对于软件模块和架构中的层来说，也会因为内部类的引用而产生这种依赖关系。模块和层之间不必要的依赖比单独一个类的依赖造成的隐患更多。和类一样，模块和层之间也不能避免依赖关系，事实上对于完全没有依赖关系的类，模块和层都应该将其从项目中移除，因为它们对项目没有任何作用。

对于程序开发来说，依赖并不可怕，可怕的是没必要的依赖和错误的依赖。依赖倒置原则（Dependency Inversion Principle）就是用于指导设计人员怎么避免错误依赖的基本原则。依赖倒置是指上层模块不应该依赖底层模块，它们都应该依赖于抽象。抽象不应该依赖于细节，细节应该依赖于抽象。

依赖于抽象而不依赖于细节很好理解。而上层模块本质上也是相对于下层模块的抽象。上层模块一般是定义功能的抽象层，下层模块一般是功能的具体实现层。例如，在典型的多层架构模式中，应用层负责执行来自 UI 层的指令，具体实现时要借助数据访问层来实现数据读写的功能。对于这两个层来说，应用层就是上层，数据访问层就是下层，如图 4.10 所示。

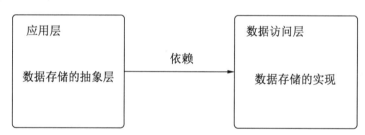

图 4.10　应用层和数据访问层

按照一般设计人员的想法，应用层要使用数据访问层的实现方法，因此应用层应该依赖于数据访问层。但是这样就违背了应用层中的抽象层的意义，因为抽象层还是要依赖于具体的实现代码，在更新数据访问技术时，会影响应用层的代码。

为了保持上层模块不依赖于下层模块，普遍的实现方式是定义一个数据访问的抽象接口层，使应用程序和数据访问层都依赖于这个抽象的接口。这样应用层的抽象层就完全依赖于抽象的接口，而不是依赖于具体的数据访问层，从而使抽象层有存在的价值，如图 4.11 所示。

图 4.11　应用层和数据访问层都依赖于接口

当然，最好的实现方式是把接口定义在应用层，数据访问层依赖应用层的接口，这样更能体现出数据访问层为应用层提供基础设施的支持，如图 4.12 所示。

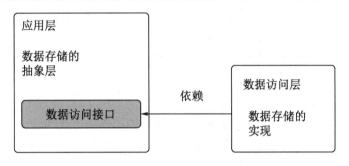

图 4.12　数据访问层依赖应用层

在实现应用层和数据访问层的依赖倒置以后，应用层和数据访问层只是依赖于抽象的接口，把依赖限制在有益的方向。这时还需要解决在应用层使用具体对象的问题，毕竟抽象层也需要具体的对象来完成数据访问的功能。在后面章节中会介绍依赖注入（Dependency Injection，DI），就是解决这个问题的一个方案。

4.2.5　接口隔离原则

接口隔离原则（Interface Segregation Principle，ISP）关注的也是对类型的依赖问题。虽然依赖于接口类型比依赖于实现代码具有更高的稳定性，但是在很多系统中，接口类型的设计本身就是一个问题。接口隔离原则就是用于指导接口类型设计的。

接口隔离原则的定义：客户端不应该依赖它不需要的接口，类之间的依赖关系应该建立在最小的接口上。也就是说，接口类型的定义应尽可能地小，以减少对客户端对象接口类型的依赖。

在接口类型中定义过多的方法看似危害不大，但需要先判断这个接口类型定义的范围是否满足单一职责原则。一般情况下，过多的方法都承担了多个职责，违背了单一职责原则。这样的接口类型会迫使客户端依赖很多它根本不需要的方法。在系统中如果需要修改这些客户端不需要的方法，可能会造成接口类型的改变，从而影响客户端代码的稳定性。

🔔注意：满足单一职责原则是接口类型分解的原则。也就是说，在设计和分解接口类型时，最低条件是满足单一职责原则。

　　另一方面，类型为客户端提供了不需要的方法，也就无法避免客户端调用不该调用的方法。这些方法可能是对象不希望客户端随意调用的方法，比如有潜在危害性的修改数据的方法。虽然在对象中有很多办法可以避免这种危害的发生，如身份认证，但是接口类型中包含不希望客户端调用的方法并不是一个好的设计方案。例如，在一个接口中提供了查询数据和修改数据的方法，如图4.13所示。

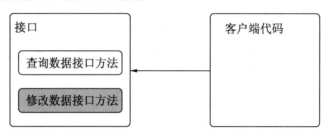

图4.13　同时提供数据查询和修改的接口

　　同时定义查询和修改的方法的确会有客户端误调用修改方法的隐患，有时这些方法属于同一个职责。满足单一职责原则的接口类型可以确保接口的方法在同一个职责范围内，而客户端在使用接口时也是基于这个职责范围。

　　在多数情况下，客户端的使用范围不会超过对象的职责范围。事实上，多数情况下，客户端调用的范围要小于实现对象的职责范围。这就引发了接口类型定义的另一个问题：接口的定义隶属于客户端还是服务端（接口的实现类）。接口是客户端和实现类的通信协议，因此接口可以基于客户端和实现类两个方面来定义。

　　基于实现类定义的接口突出了实现类具备的功能，类似于面向组件的程序设计。这种方式定义的接口很难顾及不同客户端的需求，因此适合框架的设计。而基于客户端定义的接口则体现了客户端的需求，虽然在通用性上有所欠缺，但是更能体现实现类作为基础设施的特性，因此适合业务逻辑的设计。

　　使用基于客户端定义的接口，一般定义其与客户端抽象层在同一个模块，而实现类则是基于这个接口实现的。这样定义的接口虽然没有了重用性，但是可以从更大的粒度也就是业务逻辑上实现重用。这也是目前比较流行的六边形架构和微服务架构的设计思想，也更符合依赖倒置的设计原则。

　　不管是基于客户端还是服务器设计的接口，都面临着接口的定义规模问题。接口规模过大时有两种分解方式，一种是把大接口分解成多个独立的小接口，另一种是使用接口的继承（子类型化）创建一个接口继承层次。

　　接口的继承可以重用定义，确实可以简化子接口的设计，因为子接口继承了父接口的定义，但是也带来一个隐患，即接口的隐式膨胀。子接口通过继承而来的过多方法很可能使接口的范围大于客户端调用的范围，而分解成多个独立的子接口会造成系统规模的膨胀。一般而言，如果是基于服务端的接口，则使用继承层次比较合理。而对于基于客户端的接口，如果没有强烈的需求，建议使用多个独立的接口，因为多个独立的小接口更符合接口隔离原则。

接口隔离原则用于指导设计抽象层使用的接口。系统的稳定性很大程度上依赖于抽象层的设计，而抽象层的设计基础则是接口的设计，因此接口的稳定性直接决定系统的稳定性。接口隔离原则就是以客户端的视角来审视接口的设计，尽量减少客户端对接口方法的依赖，从而提高系统的稳定性。

4.2.6 迪米特法则

迪米特法则（Law of Demeter，LoD）虽然不属于 S.O.L.I.D ，但它也是面向对象设计的基本指导原则。迪米特法则也称为最少知识原则（The Least Knowledge Principle），就是说一个对象应当尽可能地减少对它所引用对象的了解，并且只和它所引用的对象通信。和接口隔离原则一样，迪米特法则的目的也是减少对象调用时的耦合，但其关注点在于对象之间如何降低耦合。

迪米特法则为了降低对象之间的耦合，提议把对象之间的调用限制为最小范围。所谓的最小范围包含两层含义：首先，一个对象只能与最近的对象进行通信；其次，即使和最近的对象进行通信，也应该限制在最小范围内。

只与自己最近的对象通信，是指在类的方法中只能访问引用对象或参数传入的对象，不能再访问其他类型的对象，这样能保证方法不会对其他对象产生依赖。也就是说，方法中需要访问其他对象的代码，以减少对其他对象的依赖。示例代码如下：

```
public class ClassA
{
    // 引用 ClassB 对象
    private ClassB m_ObjectB = null;

    public void MethodA(ClassC objectC)
    {
        // ClassB 对象的 m_ObjectB 是引用对象
        // 可以直接使用
        m_ObjectB.MethodB();

        // ClassC 对象的 objectC 是方法参数传入的对象
        // 可以直接使用
        objectC.MethodC();

        // ClassD 不是直接依赖对象
        // 违背迪米特法则
        ClassD objectD = new ClassD();
        objectD.MethodD();
    }
}
public class ClassB
{
    public void MethodB()
```

```
        {
        }
    }
    public class ClassC
    {
        public void MethodC()
        {
        }
    }
    public class ClassD
    {
        public void MethodD()
        {
        }
    }
```

在上述代码中的 ClassA 中，ClassB 是引用的对象类型，而 ClassC 是方法参数对象的类型，两个类型都属于已有的依赖，这两个对象就是所谓的最近的对象。对于这两个对象的访问，不会增加新的依赖。

在 ClassA 方法中创建了一个 ClassD 对象，这会增加对 ClassD 的依赖，这个 ClassD 对象就不是最近的对象，因此不符合迪米特法则。从这个角度来说，迪米特法则可以用另一句话描述：不要和陌生人说话。当代码中出现和"陌生人"（增加依赖）说话的情况时，则意味着必须要将这段代码移除。示例代码如下：

```
    public class ClassA
    {
        // 引用 ClassB 对象
        private ClassB m_ObjectB = null;

        public void MethodA(ClassC objectC)
        {
            // ClassB 对象的 m_ObjectB 是引用对象
            // 可以直接使用
            m_ObjectB.MethodB();

            // ClassC 对象的 objectC 是方法参数传入的对象
            // 可以直接使用
            objectC.MethodC();
        }
    }
    public class ClassC
    {
        // 引用 ClassD 对象
        private ClassD m_ObjectD = null;

        public void MethodC()
        {
            // ClassD 对象的 m_ObjectD 是引用对象
            // 可以直接使用
            m_ObjectD.MethodD();
        }
    }
```

把对 ClassD 的依赖从 ClassA 转移到 ClassC 很容易，但前提是 ClassC 也需要符合迪米特法则，在示例代码中 ClassC 可以引用 ClassD 对象。如果这种转移会增加 ClassC 的依赖，那么这种转移就是失败的，事实上这种转移很多时候都是无效的。

对无法转移依赖代码的情况，可以考虑使用设计模式中的中介模式（Mediator Pattern）。中介模式是指当多个对象间需要通信时，为了降低耦合可以让对象都通过一个中介对象与其他对象通信，这样所有的对象只知道中介对象的存在，而不必知道其他对象，从而大幅降低了对象间的耦合。

中介模式本身就应用了迪米特法则，因此可以应用到许多需要解耦的地方。比如，在设计一个窗体界面时，有多个控件（Control）。当其中某个控件发生改变时，如按下按钮或选中某个单选按钮，其他控件的状态也要相应地发生变化，如按钮按下时文本框的有效性会发生改变。

要实现这个功能，就需要在每个控件的类中保持对其他控件的引用。当控件的某个事件发生时，在事件响应代码中逐个更新其他控件。代码如下：

```
private void checkBox1_CheckedChanged(object sender, EventArgs e)
{
    // 更新文本框的状态
    m_TextBox1.Enabled = checkBox1.Checked;
    // 更新其他控件
    ....
}
```

这种方式会造成大量的没必要的耦合。尤其是对控件对象的类型和数量都有耦合，会重写大量的代码。为了避免这种情况的发生，可以把通信任务交由中介对象来完成，所有控件只和中介对象通信，即所有控件只依赖于中介对象，增加控件时，只要这个控件保持对中介对象的引用即可，而其他控件的代码则保持稳定，如图 4.14 所示。

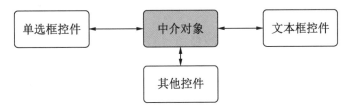

图 4.14　使用中介模式解耦

与最近的对象进行通信，也应该限制在最小的范围内。最小的范围是指在调用对象时，对调用对象和方法的了解应最小化。对调用对象的了解最小化有两层含义：首先是对象的接口规模最小化，即对象提供的方法数量最小；其次，调用不应该涉及本应封装到对象中的业务逻辑，而这种业务逻辑的泄漏会造成调用者对被调用者的认知过载。

在程序设计过程中，造成认知过载的多数原因是被调用者的方法定义不合理。有时为了追求更高的灵活性，导致方法定义得过于"细小"。而这些细小的方法的调用顺序又受某种逻辑限制，这种逻辑限制本应被封装在类的内部。如果公开这些细小的方法，就会造成调用者必须要了解这些逻辑限制，从而依赖过多的细节。例如，设计一个从数据库中读取和写入数据的封装类，代码如下：

```
public class ObjectDAL
{
    // 连接数据库
    public void ConnectString()
    {
        ...
    }
    // 执行保存命令
    public void ExecuteSaveCommand()
    {
        ...
    }
    // 断开与数据库的连接
    public void DisConnectString()
    {
        ...
    }
}

public class Client
{
    private ObjectDAL m_Dal = null;

    public void CreateObject()
    {
        // 创建对象
        ...
        // 连接数据库
        m_Dal.ConnectString();
        // 执行保存命令
        m_Dal.ExecuteSaveCommand();
        // 断开数据库
        m_Dal.DisConnectString();
    }
}
```

在 ObjectDAL 的接口方法设计中，客户端 Client 不得不小心翼翼地调用 ObjectDAL 的各个方法。之所以小心翼翼，是因为调用 ObjectDAL 的这些细小方法必须按照一定的逻辑顺序进行，并且不能漏掉某个方法，而这一切本应该被封装到 ObjectDAL 内部。正确的方法是，客户端无须了解这些细节，为了完成自己的任务放心地调用 ObjectDAL 的方法。

为了避免客户端不必要的认知过载，ObjectDAL 应该把关于数据库的操作方法用 private 封装在内部，只提供一个能让客户端放心大胆调用的方法即可。代码如下：

```
public class ObjectDAL
{
    // 保存对象到数据库中
    public void SaveObject()
    {
```

```
            ConnectString();
            Command();
            DisConnectString();
        }
        // 连接数据库
        private void ConnectString()
        {
            ...
        }
        // 执行保存命令
        private void ExecuteSaveCommand()
        {
            ...
        }
        // 断开与数据库的连接
        private void DisConnectString()
        {
            ...
        }
    }

    public class Client
    {
        private ObjectDAL m_Dal = null;

        public void CreateObject()
        {
            // 创建对象
            ...
            // 保存对象
            m_Dal.SaveObject();

        }
    }
```

接口隔离原则和迪米特法则从不同的方面提供了在系统设计时避免不良耦合的方法和规范。过度耦合一直是系统崩溃和失败的重要原因。在进行系统设计时,不仅类和对象的粒度,模块、层乃至业务逻辑都应该被隔离在独立的单元中,而且应尽量减少各个独立单元之间的依赖,以降低各种封装单元的耦合,从而提高系统的稳定性。

4.3 设 计 模 式

如果说 S.O.L.I.D 是面向对象设计的规范,那么设计模式就是这些规范的具体应用。设计模式是遵守这些规范的一组解决方案,这些方案来源于失败或成功的真实项目,被

GoF 提炼成可重用的模式并写在了他的著作《设计模式：可复用面向对象软件的基础》（简称《设计模式》）中。这些模式共分为三类：创建型模式、结构型模式和行为型模式。其中，创建型模式用于创建对象时如何降低耦合度，结构型模式处理类和对象的组合，而行为型模式则是对对象如何交互及职责的分配进行描述。

除了《设计模式》中收录的 23 种模式外，软件行业里还有许多设计模式，其中的大多数都是基于这 23 种模式扩展出来的。这 23 种模式可以说是面向对象设计的基础，只有掌握了这些模式，才能真正设计出符合面向对象思想的程序。

4.3.1　设计模式的定义

设计模式是软件设计中在类的粒度上重用的解决方案。GoF 在《设计模式》一书中定义设计模式时使用了四个要素。这四个基本要素涵盖从需要解决问题，到如何解决问题，再到解决问题的效果的全部过程。

模式名称元素首先为设计人员在交流和讨论设计模式时提供统一的标准。对于一个熟悉设计模式的设计人员来说，如果有人提到"抽象工厂模式"，他会立刻联想到抽象工厂模式适用的问题、解决方案及使用后的效果，而不需要另外一个人再使用 UML 或者代码来描述解决方案。

设计模式是针对一类场景可反复使用的解决方案的核心。这意味着每个设计模式针对的都是特定的场景。问题就是描述这个特定场景的元素，它解释了设计模式产生的前因后果，即某个设计模式在场景中用来解决什么问题。

解决方案元素用来描述设计模式解决问题的核心方法。不同于具体的解决方案，设计模式的解决方案更像是一个可以反复使用的模板，用于描述设计的组成部分，以及它们的职责和协作关系。解决方案可以用 UML 或具体的代码描述，但绝不是说设计模式隶属于某个具体的编程语言。

效果元素用来描述设计模式使用后的效果，而这些效果是权衡是否使用某个模式的重要因素。设计模式不是灵丹妙药，使用设计模式后不一定只会带来收益，也可能会产生不利的因素。事实上，《设计模式》一书中的许多模式，其效果元素本身就包含权衡的方法。

4.3.2　设计模式的分类和应用

设计模式在组织结构上分为创建型模式、结构型模式和行为型模式。当然，处于不同的视角还有很多的分类方式。使用哪种分类方式取决于不同的角度和目的。

在软件开发中，程序的稳定性、扩展性及重用性至关重要。设计模式本身就是关于面向对象技术的重用。在系统设计时，要想保持最高的重用性，就必须考虑需求的变化并对可能的变化预留修改的接口，也就是开闭原则中的"为修改开放"。

设计模式很大程度上就是帮助设计者设计健壮、灵活和易扩展的系统。也就是说，使用设计模式可以帮助设计者设计出易于扩展的健壮系统，而这也是新入行的设计人员所欠缺的。如何使用设计模式解决这些问题，需要从两个方面来考虑：一方面是设计模式未来有哪些可变性，另一方面是设计模式的构件中哪些是可变的。这两个方面也是设计模式分类的依据。

除了以上所讲的分类方式外，只要你愿意，随时可以用自己的方式给这些设计模式分类。分类可以为掌握和理解设计模式提供不同的视角。能够从不同的角度审视设计模式，是掌握和理解设计模式的一个标志。

4.3.3　如何使用设计模式

设计模式的四要素对于学习和了解设计模式很重要。但是了解并不等于真正掌握了设计模式。很多初学者在熟悉了设计模式以后很容易产生"过度设计"的倾向，也就是为了使用模式而使用模式。

这种过度使用设计模式的倾向说明设计者对设计模式并没有真正理解。大部分初学者对设计模式的解决方案元素都特别看重，反而忽略了真正的核心：问题和效果。解决方案固然重要，但作为一种模式，它的本质是用来解决特定问题的。离开特定问题的环境，解决方案也就失去了价值。

使用好设计模式的基础是对问题的分析和对设计模式的选择。对设计模式的选择包含使用效果的评估。只有了解了设计模式对应的问题环境和使用效果，才能真正掌握设计模式的核心思想。

对于设计模式的解决方案而言，虽然大部分解决方案都是使用 UML 和代码来表示，但是并不代表它的表达方式只有这两种，只是使用 UML 和代码能更精炼地表达设计意图。解决方案并不是一成不变的，很多设计模式有多个解决方案。多个解决方案意味着这个模式在问题域和效果方面有不同程度的差异。因此应用设计模式的重点不在于记住多少，而在于对问题和解决问题的思想及效果的深入理解。

⌂注意：设计模式不属于任何编程语言，在《设计模式》一书中同时使用了 Smalltalk 和
　　　　C++两种语言。事实上，只要是面向对象的语言，都能使用设计模式。

4.4　小　　结

本章主要介绍了面向对象设计的基本思路和原则。这些都是软件工程范畴内的内容，和具体的编程语言关系不大，不论使用哪种面向对象的语言，如 Java 或 C#，这些思想和原则都具有指导意义。

继承是面向对象中争议最大的特性。利用继承可以很方便地实现代码的重用，但是在

利用继承时要特别小心，因为很容易造成系统的不稳定。而组合是更高效的重用方式，理想状态下应该只选择组合方式。但是在实际项目设计中往往二者共同使用，因为很难找到完全匹配的构件对象，在实现或者扩展构件对象时必须使用继承的方式。

　　面向对象的六大设计原则用于指导开发者在进行面向对象的设计时避免错误的选择，而更具象的设计模式则是对这些原则的实际应用。设计模式的重要性再怎么强调都不为过，每一个学习面向对象设计思想的软件开发人员都应该掌握设计模式，这是设计人员能力和水平提升的重要手段。

　　由于篇幅的限制，本章只介绍了设计模式的概念，并没有介绍具体的模式。在后续章节中会针对问题的场景对相关设计模式做具体介绍。

第5章 项目概况与架构设计

本章内容主要分为两部分，第一部分介绍实例 iShopping 的项目背景和开发工具，第二部分结合 iShopping 项目介绍架构的设计方法。

本章的主要内容有：

- iShopping 的项目背景；
- 开发语言和开发环境的选择；
- "4+1 视图"在架构设计中的应用；
- iShopping 的架构设计。

5.1 iShopping 项目

经过前面 4 章关于软件工程的学习后，从本节开始进入项目实战。软件工程是枯燥的，同时也是抽象的。如果用面向对象的语言来说的话，软件工程就是抽象，而项目实战就是这种抽象的具象。软件工程就像是为项目搭建好的抽象层，在这个抽象层中设计项目的抽象实现，而项目就是这个抽象层的具体实现，如图 5.1 所示。

在项目设计的过程中离不开每个抽象层的支持。对软件工程的掌握程度，决定了抽象层的质量，从而决定了项目的设计质量。如果说软件工程决定了软件质量的上限，那么针对这个抽象层的实现质量决定了软件质量的下限。

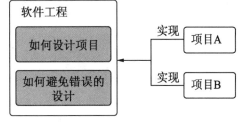

图 5.1 软件工程和项目的关系

5.1.1 项目简介

iShopping 是一个用于电子商务的虚拟项目。在选择示例项目时，考虑到本书的主要内容是 Web 应用程序开发的架构和模式，因此示例项目必须是 Web 应用程序。在 Web 应用程序中，企业应用无疑占据了巨大的比例，而电子商务又是企业应用的典型案例，同时电子商务的领域知识也为大众所熟知。

本项目选择大众熟知的领域进行项目研发，可以让读者在学习领域驱动设计时专注于原理和方法，不必在了解领域知识上消耗过多的精力。需要注意的是，虽然我们都有网上购物的经验，对电子商务也有所了解，但并不意味着领域模型就是按照我们想象的那样而设计。在下一章中可以看到，电子商务的领域模型与我们的理解还是有差异的，这种差异更多反映在对领域知识的抽象上，也就是对领域模型的设计上。

对于很多 Web 应用程序来说，支持移动端的 App 是一个必选项。Web 应用程序和移动 App 之间并没有多大的鸿沟。它们之间的差异仅仅是表现层，为了同时支持 Web 应用和手机 App，系统完全可以使用 WebAPI 来提供统一的接口，如图 5.2 所示。

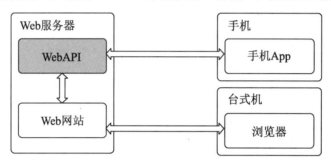

图 5.2　使用 WebAPI 为网站和手机 App 提供统一的服务接口

而更"时髦"的做法是使用六边形架构或者微服务架构为不同的 UI 框架提供统一的服务，这一切都是建立在统一的领域模型之上。也就是说，使用基于领域驱动设计的分层模式的 Web 应用程序，可以用很小的代价演进成六边形架构或微服务架构。对于几种应用程序来说，其核心还是领域模型。

iShopping 是使用传统的分层架构的单体应用程序，在本书的项目实战中也会针对六边形架构和微服务进行相应的介绍。基于同样的领域模型，读者也可以使用六边形架构或微服务架构快速构建 iShopping。

5.1.2　用 Java 还是.NET Core

选择开发语言是项目设计的重要工作。在开发语言趋于同质化的今天，选择 Web 应用程序的开发语言其实是选择语言背后的支持框架。在 Web 应用开发领域，Java 无疑是"龙头老大"。Java 的成功来源于开源社区的支持。使用 Java，开发者可以选择各种开源框架来满足项目需求。

作为曾经的追赶者，C#及.NET 框架也拥有大量的用户。自从.NET 发布以来，就有大量基于 ASP.NET 框架的 Web 应用程序被应用到各行各业。随着.NET Core 的推出，ASP.NET Core 也实现了跨平台和开源，从而彻底摆脱了它在使用上的桎梏。

.NET Core 是.NET 的升级版本，也是第一个支持跨平台的.NET 框架。开发者可以把使用 ASP.NET Core 开发的 Web 应用程序轻易部署到 Linux 上，而不必借助开源的 Mono

项目。这就意味着 ASP.NET Core 与只能运行在 Windows 系统上的 IIS 解除了紧密的耦合关系。

ASP.NET Core 的另一个进步是开源。从.NET 的完全闭源到 ASP.NET Core 的完全开源，微软在开源道路上前进了一大步。开源也为 ASP.NET Core 带来了巨大的收益。众多来自社区的源代码使 ASP.NET Core 和主流的 Web 应用程序框架保持一致。

跨平台和开源曾经是 Java 的核心优势，现在.NET Core 正迎头追赶，并且同质化的趋势也越来越明显。同质化的趋势使语言的选择不再重要，使 Web 应用程序或者更大范围的程序都回归问题的本质，即软件是思想的产物，语言只是工具。

本章的示例项目 iShopping 是使用 ASP.NET Core 框架设计的。正如前面所说，软件工程定义了 Web 应用程序的抽象层，而 ASP.NET Core 框架只是其中的一种实现方式，真正掌握了软件的核心设计思想后，使用哪种语言和框架仅仅是选择工具的问题。也就是说，通过本项目的学习后，选择 Java 和 Spring 框架实现 iShopping 并不是一件困难的事情。

5.1.3　集成开发环境

如果脱离语言和框架谈论集成开发环境（IDE），那么 Visual Studio 无疑是目前最好用的 IDE。Visual Studio 是随.NET 一起发布的，它集成了企业级开发所需的大量开发环境。Visual Studio 的运行界面如图 5.3 所示。

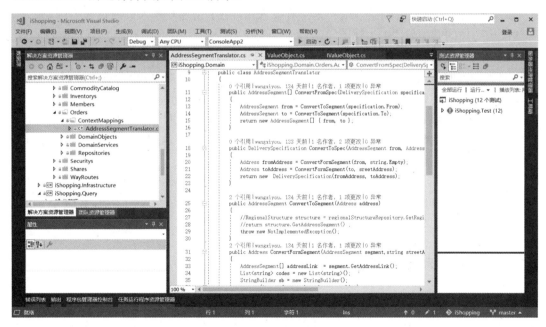

图 5.3　Visual Studio 的运行界面

Visual Studio 的高效、便捷为设计人员提供了优秀的开发体验。与 Java 社区的 Eclipse

不同，Visual Studio 是一款商业软件，但同时也提供了免费的社区版。对于一般开发人员来说，免费的社区版与专业版乃至企业版并没有什么本质的区别，都为项目的组织、协同提供了十分便利的帮助。如果说 Visual Studio 有什么缺点的话，那就是使用它以后，很难再适应其他的 IDE。

　　一般而言，Visual Studio 会随着.NET 的版本演进而发布新的版本。本章的演示项目基于 Visual Studio 2017 开发，使用的 C#版本是 7.1。当然，对于兼容性特别优秀的 IDE 来说，是否使用 2017 版并不是严格的要求，读者也可以使用更高版本的 Visual Studio 作为开发平台。

5.2　iShopping 的架构设计

　　在软件行业里有一句著名的话——不要重复造轮子。在软件开发过程中，不使用框架而直接从头开发一个企业应用程序的情况几乎绝迹了。

　　现在的企业应用程序一般都是建立在成熟的框架上，而框架提供商为了让开发者更加专注于企业领域问题的解决，为应用程序提供了抽象层。在这种情况下，所谓的架构设计就变成了架构选择。因为使用这些框架或多或少地限制了架构设计。

　　架构设计源于系统的需求（功能性和非功能性），同时源于对系统质量和开发质量的控制。架构设计必须以文档的方式传递给开发人员，用于指导开发人员的设计工作。通常，描述架构通用的文档是"4+1 视图"。

　　架构设计是软件开发的一部分，是贯穿软件开发过程的一个关键主线。而在软件开发过程的控制方面，最著名的无疑是 Rational 公司提出的软件统一过程（Rational Unified Process，RUP）。RUP 体系就是使用"4+1 视图"来描述架构的。

　　RUP 强调的软件开发过程是以架构设计为核心的过程。而对于一些轻量级的软件开发过程管理，如极限编程（eXtreme Programming，XP），则更强调对解决问题的迭代。两种不同的方法基于不同的设计哲学。

　　对于 iShopping 系统或其他的 Web 应用程序来说，使用 ASP.NET Core 框架或其他框架，则意味着架构的一部分已经被框架设计好了，或者说被框架限制了。这也是现在软件开发的一个趋势，即让设计人员更加专注于领域问题的解决。

5.2.1　领域驱动设计和逻辑视图

　　领域驱动设计（Domain Driver Design，DDD）并不属于架构，但是和现代主流的架构有密切的关系。比如，目前应用比较多的分层架构、六边形架构和微服务架构都是以领域模型为核心进行设计的。领域驱动设计是使面向对象的方式解决问题的一套方法。

领域驱动设计要求使用"纯洁"的代码描述领域模型。"纯洁"是指领域模型应该和其他模块保持隔离状态,即领域模型不应该引用和依赖其他模块,也不应该建立在其他框架之上。这种隔离和独立性能让领域模型专注于解决领域问题,而不会被诸如数据持久化等其他技术干扰。

领域模型的这种独立性可以应用到大部分架构中。在多层架构中,领域模型作为一个独立的层位于所有层的最低端(使用依赖注入方式)。而在六边形架构和微服务架构中,领域模型位于核心部分。事实上,六边形架构和微服务架构很大程度上就是围绕领域驱动设计而设计的。

当然,领域驱动设计的特点不仅是领域模型的独立性。它的最大的特点是用面向对象的方式解决领域问题,也就是用 UML 或者关键代码描述领域问题,并使用领域模型把这些领域问题的模型组织在一起。领域模型对应着描述架构的"4+1 视图",即逻辑视图。

领域模型和"4+1 视图"中的逻辑视图从用途和出发点上还存在差异。领域模型从本质上说是为领域问题建模,而逻辑视图主要是从需求出发描述系统为用户提供的功能。二者的本质是一致的,都是对系统问题域和解决方案的描述。

传统的逻辑视图使用 Rational/Booch 方法描述,在视图中使用类图和类模板描述逻辑体系结构,并通过连接器关联、组合、使用、继承和定义视图中类的关系。而类模板则关注于类的创建。类种类则是相关类的集合。

Booch 方法虽然已经很接近 UML 了,但是它的很多概念还是与 UML 有着不同程度的差异。在建模软件 Rational Rose 中使用了一种基于 Booch 的简化描述方式来创建逻辑视图。视图的主要构件如图 5.4 所示。

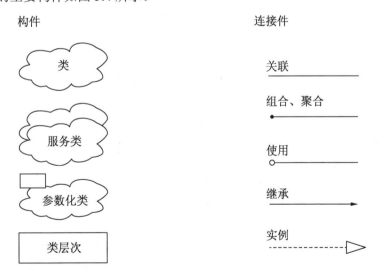

图 5.4　Rational Rose 中的逻辑视图的主要构件

图 5.4 中的构件都是 Rational Rose 提供的图例，其他的 UML 建模工具不一定提供这些图例。事实上，Booch 也不是逻辑视图的唯一表达方式。逻辑视图的关键在于能否准确描述客户的需求。客户的需求在于问题域和解决问题域，因此只要能清晰地描述问题域和解决问题域的视图，那么都可以用作逻辑视图。

除了 Booch 以外，UML 图和 E-R（Entity- Relationship）图也常用于描述逻辑视图。E-R 图主要用于以数据为中心的系统设计中。E-R 图描述的是实体和关系型数据库的映射问题，并不适合以对象为中心的设计方法，如领域驱动设计。

更适合面向对象的描述方式是 UML 图，而使用领域驱动设计的领域模型本身就可以用 UML 图描述，这样更有利于从逻辑视图到领域模型的转换。逻辑视图和领域模型的差异在于粒度，领域模型的粒度更小，而逻辑视图的粒度更大。

从更大的范围来看，iShopping 系统可以初步划分为 MVC 服务、应用服务、领域模型、基础设施服务和第三方服务。在系统运行时，MVC 服务器处理用户请求，它会调用应用服务完成处理任务，而应用服务仅仅是对任务调用的编排，具体的业务逻辑由领域模型来处理，后续的基础服务则由基础设施服务和第三方服务提供。iShopping 的逻辑视图如图 5.5 所示。

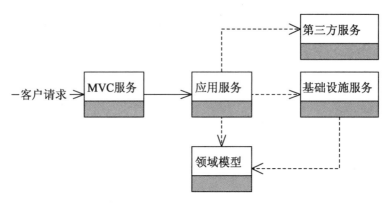

图 5.5　iShopping 的逻辑视图

在设计逻辑视图时，粒度也可以适当小一些，这取决于系统的需求。如果在设计架构时有一些特殊的细节，而这些细节又很稳定，能保持不变，那么这些细节也可以体现在逻辑视图中，前提是永远记住"架构是一些保持不变的元素的集合"。

5.2.2　开发视图

开发视图用于指导设计人员的开发工作。iShopping 采用的是典型的单体 Web 应用程序，也就是说整个系统运行在同一个进程中。运行在同一个进程中并不意味着所有的代码混合在一起，系统会被分成多个独立的项目，最后在可执行的项目中把这些分散的项目再组合起来。

开发视图的分解，就是把系统分解成一个个单独的模块或项目。这些模块或项目由不同的设计人员和小组分别开发。开发视图用于描述这些单独的开发单元及它们之间的接口。

开发视图中常用的设计单元有子系统、模块和层。开发视图常用的分解方式是分层。分层架构是所有架构中与大部分软件公司的组织结构最匹配的一种。iShopping 系统的开发视图同样采用分层架构的方式。

常用的分层方式把系统分成 UI 层、服务层、模型层和数据访问层（基础设施层）。在这种分层架构中，设计人员可以很容易地组织代码的聚合。每一层负责一个聚合的模块，同时使用下一级层提供的服务。每层之间保持相对的独立性，因此可以方便地开发与测试。在一般的设计方案中，都是将层作为独立的设计单元。

iShopping 系统在层的基础上引入了依赖注入技术，因此 4 个层的顺序发生了变化。领域层作为领域模型的封装被放在了最底层，而数据访问层（基础实施层）因为要依赖领域层定义的接口放在了较高的层，如图 5.6 所示。

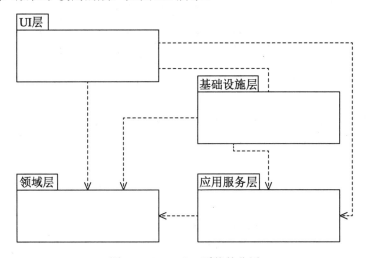

图 5.6　iShopping 系统的分层

5.2.3　进程视图

进程视图是从系统运行的角度描述和分解系统的，即系统是如何高效运行的。这些非功能性需求对于 Web 应用程序尤其重要。Web 应用程序的一大特点就是高并发性和高吞吐量，也就是说服务器需要处理大量的客户端请求，并且可能在某一时刻会有大量的客户端同时发出请求。

iShopping 作为一个 Web 应用程序，在系统运行时要不断地监听来自客户端的请求，并且把这个请求映射到 MVC 服务器中，MVC 中间件会根据请求的地址创建匹配的控制器实例。在创建控制器实例时，会使用依赖注入容器把依赖项注入控制器中，控制器会返回一个视图实例作为请求的响应，如图 5.7 所示。

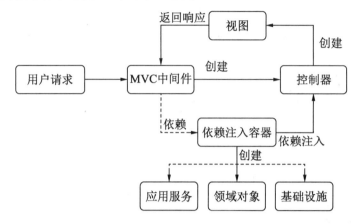

图 5.7   iShopping 的进程视图

图 5.7 为 iShopping 系统响应用户请求时的大致流程，这也是大部分使用 ASP.NET Core 框架开发的 Web 程序的响应流程。当然这只是进程视图的一部分，进程视图还可以进一步分解，以满足系统在吞吐量和并发性上的需求。

在选择了 ASP.NET Core 框架作为 iShopping 的开发框架后，事实上框架已经为我们实现了响应请求的控制。也就是说，当设计人员为系统选择了框架后也就限制了对线程视图的修改和分解。此外，设计人员在选择框架时，还必须考虑系统的非功能性需求。

🔔注意：即使选择 ASP.NET Core 框架后，设计人员也可以对这些进程进行细节上的调整，但这些调整只能在允许的范围内。

当 iShopping 系统升级后，这个进程视图可能就不再适应了。作为一个电子商务网站，所面临的问题有可能是用户成倍地增加。这种情况下，吞吐量和并发性就是一个不得不严肃面对的问题。

高吞吐量和高并发性的需求并不是进程视图能够独立解决的，而必须和物理视图共同面对。比如，需要增加负载平衡时，进程视图和物理视图中都要包含负载平衡服务器。但是在进程视图中有一些细节可以确定下来，比如应用服务、领域模型和基础设施等对象的生命周期。

组件和对象的生命周期对后续的开发工作至关重要，不同的生命周期意味着组件开发存在很大的差异。单件（Singleton）对象的生命周期组件在设计时应尽量设计为无状态的组件，因为在系统运行时，每次获取的都是同一个组件对象，如果组件拥有自己的状态，则意味着它提供的服务因状态不同而不同。同时单件对象必须考虑线程的安全，因为获取单件的线程可能不同。

单次（Transient）生命周期的对象则体现了另一种特点，即每次获取的单次对象都是一个新创建的对象。对于单次对象而言无须考虑线程的安全性，但设计时必须考虑多个对象的同步性问题。因此在开发前，把重要的组件对象的生命周期先确定下来，这对开发工作很重要。

在 Web 应用程序中，考虑到吞吐量和并发性，一般都使用单次会话（Session）生命周期的应用服务和基础设施组件，如图 5.8 所示。

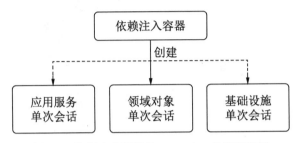

图 5.8　控制生命周期的 iShopping 的进程视图

🔔注意：和逻辑视图一样，进程视图也有传统的表示方法和图例。在 UML 发布后，一般
　　　习惯用 UML 中的视图或功能框图来描述进程视图。

5.2.4　物理视图

物理视图用于描述系统的物理网络是如何搭建的。作为一个单体的 Web 应用程序，多数情况下是没有必要使用物理视图的，毕竟所有的服务端软件都要部署在同一个服务器上。这也是大部分基于 ASP.NET Core 的 Web 应用程序的默认方式，区别就在于数据服务器是否独立。单体 iShopping 物理视图如图 5.9 所示。

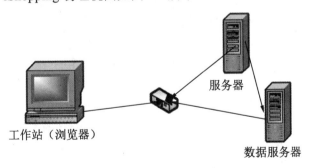

图 5.9　单体 iShopping 物理视图

描述物理视图时没有严格的定义，只要能把系统组件映射到硬件的关系描述清楚就可以。很多时候物理视图和进程视图共同描述一个系统的非功能性需求。例如在 5.2.3 小节提到的 iShopping 系统扩展的问题，如果 iShopping 必须面对大吞吐量和高并发问题，那么必须要增加一个负载平衡服务器。当然，提高吞吐量和并发性的途径不只是增加一个负载

平衡服务器的问题。很多时候负载平衡和微服务架构的互相配合能应对更大的吞吐量和并发请求，如图 5.10 所示。

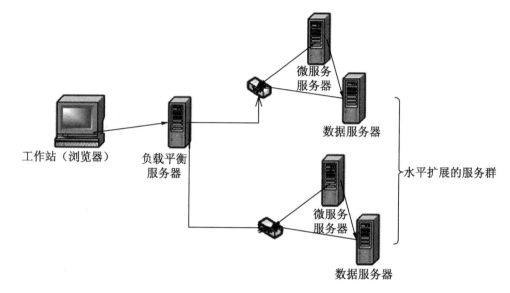

图 5.10　使用负载平衡和微服务的 iShopping 物理视图

5.2.5　场景视图

把前面介绍的 4 个视图无缝连接在一起的是场景视图。场景视图可以用文字或 UML 中的用例图来描述，通过不同的场景描述系统提供的功能。也就是说，4 个视图从各个方面描述系统的功能，最后再通过场景视图集成在一起，以展示一个完整系统所提供的功能。

场景视图分解的依据是用例。在进行系统设计时，首先要使用用例描述用户的操作步骤。当用例能完整地反映用户需求时，就可以进行场景视图的分解。场景视图可以采用类似于逻辑视图的方式来描述，只不过场景视图不关注类型而关注类型的实例。

因为场景视图是 4 个视图的冗余部分，所以它有一个与其他视图不一样的特殊作用，即将场景视图作为验证架构设计的依据。例如，在 iShopping 的用户购物场景中，设计人员可以描述这样的一个场景：

"张三浏览了所有的电视机，选择了价格最低的某个品牌的电视机，然后把它放入了购物车中"。

这段场景应该来源于一个描述需求的用例，如图 5.11 所示。

用例只是描述了用户的需求，而场景则描述了如何实现这些需求，即架构中的元素是怎么相互配合满足这些需求的。在 Philippe Kruchten 提出"4+1 视图"时，用于冗余部分的是场景视图。而在 Rational 公司的 RUP 中，场景视图被用例视图代替了，即以用例视图串联其他 4 个视图，这就是在架构设计中比较著名的"用例驱动架构设计"。

　　因为用例描述的是用户需求，体现的是能够为用户带来价值的操作序列，而且一般情况下描述的只是功能性需求，所以用例图并不能完整地代替场景视图。

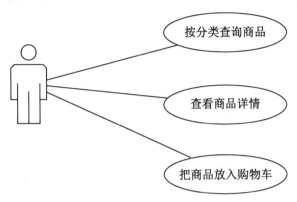

图 5.11　用户选购商品用例

　　绘制场景视图的难点在于用图形构件描述系统的非功能性需求。用例只是场景的一部分，因此一般情况下使用用例描述场景时必须用文字描述非功能性需求，这只是一个简易的解决方案。

5.3　小　　结

　　本章主要介绍了示例项目 iShopping 的设计背景及选择这个示例项目的原因。选择一个电子商务网站作为示例项目是因为它比较典型，并且在涉及领域模型设计时读者还可以学习相关的知识。

　　设计一个系统的架构需要在设计前确定一些重要的元素。而这些元素在开发过程中可以保持相对的稳定性。RUP 的 "4+1 视图"是常用的架构设计方法，这种方法指导设计人员从多个方面审视和分解架构的设计。"4+1 视图"中的场景视图并不是真正的冗余部分，而是"胶水"，可以让设计人员从不同角度分解完架构后重新把它们"粘合"在一起，从而从整体上描述软件系统所提供的功能。

　　Rational 公司的 Rose 是架构设计的好工具。它是一个商用工具软件，它只是一个工具而不是架构。当然，设计人员也可以使用其他工具代替 Rose，只要该工具能清晰地描述系统中不变的元素即可，因为那才是架构的本质。

第2篇
领域驱动设计落地

第6章 领 域 模 型

本章和后面章节将演示 iShopping 项目的实现过程。首先从领域模型开始讲解。领域模型是一个软件系统中最核心的部分，体现了软件系统尤其是企业应用软件的核心价值。本章和下一章都会讲解领域模型的实现方法，但是两章的侧重点会有所不同。本章重点讲解领域模型的设计方法，以及组成领域模型的基本对象的概念和意义，下一章会运用本章的知识点演示领域模型的设计过程。

本章主要涉及的知识点有：

- 基本领域对象：识别和创建基本的领域对象；
- 限界上下文：使用限界上下文更清晰地实现领域模型；
- 领域服务：把复杂的逻辑封装到领域服务对象中；
- 领域事件：领域事件的概念及如何实现一个轻量级的"发布-订阅"模型；
- 工厂和仓储：如何使用工厂和仓储对象应对领域对象不同生命周期的需求。

△注意：本章不包含 UML（描述领域模型的通用技术）的相关知识。

6.1 领域驱动设计

领域的概念很广泛，很难用准确的语言来定义。一般而言，领域表示一个组织的业务范围及相关方法。例如我们常说的企业应用程序，就是为了提升企业或组织处理业务的效率而开发。

对于示例项目 iShopping，它的领域就是在运营购物商场时所涉及的所有事物和方法。iShopping 领域可能包括的范围如图 6.1 所示。

设计人员很早就意识到领域模型的重要性，因为领域模型是业务逻辑建模的核心部分。企业应用软件是解决企业的特定领域问题的工具，如何准确地描述领域的业务逻辑，是企业应用软件是否成功的关键因素。而面向对象的设计（Object-Oriented Design）为软件开发人员提供了一个便利的工具——OOD。使用 OOD，在设计时可以把领域里的事物建模成对象，把动作建模成方法。这是一个更符合人类思维习惯的方式。使用 OOD 可以让软件开发人员处理更复杂的领域逻辑。

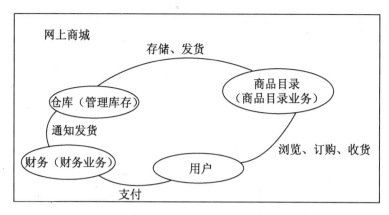

图 6.1　iShopping 的领域示意图

怎样更好地使用 OOD 为领域建模始终是困惑软件设计人员的问题。Martin Fowler 在《企业应用架构模式》一书中就提出了几种实现领域逻辑的方法，并明确地指出，使用领域模型是最好的实现方法，尤其是需要设计复杂的企业应用程序时。在书中，Martin Fowler 提出了使用领域模型开发的应用模式和支撑模式，但是并没有对如何设计领域模型做更多的介绍。

直到 Eric Evans 在《领域驱动设计：软件核心复杂性应对之道》一书中第一次系统阐述了领域模型开发的方法，并命名为领域驱动设计。领域驱动设计在提出后的最初几年中应用并不广泛，主要是因为它只是一个方法论，Eric Evans 没有在他的书中给出更多的实践性指导。

领域驱动设计涵盖从战略层面到战术层面的设计指导原则。在战略层面以限界上下文（Bounded Context）为核心，实现了在子领域范围内将关注点分离，使软件开发人员能够从宏观的视角对领域模型进行划分，更加聚焦于设计子领域。

在战术层面，领域驱动设计提供了实体对象（Entity Object）、值对象（Value Object）、领域服务（Domain Service）、领域事件（Domain Event）、仓储（Repository）和聚合（Aggregation）等工具。这些工具用于在限界上下文中实现领域模型的创建。它们在限界上下文中承担着不同的责任和功能。

在实际设计过程中，领域模型的设计是从设计人员和领域专家之间的交流开始的。在交流过程中逐步理解所需要解决的领域问题。其中，很重要的一点是必须使用双方都能够理解的语言。

这里说的语言并不是指设计人员使用汉语而领域专家使用英语，而是指双方都能正确理解的领域语言。这是就引出了领域驱动设计的第一个工具，即使用统一的语言（Ubiquitous Language）。

使用统一的语言交流指设计人员在与领域专家交流时要使用领域的"行话"，只有这样领域专家才能确认设计人员是否真的理解了领域问题，这对是否能够设计一个合理的领域模型而言至关重要。使用统一的语言交流并不是领域驱动设计的专用工具，在这一点上，不管设计人员从事的是哪一部分工作，使用与领域专家一致的语言都是至关重要的。

在使用统一语言时，你可以把领域专家经常或反复提到的名称和操作动作记录下来。这些名称和操作动作是以后设计领域模型的基础。名称可以转化成领域模型里的各种对象，操作动作则可以转化成这些对象的方法。在转化时，最常见或最早识别出来的名词应该是下面介绍的实体对象。

在 iShopping 演示项目中，可能没有领域专家，或者开发者与领域专家交流的机会很少。其实，领域专家并不是一个严格的人群分类，他可能是真正的专家，也可能是有过类似开发经验的人，还可能是你自己，前提是这些人不仅拥有丰富的经验，可以理解和解决这个领域内的问题，而且能够用足够专业的"行话"来解释领域问题。

iShopping 是一个虚拟项目，没有领域专家。在设计领域模型时，全部经验来源于网上购物的经历和生活常识。也就是说，iShopping 项目的领域模型可能存在很多不合理的地方，毕竟笔者不是 iShopping 的运营人，不可能描述一个完全准确的 iShopping 领域。但这并不影响读者的学习，因为重点在于怎么分析和设计领域模型，而不是领域模型本身。

在分析领域模型时，Martin Fowler 的《分析模式：可复用的对象模型》一书中提出了一些很好的工具。这些工具为我们分析常用的领域模型模块提供了模板和方法。当然，该书中提出的模板过于抽象，在后续章节中将会结合实例具体介绍怎么使用这些模板。

6.2　领域对象的识别与创建

很多介绍 OOD 的书里都写到，程序是对现实世界的抽象。抽象的概念过于宽泛，我们换种角度来思考这个问题。首先看一下图 6.2。

图 6.2　地下车库

从图片里你看到了什么？首先是亮了刹车灯准备倒车的汽车。闭上眼睛试着回忆一下图片里有几辆车？其实几辆车不重要，重要的是从中体现出的问题。我们在观察一幅图片时，虽然眼睛获取了所有的像素，而实际上传递到大脑中的是某种被结构化的信息，图片中的某些特征被强化，而某些特征被弱化或被抛弃，这些特征连接起来就形成了我们对这幅图片的印象。而一些次要的和图片主题无关的信息被弱化或忽略掉。

这和用 OOD 为业务逻辑建模的过程类似。软件需要解决的业务逻辑问题林林总总，如果刚开始就试图解决所有问题，则很快就会被各种细节问题所淹没。我们应该像大脑处理图片那样，先从关键问题入手，由浅入深，从简入繁，通过不断地迭代，最终设计并创建一个完整的模型。

6.2.1　实体对象

当我们思考网上购物时的模型时，首先映入脑海的是购物车和里面的商品。毕竟网上购物的很多流程都是围绕着购物车展开的。我们就从购物车开始，逐步设计和创建一个完整的模型。

首先看一下基于购物车设计的最原始的模型，如图 6.3 所示。

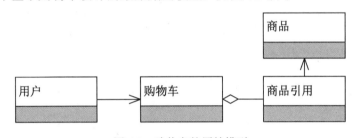

图 6.3　购物车的原始模型

有了这个模型，就可以尝试购物了。可以设想一下，用户通过手机或网站登录系统后，这个购物网站就会根据用户的登录账号从数据库里读取和账号相关的各种数据与信息，包括购物车的数据及用户以前放置在购物车里的商品数据。此外，用户也可以在购物车里继续添加或移除商品。该购物车功能很简单，缺少很多功能（后期会逐步添加），其模型涉及的一些基本概念和问题需要详细分析。

首先是用户对象。当注册一个新用户时，系统会为这个用户分配一个唯一的标识，这个标识用于区分用户。当使用这个标识后，系统会把用户的一系列操作数据和记录关联起来。

其次，商品对象也有同样的标识问题。iShopping 一般会提供成千上万种商品。每种商品都有不同的价格、规格等属性，在管理这些商品时必须为每种商品提供一个唯一的编号（就像超市里的条形码一样）。

有了商品编号，用户在浏览商品时就能查看到正确的信息，把商品放入购物车时才不会发生错误。虽然用户在操作时一般不会关注这个编号，但系统必须通过这个编号准确地跟踪正确的商品对象，获取这个商品的价格。

对于这种需要通过标识来区分的对象，一般称之为实体对象（Entity Object）。实体对象在领域模型中扮演着重要的角色，它代表着一类对象，这类对象有很长的生命周期，在这段生命周期里维持一个不变的标识。同时，实体对象也拥有自己的状态，在生命周期内，对象状态可能会发生改变，但是不管这个对象的状态怎么改变，系统都会把它当作同一个对象。

实体对象的标识不会发生变化，这就意味着在创建对象的时候必须要对它的标识进行初始化，同时不能提供修改标识的接口方法，从而防止客户端代码任意调用这个接口方法。在生命周期内，实体对象用标识跟踪它的状态变化情况，也使用标识与其他对象区分。对象的标识必须在它的作用范围内保持唯一，否则就会造成系统的混乱。系统中存在两个标识一样的实体对象是很危险的，就像现实生活中有两个人的身份证号码一样会引起很大的麻烦。

在如图 6.3 所示的模型中，我们能很快地识别出具备这些特性的实体对象。下面我们尝试实现这几个实体对象。首先创建商品类 Commodity。很明显，商品是一个实体对象，系统要明确地使用标识区分商品对象，毕竟我们不希望用户买的是 A 商品，收到的是 B 商品。商品标识可以用商品编号来表示。商品类的实现代码如下：

```
// 为商品对象建模
public class Commodity
{
    private string m_ID = "";
    // 构造方法，在构造 Commodity 时，用参数初始化商品 ID
    public Commodity (string id)
    {
        m_ID = id;
    }
    // 获取商品 ID
    public string ID{get=>m_ID; }
    // 重写方法，比较两个对象是否一致
    public override bool Equal(object obj)
    {
        // 尝试把 obj 转换成 Commodity 对象
        Commodity commodity= obj as Commodity;
        // 如果不是 Commodity 对象，则返回 false
        if(commodity == null) return false;
        // 判断两个对象的 ID 是否一致
        return ID.Equal(commodity.ID);
    }
}
// 分别创建编号为 "001" 的 Commodity 对象
Commodity c1 = new Commodity ("001");
Commodity c2 = new Commodity ("001");
// 判断 c1 和 c2 是否相等
bool isEqual = c1. Equal(c2);
```

⌂注意：在实体对象类型里，必须提供依据标识判断对象是否相等的方法。

在上述代码中，首先创建 Commodity 类。在 Commodity 类里添加一个 String 类型的字段 m_ID 用于存储商品的标识，为了方便使用，这个字段被封装成只读的属性（Property）

ID。作为实体对象，标识是判断两个实体对象是否相等的依据。为了实现按标识判断对象是否相同，必须重写 Equal()方法。Equal()是在 Object 里定义的虚方法，默认会根据对象在内存中对应的地址来判断对象是否相等。而在重写的方法里，修改为通过检查两个 Commodity 对象的 ID 属性是否一致来判断两个对象是否相等。

在后面的语句中创建了两个 Commodity 对象，每一条创建对象的语句都会执行两个步骤，首先在堆（Heap）里创建一个编号为"001"的 Commodity 对象，然后在栈（Stack）里创建一个变量（c1,c2）指向这个对象。虽然创建的 Commodity 对象在内存中的地址各不相同，但是通过重写 Equal()方法，在最后一句判断对象是否相等时，两个对象的编号都是"001"，因此得到的结果是相等的。

一个领域模型中存在很多实体对象，这些实体对象的基本逻辑是一样的，即可以使用标识来区分是不是同一个对象。在实现领域模型时，可以把领域模型的基本逻辑封装到一个父类里，然后所有实体对象都继承这个父类。

在创建这个父类前，需要先确认一个问题：实体对象的标识是否都是 String 类型。事实上，开发者可以使用任何类型作为实体对象的标识。比较常用的是 in 和 String 类型，如果需要，还可以使用自定义类型作为标识。为了支持多种类型的标识，最好使用泛型类（Generics）来实现这个实体对象的父类。代码如下：

```
// 定义使用泛型 T 作为标识的实体对象的抽象类
public abstract class EntityObject<T>
    {
        private T m_ID = default;
        private bool m_IsActived = false;

        public EntityObject()
        {

        }
        public EntityObject(T id)
        {
            ID = id;
        }
        // 获取实体对象的标识
        public T ID { get => m_ID; protected set => m_ID = value; }
        // 获取对象是否活动，指示对象是否被假删除
        public bool IsActived { get => m_IsActived; private set => m_IsActived
= value; }
        // 获取是否是临时对象
        public bool IsTransient()
        {
            return ID.Equals(default(T));
        }
        // 禁用对象，用于假删除
        public void DisableObject()
        {
            IsActived = false;
        }
```

```
        // 判断两个对象是否一致
        public override bool Equals(object obj)
        {
            EntityObject<T> entity = obj as EntityObject<T>;
            if (entity == null) return false;
            return Equals(ID, entity.ID);
        }
        // 获取对象的哈希码
        public override int GetHashCode()
        {
            if (IsTransient()) return base.GetHashCode();
            return ID == null ? base.GetHashCode() : ID.GetHashCode();
        }
    }
```

💬注意：可以为实体对象提供按标识识别的方法，或把方法封装到实体对象的父类中。

在泛型类 EntityObject<T> 中，T 用于指定标识的类型。同时，针对实体对象的需求增加两项功能。首先是临时对象，在有些特殊场合，需要创建一些临时的实体对象，这些对象不会被保存到数据库中，只是由于某些用途被临时创建。对于这些对象，可以使用默认的标识，如使用 int 作为标识类型，则临时对象的标识就是 0。

其次是对对象删除的支持。在系统运行时，有时候实体对象完成了它的生命周期，这时需要删除这个对象。例如用户注销账户以后，这个账户对象就无效了。但是如果把这个账户对象从数据库中删除，则可能带来意想不到的后果。

当需要查询以前某个时间段的登录记录时，涉及这个账户的登录记录就会有一个指向这个账户的空引用，从而引发异常。在实际的开发过程中，对实体对象并不会真正删除，只是用一个标记把这个对象标记为无效即可。当查询涉及这个对象时，仍然可以引用它。有了实体对象的父类以后，Commodity 类的实现代码可以改成下面的形式：

```
// 为商品对象建模
public class Commodity : EntityObject<string>
{
        // 构造方法，在构造 Commodity 时，用参数初始化商品 ID
    public Commodity (string id)
        : base(id)
    {
    }
}
```

在如图 6.3 所示的购物车模型中有一个比较特殊的对象，即商品引用对象，实现代码如下：

```
// 为商品引用对象建模
public class CommodityRef
{
    private Commodity m_ Commodity = null;
    private int m_Quantity = 0;

    // 构造方法，使用引用的商品和数量初始化商品引用对象
```

```
public CommodityRef(Commodity commodity,int quantity)
{
    m_Commodity = commodity;
    m_Quantity = quantity;
}
// 获取引用的商品对象
public Commodity Commodity{get=>return m_ Commodity ;}
// 获取商品的数量
public int Quantity{get=>m_ Quantity; }
}
```

从以上代码中可以看出，商品引用对象里有两个属性：商品和数量。商品对象描述的是一种商品，如型号为 KW-ESS-2019 的钢笔。商品对象是不能直接放入购物车中的，因为它代表一类型号为 KW-ESS-2019 的钢笔，而放入购物车的只能是一支或几支型号为 KW-ESS-2019 的钢笔。这种情况类似于面向对象中的类和实例的关系。商品和商品引用的关系如图 6.4 所示。

如图 6.4 所示，商品引用对象看起来应该是实体对象。商品引用对象会用自己的标识来区分不同的商品，从这个意义上说，商品的标识就是商品引用对象的标识。

既然商品引用对象是实体对象，那么让我们思考一下这个实体对象标识的意义。当引用一个商品时，会使用商品和商品数量初始化这个对象。一个商品可能有很多的商品引用。例如，两个用户都在购物车里放入了 5 只型号为 KW-ESS-2019 的钢笔。这时对于系统来说，区分两个购物车中的商品引用对象是不是同一个对象是没有意义的。

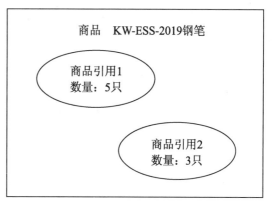

图 6.4　商品和商品引用的关系

事实上，商品引用从本质上说是对一种商品类型的数量描述。标识对于商品引用是没有意义的，两个数量都为 5 只的 KW-ESS-2019 钢笔的商品引用对象之间是没有关联的。任何一个用户都能根据自己的需要修改数量而不影响其他用户。而真实的实体对象，如商品对象，只要商品的标识是一样的，就是同一个商品对象。

从上面的这个实例可以看到，并不是为一个对象加入标识以后它就是实体对象。实体对象需要一个标识来区分它与其他对象。对于实体对象来说，这个标识一定是有意义的，这个意义在于，当对象的其他属性发生变化时，我们仍然会把它看作同一个对象。

在系统中维护一个实体对象的成本很高，系统必须维护实体对象的一致性，两个标识一样而内部数据不一致的实体对象会造成系统的混乱。在后面的章节中会介绍仓储对象（Repository）和工作单元（Unit Of Work）对维护实体对象一致性的支持。

很多刚接触领域驱动设计的开发人员都倾向于把尽量多的对象建模成实体对象。这样会增加系统的复杂度，系统必须跟踪和维护每一个实体对象的一致性。因为实体对象存在隐藏的破坏性，如果两个客户端代码都引用一个实体对象，其中一个客户端修改了实体对象，则另一个客户端也会受到影响。

实际上，在领域模型中很多对象没必要建模成实体对象。关于这些对象，我们没必要区分它们到底是哪个对象。这时使用轻量级的值对象（Value Object）是一个很好的选择。事实上，在一个典型的领域模型中，实体对象的比例不应该超过 50%。

🔊 注意：除非有足够的理由，否则尽量不要把对象建模成实体对象。

购物车对象也是一个很特殊的情况。一般在商城软件中，都会为每个用户创建唯一的购物车对象。基于这种考虑，购物车是不需要标识符的，它是和用户紧密关联的对象。这样可以把购物车作为用户对象的一个属性。这其实是一种对象的关联。对象如何关联也是实体对象必须面临的问题。而对象的关联更多发生在聚合（Aggregation）上，后面的相关章节中会具体介绍对象的关联。

```
// 为用户对象建模
public class Customer : EntityObject<string>
{
    ...
    private ShoppingCart m_Cart = null;
    // 获取购物车对象
    public ShoppingCart Cart
    {
        // 如果购物车对象为空，创建一个新的购物车
        if(m_Cart == null)
        {
            m_Cart = new ShoopingCart();
        }
        return m_Cart;
    }
    ...
}
```

🔊 思考：既然购物车和用户对象紧密关联，为什么不在用户类里实现购物车功能呢？
因为用户和购物车是两种截然不同的概念，它们的关注点完全不同。用户关注的是使用者的手机号码和历史订单数据等信息，而购物车的关注点是放入的商品、数量及它们的总价。把它们写在一个类里违反了单一原则。随着软件的迭代，它们会有不同的演进。

6.2.2　实体对象的标识和替换

通过前面所述可以了解到，iShopping 系统必须能够使用标识区分不同的用户。换句话说，在用户第一次使用商城购物 App 时，系统应该先让用户注册，在注册时给用户分配一个唯一的标识符。作为安全的一部分，系统必须让用户在登录时提供这个标识。通常情

况下是把标识符作为登录的账户，这样可以在一定程度上避免有人冒充别人的身份登录。

在早期的电子商务或类似的系统中，用户的标识是随机分配或用户自己输入的，这种方式在使用时存在不少弊端。首先，对于随机生成的标识符而言，虽然可以保证它的唯一性，但是生成的用户标识却是一串没有任何规律的字符串。这样产生的标识符很难确保用户会记住它，尤其是在用户登录不频繁的情况下。当用户忘记自己的标识符后往往会重新注册一个，应该尽量避免这种情况，以免给后续开发带来麻烦（后面会讲）。

其次，让用户自己输入标识符看似是把责任推给了用户，但是也面临着同样的问题。如果你使用过这样的系统就会发现，简洁而有意义的标识全被注册完了，你只有在自己中意的标识后面加入数字来区分，还要面临一次次的"账号已经被占用"的提示，让人有挫败感。

目前比较流行的做法是使用手机号码作为标识符。这是一种折中且比较好用的方法。首先，这种方法把标识符唯一性的验证交给了权威的第三方（理论上任何两个人的手机号码不可能重复）。其次，解决了标识符的记忆问题，一般人都可以记住自己的手机号码。再次，避免了一个用户进行多次注册。

向手机发送验证码的代码属于基础设施层，在设计时可以把代码封装到基础设施层。更好的做法是使用第三方服务的 API，这种方法同样也可以把对服务的调用封装到基础设施层。而产生验证码的工作放在应用层比较合适。毕竟基础设施层负责的是正确地把验证码发送到手机上，至于产生什么样的验证码则和它无关（可能会有一些验证码长度上的限制）。使用手机注册的整个流程如图 6.5 所示。

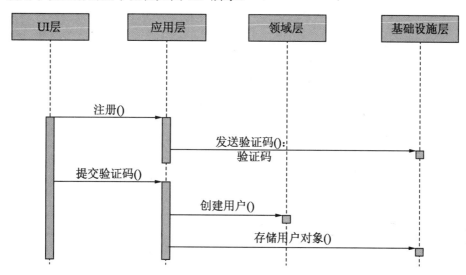

图 6.5　使用手机注册的流程

在基础设施层怎么调用第三方服务的 API 会在后面的章节中介绍。现在仍然把关注点放在领域模型上。在使用手机号码作为标识后仍然有问题需要解决。

一般情况下，用户并不希望在浏览商品时就强制他必须登录。一些电子商务系统甚至允许用户可以匿名登录，匿名拥有购物车并可以把商品放入购物车中。当用户真正购买时再登录。用户登录后，系统会把匿名账户购物车里的商品复制到登录账户中。

这时候其实是两个用户对象，当用户匿名登录时，系统会创建一个用户对象，标识来自用户使用的客户端的某些标识，如客户端的 IP 地址。当用户登录后，系统会根据登录账户创建一个真实的用户对象，然后执行两个对象的复制，把匿名用户对象的数据复制到真实的用户对象中。

这就需要在用户类里添加 CopyFrom() 方法，在该方法里实现从另一个用户对象中复制购物车数据。实现代码如下：

```
// 为用户对象建模
public class Customer : EntityObject
{
    // 从另一个用户对象中复制数据
    public void CopyFrom(Customer customer)
    {
        if (customer == null) return;
        // 调用购物车的复制方法
        Cart.CopyFrom(customer.Cart);
    }
}
// 为购物车对象建模
public class ShoppingCart
{

    // 向购物车中添加商品
    public void AddCommodity(Commodity commodity,int quantity =1)
    {
        if (commodity == null || quantity <= 0) return;
        bool add = false;
        // 遍历购物车中的所有商品引用
        foreach(ShoppingCartItem item in ShoppingCartItems)
        {
            //如果购物车已经有添加的商品，则增加商品引用的数量
            if(item.Commodity.Equals(commodity))
            {
                item.Quantity += quantity;
                add = true;
                break;
            }
        }
        // 如果没有相同的商品，则添加一个商品引用
        if(!add)
        {
            m_ShoppingCartItems.Add(new ShoppingCartItem(commodity, quantity));
        }
```

```
    }
    // 从别的购物车中复制数据
    internal void CopyFrom(ShoppingCart cart)
    {
        if (cart == null) return;
        // 遍历另一个购物车中的商品引用
        foreach(ShoppingCartItem item in cart.ShoppingCartItems)
        {
            // 将商品添加到购物车中
            AddCommodity(item.Commodity,item.Quantity);
        }
    }
}
```

当为用户和购物车对象都提供了 CopyFrom()方法时，实际上是在用户类的 CopyFrom()方法里直接把复制的操作转交给购物车类。购物车类在实现复制方法时不是简单地把另一个账户的商品引用对象添加到数组中，而是对每一个商品引用对象调用 AddCommodity()方法，在 AddCommodity()方法里封装增加同一个商品时仅需修改原有商品引用的数量而不是增加项的逻辑。

在购物车的 CopyFrom()方法前增加了 internal 修饰符，是因为不希望客户端代码（UI层或应用层）能够直接调用这个方法。在上述代码中，复制用户对象的数据仅包括复制购物车的数据，但是在以后的迭代中，会在复制用户的方法中增加一些逻辑或约束的判断，如果客户端直接调用购物车的 CopyFrom()方法，则会丢失这些逻辑，使系统发生混乱。

🔔注意：应尽量少地公开类型和减少类型的公开方法，保持低耦合是降低系统复杂度和提高稳定性行之有效的方法，这也是迪米特法则的应用。

事实上，如果进一步考虑需求，就会碰到上述问题。如果系统需要支持账户合并功能，如用户新换了手机号码，则意味着他需要注册一个新的账户，但他不想丢掉以前累计的积分，这时系统需要进行两个用户对象的复制，这就需要在用户类的复制方法里增加更多的复制逻辑，而不仅仅是复制购物车。

复制更多数据符的代码并不复杂，难度在于客服人员要怎么确认两个号码是同一个用户，这似乎又回到了问题的起点：什么样的标识符才能让我们有效地识别不同的人。

现在再来看看关于标识的另一个问题：商品对象的标识。通过前面的讨论我们知道，系统必须为每一种商品分配一个标识符，这样才能在用户浏览商品和加入购物车时能够准确地跟踪商品。

当商城 App 运行一段时间以后可能会发现商品品种重复的问题。可能是后台管理员的一时疏忽，或者商品供应商失误，最终的结果是为同一种商品创建了两个不同的商品对象。如果在刚创建商品对象时就发现了这个错误，处理办法很简单，只要把重复创建的商品对象删除就可以了。如果是在创建后的很长时间并且两个商品对象都有销售记录时才发现这个错误，贸然采用删除重复商品对象的方法会造成相关的订单数据不完整的情况。为了弥补这种错误，我们可以为商品增加对象替代的方法。对象替代的方法很简单，在被替代的对象里增加一个替代对象的引用即可，这样当操作被替代的对象时，系统会自动把操作指向它的替代对象，如图 6.6 所示。

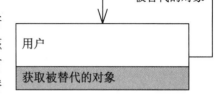

当一个商品对象被替代后不必复制数据，这样所有对该商品的历史数据的查询会被完整保留，而对该对象的新操作则被转移到替代它的商品对象上。只有被替代的商品对象中保持替代它的商品的引用，而替代它的商品对象没必要引用它。实现现代码如下：

图 6.6　指向替代对象

```
// 为商品对象建模
public class Commodity : EntityObject<string>
    {
        // 保持被替代的对象的引用
        private Commodity m_BeSubstitutedObject = null;
        // 获取被替代的对象
        private Commodity GetBeSubstitutedObject()
        {
            return  m_BeSubstitutedObject;
        }
        // 替代一个商品对象
        public void SetSubstituted(Commodity commodity)
        {
            m_BeSubstitutedObject = commodity;
        }
    }
```

当一个商品对象被替代时，应该把替代的业务逻辑代码封装到商品类的内部。对于外部类来说，无须知道这个商品对象有没有被替代。

⌓注意：为用户操作错误提供一个改正的机会，是提升用户体验的一种方法。

6.2.3　值对象

有了以购物车和商品为核心的模型后，继续按照购物流程走，在模型中添加新的对象。当在购物车添加完商品后还需要生成一个订单。当然，在添加订单对象以前需对要模型进行扩展，增加地址对象以支持订单的创建。增加了订单和配送站的模型如图 6.7 所示。

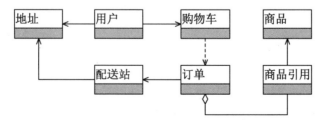

图 6.7　增加了订单和配送站的模型

在这个模型中增加了地址、配送站和订单对象。配送站和用户作为订单的委托方和执行方是必不可少的。现在我们看一下地址对象。

每个用户在生成订单时必须指定收货地址，这个地址对象决定是否能够收到快递。虽然在现实世界中一般地址都有门牌号，但是站在系统的角度来看，区分两个地址是不是同一个地址对象是没必要的（虽然系统需要计算两个地址是不是同一个城市和街道地址）。就像两个人 A 和 B 的身高都是 1.78 米，我们没必要区分 A 的 1.78 米和 B 的 1.78 米是不是同一个对象，事实上两个 1.78 米的人确实不是同一个对象，因为有可能当 A 长高到 1.80 米时，B 的身高值并没有发生变化。这一类对象我们称之为值对象（Value Object）。

从字面上就可以理解值对象的概念，就是描述值的对象。值对象是领域驱动设计中的重要概念，用于描述实体对象的属性。在领域模型里，实体对象在它的生命周期内通过标识保持可识别性，同时跟踪它的变化状态。值对象用于描述这些状态的值。

在这些状态中有一些状态十分简单，可以直接用诸如 int、string 等原生类型来描述，比如姓名和身高等。这些状态很直观，也很好理解。还有一些状态，它们是由一些简单的状态组合形成一种新的状态。比如颜色，它是由 R、G、B 分量值组合而成的。值对象也可以包含其他状态，如描述一幅图片的值对象，除了包含长与宽的字段外，还包含描述每个像素的颜色对象。如图 6.8 所示为图片值对象和颜色值对象之间的关系。

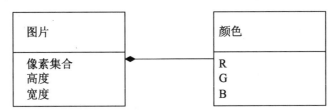

图 6.8　图片值对象和颜色值对象之间的关系

从广义上来说，所有描述实体对象状态的对象都是值对象。但是在设计中，一些简单的状态可以用原生类型描述而不需要建模，因此我们只把需要自定义类型描述的状态称为值对象。值对象最大的特点是没有标识，在领域模型中，系统不会在意两个对象的状态值是不是同一个对象，但会在意两个值对象是不是相等的。值对象的另一个特点是一般不会发生改变。

值对象的概念和.NET 里的值类型 struct 的概念类似。除了几个原生类型以外（如 int、double 和 float 等），在 C#里可以用 struct 关键字创建一个自定义的值类型，也就是所谓的结构体。在.NET 里，值类型对象与引用类型对象不同，它们会被创建在栈（Stack）里，并且直接获取创建的对象。当把一个值类型对象赋值给其他对象时，执行的是复制而不是指针引用，并且它们是轻量级的，对内存的占用远小于引用类型对象。

结构的这些特性特别适合值对象。用结构实现值对象是一个很好的选择。但是用结构实现值对象也存在着两个问题。首先，结构在各种语言中并不是一个统一的概念，在 Java 和 C#中结构的表现并不一致。其次，在实现基础设施层时，对象关系映射（ORM）框架对结构体的支持并不友好，因此在仍然选择使用类来实现值对象。

值对象不变的特点十分利于对它的使用。在模型中识别和使用值对象，能大幅度简化系统的实现过程。在系统中要维持对实体对象的正确引用需要花费很多代码和资源。而对于值对象来说，问题就简化了，在需要使用时直接创建就可以。如果实体对象的状态发生了变化，则可以创建一个新的值，将原有的对象直接抛弃即可。

因为领域模型中大量使用了值对象，因此可以先定义一个值对象的父类。在父类中封装判断对象是否相等的基础方法。值对象的示例代码如下：

```
// 定义值对象的抽象实现
public abstract class ValueObject : IValueObject
    {
        public ValueObject()
        {
        }

        // 以当前对象为原型创建一个副本
        public abstract IValueObject Clone();

        // 重写方法，判断两个值对象是否相等
        public override bool Equals(object obj)
        {
            // 检查比较的对象是否为 Null，或者是不是同一类型的对象
            if (obj == null || obj.GetType() != GetType())
            {
                return false;
            }
            ValueObject other = obj as ValueObject;
            // 获取两个值对象的属性值列表
            IEnumerator<object> sourceValues = GetPropertyValues().
GetEnumerator();
            IEnumerator<object> targetValues = other.GetPropertyValues().
GetEnumerator();
            if (sourceValues == null || targetValues == null) return false;
            // 遍历比较两个对象的属性值列表
            while (sourceValues.MoveNext() && targetValues.MoveNext())
            {
                if ((sourceValues.Current==null) ^(targetValues.Current==
null))
                {
                    return false;
                }
                if (sourceValues.Current != null
                    && !sourceValues.Current.Equals(targetValues.
Current))
                {
                    return false;
                }
            }
            // 遍历完成后，判断是否还有多余的属性
```

```
        // 检测两个对象的属性值列表是否一致
        return !sourceValues.MoveNext() && !targetValues.MoveNext();
    }
    // 获取哈希码
    public override int GetHashCode()
    {
        return GetPropertyValues()
         .Select(x => x != null ? x.GetHashCode() : 0)
         .Aggregate((x, y) => x ^ y);
    }

    //获取值对象的属性值
    protected abstract IEnumerable<object> GetPropertyValues();

    // 重载操作符 ==
    public static bool operator==(ValueObject left, ValueObject right)
    {
        if (ReferenceEquals(left, null) ^ ReferenceEquals(right, null))
        {
            return false;
        }
        return ReferenceEquals(left, null) || left.Equals(right);
    }
    // 重载操作符 !=
    public static bool operator !=(ValueObject left, ValueObject right)
    {
        return !(left==right);
    }
}
```

在 ValueObject 中，定义了值对象的基础方法，并重写了 Equal()方法。值对象之间的比较用来判断值是否相等。而在具体实现中会把描述的值加入实现类的字段里。因此首先需要定义一个抽象方法 GetPropertyValues()，按照约定，在实现类里的这个方法时会返回所有字段的枚举器（Enumerator），使用这个枚举器就可以遍历访问所有字段的值。在 Equal()方法里使用这个枚举器获取所有的字段，再判断字段的值是否一致，只有全部的字段值都相等时才会判定这两个值对象相等。

重写 Equal()方法时必须重写 GetHashCode()方法。GetHashCode()方法用于返回对象的哈希码，在重写的方法里同样使用 GetPropertyValues()方法对所有字段值进行编码来获取对象的哈希码。

为了支持值对象的便捷性比较，在类型里，使用操作符重载技术重载了 == 和 != 两个操作符。重载以后可以对两个值对象使用 == 和 != 进行计算。代码如下：

```
// Address 操作符
public static void AddressOperator(Address address1,Address address2)
{
    bool equal = address1 == address2;
    if(address1 != address2)
    {
        equal = false;
```

```
        }
    }
```

需要注意的是，在 ValueObject 里还定义了一个 Clone 抽象方法。按照约定，在实现类里的这个方法时会创建并返回值对象的一个副本。加入这个方法是为了在复制一个值对象时必须创建一个副本，而不能直接复制它在内存中的地址。这种复制方法是为了保证值对象的独立性。

定义完值对象的父类后就可以使用继承的方式实现地址的值对象了。在实现值对象时，除了实现父类的抽象方法以外，还有一点需要特别注意，即值对象是不变的。这意味着我们不需要提供修改值对象的操作接口。当把值对象的字段封装成属性（Property）时，不能公开 Set 访问器。地址的值对象的实现代码如下：

```
// 描述地址的值对象
public class Address : ValueObject
 {
      private string m_SegmentAddress;
      private string m_StreetAddress;
      private int m_PostCode;

      public  Address(string  segmentAddress,string  streetAddress,int
postCode)
      {
          m_SegmentAddress = segmentAddress;
          m_StreetAddress = streetAddress;
          m_PostCode = postCode;
      }

      // 获取地址字符串
      public string SegmentAddress { get => m_SegmentAddress;
          private set => m_SegmentAddress = value; }
      // 获取街道地址字符串
      public string StreetAddress { get => m_StreetAddress;
          private set => StreetAddress = value; }
      // 获取邮政编码
      public int PostCode { get => m_PostCode;
          private set => m_PostCode = value; }

      // 克隆对象
      public override IValueObject Clone()
      {
          return new Address(SegmentAddress, StreetAddress, PostCode);
      }

      // 获取属性值
      protected override IEnumerable<object> GetPropertyValues()
      {
          yield return SegmentAddress;
          yield return StreetAddress;
          yield return PostCode;
      }
  }
```

注意：因为值对象是保持不变的，所以不需要给值对象提供修改的操作接口。

　　在地址的值对象实现代码中添加了描述省、市、区和街道地址的属性。另外，还有一些地址计算的方法，利用这些公开的计算方法，就可以实现从配送站集合中挑选一个离配送地址最近的配送站，并可以通过地图服务接口计算发货地址到配送地址的距离，从而可以计算出订单的运费。

　　至此我们已经创建了描述地址值的类型，这样就可以支持用户编辑自己的收货地址。但是 iShopping 上线运行后我们会发现，仅仅使用简单的类型描述地址存在一个很大的隐患，比如系统无法避免类似于"山东省上海市金山路 25 号" 这样的地址数据。到目前为止，系统的模型和程序代码都不能检测出类似的错误。因为检查类似的错误需要具备行政区域方面的知识，而模型中还缺失对这部分知识的支持。

　　在现实生活中，我们经常会对一些值或现象做出判断。例如，当某个人查看体检表时，如果年龄一栏是 180，他一定会很快地检查出这个错误。这来源于他对年龄范围的认知，而计算机或者系统并不具备这方面的知识。如果想在系统里添加错误检查的逻辑，一般设计人员会把相关知识直接嵌入检查的代码中，类似于下面的代码：

```
public class Person
{
    private int MaxAge = 200;
    private int m_Age = 0;

    public void setAge(int age)
    {
        if(age<=0)
        {
            throw new Exception("年龄不能小于 0");
        }
        if(age >= MaxAge)
        {
            throw new Exception(string.Formatter("年龄必须小于 {0}",MaxAge));
        }
        m_Age = age;
    }
}
```

　　在上述代码里，使用 MaxAge 和 0 共同限制了年龄的允许范围，这是一种最简单的做法。作为一种替代的方法，可以使用配置的方式来设置年龄的取值范围。在 Entity Framework Core 里可以用特性限制属性的取值范围使用这种方式，也可以起到类似的功能。示例代码如下：

```
public class Person
{
    [Key]
    public int Id { get; set; }

    [MaxLength(32)]
    public string FirstName { get; set; }
```

```
[MaxLength(32)]
public string LastName { get; set; }
}
```

在代码中，通过特性为 FirstName 和 LastName 的属性值设置了限制条件，它们的字符串长度不能大于 32。

使用这种方式可以把某个属性值限制在一定的范围内，在一定程度上起到简单的业务逻辑验证作用。但是对于地址类型来说，要进行错误检查，需要更复杂的知识，不能通过取值范围这种简单的约束来实现，而必须要在模型里增加能描述行政区域组织架构的类型。

这种组织架构是一种树形的层级结构。我们可以用地址片段（Address Segment）描述其中的一个节点（如江苏省或南京市），每个地址片段中可能有数个子片段（如江苏省的地址片段中包含所有地级市的集合）。同时，每个地址片段也引用一个描述上级组织的父对象。当然也存在父对象为空的地址片段，这种地址片段一般是地址层级结构的顶端，如描述国家级别的地址片段。这类似于设计模式中的合成模式（Composite Pattern），也可以看作是一种特殊的合成模式。通过这种方式，可以在代码中清晰地描述行政区域的组织架构。地址片段模型如图 6.9 所示。

现在虽然有了可以描述行政区域组织架构的模型，但是这个组织架构并不等同于地址。行政区域组织架构模型描述了相关的地址知识，而地址模型是一个真实的地址。例如，在行政区域组织架构模型中，南京市是江苏省的下级单位，并且拥有几个行政区和县级市，而地址是一个确切的值，如江苏省南京市玄武区。因此在地址和行政区域组织架构模型之间必须要建立某种映射，才能把在行政区域组织架构里包含的约束知识映射到地址中。地址这种简单的逻辑可以采用一种简化的方式来实现。

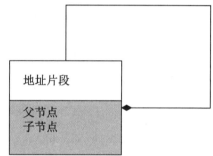

图 6.9　地址片段模型

虽然在地址模型中不能描述组织架构的关系，但是对于国内的地址来说，不管哪个省或自治区，它们的组织架构层级都是一样的。这样还可以采用地址模型中固定描述组织架构层级的方式，即"省、市、县"。如果采用这种方式，那么仍然可以使用原来的地址类型，但需要在 UI 层里编辑地址的时候通过下拉框命令来实现约束。

如果 iShopping 针对的是不同的国家，则情况要复杂一些，那么就不能继续使用现在的地址类型了。对于这种情况，将在后面的章节中深入介绍。

6.2.4　用值对象封装复杂的逻辑

前面的章节介绍了怎么识别出值对象并创建值对象，以及使用值对象进行简单的业务逻辑验证方法。本节继续介绍模型中的值对象。在设计前期，有一些蕴含着业务逻辑的对象往往被忽略了，这会导致我们的模型在应对实际问题时束手无策。

在模型里的商品类型中使用简单的双精度类型（Double）来描述价格。猛一看，这是一个自然而然的处理方法，但是使用这种方法无法应对季节性降价等优惠活动。出现这种情况的原因就是模型中丢失了商品价格（Commodity Price）的设定。

商品价格本质上是一个包含价格计算逻辑的对象，而实际结算价格只是商品价格对象计算的结果。当在模型中加入商品价格类型时，整个问题迎刃而解。虽然我们还没有实现商品浮动或优惠的业务逻辑，但是已经对这些业务逻辑进行了封装。至于怎么实现价格浮动的业务逻辑及相关问题的处理方法会在后文中介绍。现在先看一下商品价格的模型，如图 6.10 所示。

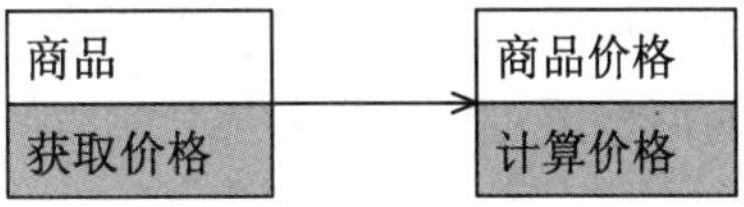

在模型中增加商品价格对象后，商品对象保持对商品价格的引用，当需要获取商品价格时，会直接调用商品价格对象计算价格的方法。代码如下：

图 6.10　商品价格的模型

```
// 商品模型类
public class Commodity : EntityObject
{
    // 获取商品价格
    public double GetCommodityPrice(int quaitity)
    {
        if(m_PriceObject == null)
        {
            throw new Exception("内部错误，商品价格对象没有正确初始化");
        }
        // 调用“商品价格”对象的计算方法
        return m_PriceObject.CalculatPriceValue(quaitity);
    }
}
```

用值对象封装业务逻辑的方法可以很好地保持关注点分离。实体对象关注的是如何识别、跟踪不同的对象。如果再加入业务逻辑，则会造成代码混乱。而值对象用于描述实体对象的某个类型的属性，业务逻辑和这些属性息息相关。

让我们继续探讨价格波动的业务逻辑。考虑价格优惠以后，可以把价格分为两种，一种是基础价格，另一种是根据条件计算出的价格浮动部分，称之为浮动价格。日常所遇到的价格优惠有节日特价、折扣或满减等。其中，节日特价比较特殊，它直接修改基础价格，而折扣和满减等是在基础价格上计算出来的优惠。这样我们可以把节日特价和其他优惠分开处理。

首先看一下节日特价。它的实现比较简单，可以直接增加一个时效价格对象（TimeRegion Price）来描述一个在一定时间段内有效的价格。在时效价格对象中有价格和有效时段两个属性。然后在商品价格对象里增加一个时效价格列表，当计算基础价格时，可以从这个列表中读取适合当前时间的时效价格对象。如果不存在时效价格就返回原来的基础价格，如果存在有效的时效价格，就返回时效价格对象里的价格。时效价格模型如图 6.11 所示。

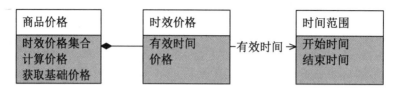

图 6.11　商品时效价格模型

　　模型中的时间范围（TimeRegion）是一个通用的类型，或者说是基础类型。时间范围对象用于描述个某个时间片段，也是一个标准的值对象。在时效价格对象的实现过程中，一般使用时间范围对象来标注价格作用的时间，即在时间范围内价格是有效的。这就要求时间范围对象除了记录开始时间和结束时间之外，还应该提供判断指定的事件是否在范围内的接口方法。这也是一个封装了领域逻辑的值对象，只不过这里的领域是通用的时间领域。时间范围的实现代码如下：

```
// 定义一个时间范围
public class TimeRegion : ValueObject
    {
        private DateTime m_StartTime;
        private DateTime m_EndTime;

        private TimeRegion()
        {

        }
        // 使用开始时间和结束时间初始化时间范围
        public TimeRegion(DateTime start,DateTime end)
        {
            m_StartTime = start;
            m_EndTime = end;
        }
        // 获取时间范围的开始时间
        public DateTime StartTime { get => m_StartTime; private set =>
m_StartTime = value; }
        // 获取时间范围的结束时间
        public DateTime EndTime { get => m_EndTime; private set => m_EndTime
= value; }

        // 获取指定的事件是否在时间范围内
        public bool InRegion(DateTime time)
        {
            if (time < StartTime) return false;
            if (time > EndTime) return false;
            return true;
        }

        // 获取时间范围是否有效
```

```
        public bool IsEffectivity()
        {
            return StartTime < EndTime;
        }

        // 获取描述时间范围的文本
        public override string ToString()
        {
            return  StartTime.ToShortDateString()+  "-"  + EndTime.ToShort
DateString();
        }
        // 创建一个副本
        public override IValueObject Clone()
        {
            TimeRegion region = new TimeRegion(StartTime, EndTime);
            return region;
        }
        // 获取属性值的枚举器
        protected override IEnumerable<object> GetPropertyValues()
        {
            yield return StartTime;
            yield return EndTime;
        }
    }
```

　　时效价格（TimeRegionPrice）也是一个值对象，同样也继承自 ValueObject。在 Time-RegionPrice 中，除了增加字段用于记录价格、有效时间范围和关于时效价格的说明以外，还应该提供一个判断时效价格是否在指定的有效时间内的接口方法。通过这个方法，可以在价格对象中快速地查找出有效的时效价格。时效价格的实现代码如下：

```
//用于描述在一定时间范围内有效的价格
    public class TimeRegionPriceItem : ValueObject
    {
        private double m_PriceValue;
        private TimeRegion m_EffectiveTime;
        private string m_Description;
        private string m_CommodityID = string.Empty;
        private CommodityPrice m_ParentPrice = null;

        public TimeRegionPriceItem(double price,TimeRegion region,string
description)
        {
            Price = price;
            m_EffictiveTime = region;
            Description = description;
        }

        // 获取动态的价格值
        public double Price{ get => m_PriceValue; private set => m_PriceValue
= value; }
        // 获取时效价格的时间范围
        public TimeRegion EffectiveTime { get => m_EffectiveTime;
            private set => m_EffictiveTime = value; }
```

```csharp
// 获取价格项的描述
public string Description{ get => m_Description;
        private  set => m_Description = value; }

//获取一个值，指示动态价格项在指定的时间内是否有效
public bool IsEffictive(DateTime time)
{
    /// 如果时间范围无效，则返回 false
    if (m_EffectiveTime == null) return false;
    /// 获取是否在时间范围内，如果在时间范围内，则返回 true，否则返回 false
    if(m_EffectiveTime.InRegion(time))
    {
        return true;
    }
    return false;
}

// 创建一个副本
public override IValueObject Clone()
{
    TimeRegionPriceItem timeRegionPrice =
        new TimeRegionPriceItem(Price, EffictiveTime, Description);
    return timeRegionPrice;
}
// 获取内部属性值的枚举器
protected override IEnumerable<object> GetPropertyValues()
{
    yield return Price;
    yield return EffictiveTime;
    yield return Description;
}
}
```

有了时效价格对象以后，商品价格对象 CommodityPrice 就可以在订单结算时计算当前时间的价格，还可以把未来的价格设置好而不影响当前的价格。例如，可以在 4 月份就设置好 5 月 1 日到 5 月 7 日的优惠价格，在价格计算时只有进入 5 月 1 日才会按新的价格进行计算。

在商品价格对象中需要维持一个时效价格列表。为了预防时效价格列表是空的时候发生计算错误，同时在商品价格对象中增加一个基础价格字段。当然，针对商品价格的管理，还需要在商品价格中增加管理实效价格列表的接口方法。商品价格的实现代码如下：

```csharp
//描述商品价格
public class CommodityPrice
{
    private double m_BasePrice = 0;
    private List<TimeRegionPriceItem> m_PriceItems =
        new List<TimeRegionPriceItem>();

    public CommodityPrice(double basePrice)
```

```
    {
        m_BasePrice = basePrice;
    }
    public CommodityPrice(double basePrice, TimeRegionPriceItem[] time
RegionPrices)
    {
        m_BasePrice = basePrice;
        if(timeRegionPrices!= null)
        {
            m_PriceItems.AddRange(timeRegionPrices);
        }
    }

    // 获取基本价格
    public double BasePrice {
        get => m_BasePrice; private  set => m_BasePrice = value; }

    //调整基本价格
    internal void AdjustBasePrice(double price)
    {
        if(price<=0)
        {
            throw new ArgumentException("价格必须大于 0");
        }
        BasePrice = price;
    }
    //添加时效价格
    internal void AddTimeRegionPrice(TimeRegionPriceItem item)
    {
        if(item == null)
        {
            throw new ArgumentNullException(nameof(item));
        }
        item.AttachCommodityPrice(this);
        m_PriceItems.Add(item);
    }
    //添加时效价格
    internal void AddTimeRegionPrice(double price, TimeRegion region,
string description)
    {
        TimeRegionPriceItem item = new TimeRegionPriceItem(price, region,
description);
        if(m_PriceItems.Contains(item))
        {
            throw new Exception("已经添加过指定时间段的价格");
        }
        AddTimeRegionPrice(item);
    }
    //获取符合时效的价格
```

```
     internal double GetTimelyPrice(DateTime time)
     {
         // 检查时效价格对象集合
         if (m_PriceItems == null || m_PriceItems.Count <= 0) return m_
BasePrice;
         double timeRegionPrice = double.MaxValue;
         // 遍历时效价格对象
         foreach(TimeRegionPriceItem priceItem in m_PriceItems)
         {
             // 检查时效价格对象是否有效
             if (!priceItem.IsEffictive(time)) continue;
             if(timeRegionPrice > priceItem.Price)
             {
                 timeRegionPrice = priceItem.Price;
             }
         }
         if (timeRegionPrice == double.MaxValue) return m_BasePrice;
         return timeRegionPrice;
     }
}
```

在获取了商品实效价格以后，下一步就是计算各种优惠折扣。这部分的业务逻辑是灵活多变的，设计人员必须小心应对，也就是说，必须为未来可能增加的价格优惠策略提供扩展支持。在 iShopping 运行时，负责人可能面对竞争的压力会临时要求增加一种优惠方式来压制竞争对手，这就要求系统在商业竞争力方面必须保持扩展性和柔性的开闭原则。在实现业务逻辑时，为保持系统的扩展性和柔性，使用设计模式（Design Pattern）是一种很好的选择。

关于商品价格的折扣优惠，我们可以看成是对商品价格对象的修改。而对对象的修改有装饰模式（Decorator Pattern）和策略模式（Strategy Pattern）两种模式可以选择。两种模式很相似，只是装饰模式用于改变对象的外表，而策略模式用于改变对象的内在行为。系统在用各种优惠条款计算最终价格时并没有修改原始价格，因此使用装饰模式更合适。装饰模式的标准模型如图 6.12 所示。

装饰模式很好理解，通过名字就可以对这种模式的应用范围有个大致的了解。装饰模式允许我们为对象增加外表装饰，而对客户端保持透明。对客户端保持透明意味着调用对象的客户端根本不知道对象已经被装饰，不管怎么装饰对象，客户端调用的代码都可以维持不变，而实际上对象的外观已经发生了变化。

在模型里需要装饰的对象是实物对象（ConcreteComponent），Component 是实物对象和装饰器的公共接口，模型中包含一个方法 Operation，这是客户端需要调用的方法。装饰器类型（Decorator）是所有实体装饰器的父类，它有一个指向 Component 类型的引用，Component 是实物对象和装饰器的共有父类，因此当一个装饰器对象的 Component 引用的是另一个装饰器时，就可以实现两个装饰器的效果叠加。当然，最后装饰器还需要引用实物对象，这样才可以把效果装饰到实物对象上。

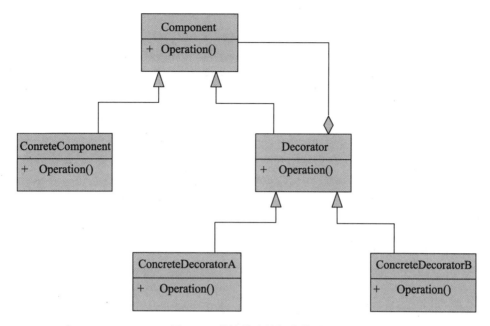

图 6.12　装饰模式的标准模型

　　掌握了装饰模式以后，就可以使用装饰模式来实现商品价格的优惠计算。因为直接使用标准的装饰模式，所以价格优惠的模型和装饰器一致。在实现时，首先需要定义一个商品价格和装饰器共同的接口 IPriceCalculator。代码如下：

```
// 商品价格统一接口
public interface IPriceCalculator
{
    // 计算商品价格
    double CalculatPriceValue(int quantity);
}
```

　　接口里定义的 CalculatPriceValue()方法是商品对象和装饰器的共同方法。这里需要注意的是，这个方法带有一个整型的 quantity 参数，这是因为有的优惠方式需要根据购买的数量来决定。接着还需要定义一个 PriceDecorator 类型作为价格装饰器的父类。这个类型必须符合装饰模式的约定。例如，必须有一个指向 IPriceCalculator 的引用，有了这个引用后，装饰器就有了可以装饰的对象，这个对象可以是商品价格对象或者另外一个价格装饰器对象。代码如下：

```
// 定义商品价格装饰器的父类
public abstract class PriceDecorator : IPriceCalculator
{
    private IPriceCalculator m_PriceCalculator = null;

    public PriceDecorator()
    {
    }
    public PriceDecorator(IPriceCalculator calculator)
```

```
    {
        m_PriceCalculator = calculator;
    }
    // 获取被装饰的对象
    protected IPriceCalculator PriceCalculator {
        get => m_PriceCalculator;set => m_PriceCalculator = value; }
    // 计算价格统一接口方法
    public abstract double CalculatPriceValue(int quantity);
}
```

有了价格装饰器抽象类 PriceDecorator 后，就可以定义真实的价格优惠装饰器。在实现价格优惠装饰器时，需要继承 PriceDecorator。代码如下：

```
// 商品价格满减装饰器
public class MoneyOffPriceCalculator : PriceDecorator
{
    private double m_Condition = 50;
    private double m_MonyOff = 5;

    public MoneyOffPriceCalculator(
        IPriceCalculator calculator,double condition,double off)
        : base(calculator)
    {
        m_Condition = condition;
        m_MonyOff = off;
    }
    // 获取或者设置满减条件
    public double Condition {
        get => m_Condition; set => m_Condition = value; }

    // 获取或设置优惠金额
    public double MonyOff {
        get => m_MonyOff; set => m_MonyOff = value; }

    // 实现计算价格抽象方法
    public override double CalculatPriceValue(int quantity)
    {
        double value = PriceCalculator.CalculatPriceValue(0);
        return value >= m_Condition ? value - m_MonyOff : value;
    }
}
// 商品价格折扣装饰器
public class DiscountPriceCalculator : PriceDecorator
{
    private double m_DiscountRatio = 1;

    public DiscountPriceCalculator(
        IPriceCalculator calculator,double ratio)
        : base(calculator)
```

```
    {
        m_DiscountRatio = ratio;
    }

    // 获取折扣比例
    public double DiscountRatio {
        get => m_DiscountRatio; set => m_DiscountRatio = value; }

    // 实现计算价格抽象方法
    public override double CalculatPriceValue(int quantity)
    {
        return PriceCalculator.CalculatPriceValue(quantity) * m_DiscountRatio;
    }
}
```

MoneyOffPriceCalculator()表示满减优惠，因此在子类里添加了两个字段，分别用于设置满减条件和满足条件时优惠的金额。同样，对于折扣优惠 DiscountPriceCalculator()也增加了一个字段来设置折扣率，当然也可以增加字段来描述折扣必须满足的条件。

优惠的逻辑代码写在 CalculatPriceValue()方法里。需要注意的是，在客户端方法里需要调用这个价格装饰器引用的装饰器接口对象 PriceCalculator 的 CalculatPriceValue 方法。这说明这个优惠方式是建立在上一个优惠基础上的。现在，我们可以尝试用优惠政策计算价格，代码如下：

```
// 价格测试代码
public void PriceDecoratorTest()
{
    // 创建价格对象
    CommodityPrice price = new CommodityPrice();
    // 设置基本价格
    price.PriceValue = 100;
    // 创建价格折扣装饰器的装饰内容：价格对象
    DiscountPriceCalculator discountPrice =
        new DiscountPriceCalculator(price,0.8);
    // 创建满减装饰器的装饰内容：折扣装饰器
    MoneyOffPriceCalculator moneyOffPrice =
        new MoneyOffPriceCalculator(discountPrice,50,5);
    // 计算优惠后的价格
    double priceValue = moneyOffPrice.CalculatPriceValue(1);

    Assert.Equal(75, priceValue);
}
```

这是一段测试代码，用来测试优惠计算是否正确。在这段代码中，首先创建了一个商品价格对象 price 并设置了基础价格 100，接着创建了一个价格折扣装饰器 discountPrice，在它的构造方法里把价格对象 price 作为 IPriceCalculator 的实例传入。这样，价格折扣装饰器装饰的对象就是真实的价格。在构造方式里同时传入的折扣率是 0.8，意味着打八折。然后继续创建满减装饰器对象 moneyOffPrice，在它的构造方法里传入的是价格折扣装饰器 discountPrice、满减的条件和优惠的价格（满 50 减 5）。

同样，做满减计算是在价格折扣装饰器的计算结果基础上进行的。这意味着，当调用满减装饰器的 CalculatPriceValue() 来获取最终价格时，系统会在三个对象中分别调用 CalculatPriceValue() 方法，首先调用的是价格对象运行的结果 100，然后调用的是价格折扣装饰器 discountPrice 在 100 的基础上打八折，计算结果为 80，最后调用的是满减装饰器 moneyOffPrice 对 80 进行满 50 减 5 的运算，并得到最终的结果为 75。最终通过测试，证明这段代码能正确地运行。

🔔**注意**：对于包含领域逻辑的代码，应时刻准备测试。

我们在价格计算中为 CalculatPriceValue() 方法增加了一个 quantity 参数，因为价格优惠策略有时受购买数量因素的影响。如果考虑实际情况，还会有用户的因素，比如用户是不是 VIP 等，这些因素都会影响折扣率。在方法里添加对用户的支持很简单，但是需要在模型中增加对用户等级的支持。

这时会面临一个问题，在给用户对象建模时，关注点到底是什么？用户对象在和不同的对象交互时有不同的关注点。在登录系统时，用户的关注点在于能识别表示身份的账户和密码，在生成账单时，用户的关注点在于影响优惠力度的会员等级。而在送货时，用户对象还表示收货地址和联系方式。而多个关注点则显然不符合单一职责原则，6.3.2 节介绍的限界上下文会解决这个问题。

6.3　整体设计

现在，我们已经了解了组成领域模型的两种基本元素，当然还有其他组成元素（如服务对象、聚合、工厂和仓储等）会在后面的章节中介绍。根据这些基本元素，尝试创建一个初步的模型。在真正的商业开发中，虽然这是一个比较合理的方法，但不是一个很好的实践方法。

使用实体对象和值对象简单堆加的方式建立模型，虽然也有可能创建一个完整的模型，但是会让我们缺少从全局视角和更大的粒度审视需要解决的问题的机会，而这些宏观视角的缺少会使我们很难设计出合理的模型去解决实际问题。

企业应用中的领域问题十分复杂，在面对这些复杂的业务逻辑时，如果不能从整体上对领域模型进行关注点的划分，那么就会陷入业务逻辑组织上的混乱。因此在面对复杂的领域逻辑时，设计人员首先要做的是在整体上对领域逻辑进行划分。

首先回顾一下领域的定义。领域（Domain）是指从事专门的活动或事业的范围、部类、业务及相关的一切，也就是系统的问题空间。领域的范围和大小千差万别，并且存在层次关系。如果你正好身处一家比较正规的公司，那么你所处的部门就是一个领域，同时该公司也是一个领域，你所在部门的领域是该公司领域的一个子集。

在每个领域内部都有它的核心领域（Core Domain），类似于部门的核心职责或公司的核心战略。除了核心领域以外，还有多个用于支撑核心领域的辅助职责。从而形成一个以核心领域为中心的层次划分。核心领域专注于领域模型的核心功能和价值，子领域为核心领域提供基础支撑，并且每个子领域只关注在自己的领域范围内如何支持核心领域，从而形成高内聚的层次划分。设计领域模型时如果没有使用子领域的划分方式，那么就是对模型对象的简单叠加，这样会产生一个庞大且缺少主次的领域模型。

在这种高内聚的划分中，因为关注点不同，因此同样的对象在不同领域中的概念会有些变化。如果没有这种划分，就会让对象的概念在大范围内强行统一，而这种强行统一往往会造成对象概念的混乱，从而使整个模型产生混乱。

本节我们尝试按照合理的步骤，重新审视 iShopping 系统，从整体上重新设计模型。因为有了对领域问题的高内聚的划分，所以才能使系统的领域对象所表示的概念更加清晰、准确。之所以要从实体对象和值对象开始讲，是因为想通过实体对象和值对象，让读者对领域驱动开发有一个感性的理解，这样就能更容易地了解领域驱动设计这个强有力的开发工具。

6.3.1　领域的划分

在熟悉了实体对象和值对象以后，现在需要从整体视角来重新审视 iShopping 的业务逻辑。在这之前，不必过分担心我们的前期工作要推倒重来。首先，重新审视不会完全推倒以前的模型，反而会使以前的模型中的概念更加清晰和完整；其次，多次迭代也是模型设计的必经之路。随着对领域问题和领域驱动设计方法的理解逐步深入，设计者总会发现模型中的不合理之处，然后不断地进行迭代，使领域模型趋于完善。

首先来看一下这个电子商场系统。iShopping 以网上购物为核心开展业务，那么系统的边界就是购物的业务逻辑。在设计模型之前，首先使用领域前景描述模式（Domain Vision Statement），用一段文字清晰地描述即将设计的模型的价值。这可以在开发模型之前就让用户和开发者了解系统使用后带来的商业价值。需要注意的是，这段描述针对的是问题空间而不是解空间，也就是说，阐述的内容是要解决的领域问题，而不是如何实现的。

领域前景的描述如下：

模型能够清晰地展现网上购物的流程，并方便地引导用户完成购物流程。模型能与第三方支付流程集成，并嵌入购物流程中。模型能描述客户的会员等级，并计算与会员等级匹配的优惠政策。模型能够支持用户制定更加灵活的销售政策，以实现用户的竞争优势。模型能够准确地跟踪订单状态和物流状态，提高客户的体验。模型支持灵活的安全框架，能够保障灵活的身份认证形式和购物安全性。

对领域模型的前景描述是开发者和用户共同对软件价值的认可。在开发一个具体项目时这一步很重要。领域模型的前景应该展现领域的核心价值，即所开发软件的核心价值。在实际项目中只有两种价值的方向一致，才能体现出软件的真正价值。就像任正非曾经说过：华为的价值，在于嵌入客户的价值链。

当然，作为用于演示的虚拟项目，这段领域前景的描述仅仅是针对现有 iShopping 系统的既有描述。根据这段描述，可以轻松地设计出 iShopping 的领域模型蓝图，如图 6.13 所示。

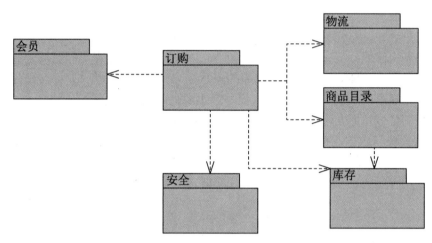

图 6.13　iShopping 的领域模型蓝图

需要注意的是，在领域蓝图中我们已经领域模型按照子领域进行了划分，在图 6.13 中使用包图来描述子领域。软件包的概念虽然和子领域的概念有些类似，但它们是两个不同的概念。领域和子领域没有包含任何解决方案，它们纯粹用于阐述问题空间。而软件包是解决方案，使用软件包图是为了划分子领域的范围，在 6.3.2 节中会介绍领域和子领域的解决方案：限届上下文（Bounded Context）。

在图 6.13 中已经把 iShopping 的领域模型分成了以订购为中心的各种子领域。划分子领域的依据是业务范围。从图 6.13 中可以看出，整个领域模型的核心是订购子领域（Order），它是处理用户订购的核心流程。为了完成订购流程，还需要有商品目录（Commodity Catalog）、库存（Inventory）、会员（Member）和物流（Shipping）等子领域。除此之外还要有一个负责用户身份认证的安全（Security）子领域。

在实际项目中，必须深入地了解业务逻辑，并经过数次迭代后才能得到合理的领域划分。对领域合理的划分会得到高内聚的子领域和它们之间的低耦合关联。这样，包含在子领域中的领域对象的概念就更清晰了。同时，业务逻辑的高内聚也利于设计人员将架构从传统的分层架构或者六边形架构（Hexagonal Architecture）演进成微服务架构（Microservices Architecture），如图 6.14 所示。

微服务架构设计的一个重点就是分解服务，把领域模型进行合理的划分，每个业务高内聚的子领域都可以作为一个单独的服务实例，这为实现微服务架构设计打下了良好的基础。

　　把领域模型划分成粒度更小的子领域有利于设计人员在每个子领域内保持清晰的关注点。同时，子领域是由它的核心领域和辅助领域组成。例如，在物流子领域中，可以将其划分为几个更小的子领域，如物流跟踪、物流路由和地址等。

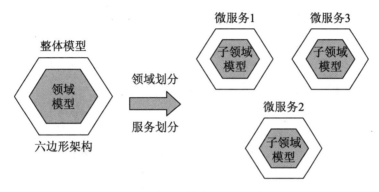

图 6.14　六边形架构演进为微服务架构

　　更小的划分可以更精确地描述关注点。但是太多层次和太小粒度的子领域会为系统集成带来不必要的麻烦，毕竟系统功能的实现需要这些子领域之间进行必不可少的交互，而领域元素在进行跨领域的交互时必然会带来不必要的麻烦。

6.3.2　限界上下文

　　在前面已经提到过，限界上下文是子领域模型的解决方案。在《领域驱动设计》一书中，Evans 使用了细胞作为示例来解释限界上下文，这是一个形象和恰当的解释。就像它的名字所暗示的那样，限界上下文像细胞一样有一个边界，在边界内的东西属于这个上下文，而在边界外的东西则不属于这个上下文。同时，就像细胞壁（也就是细胞的边界）允许特定的细胞穿越细胞内外一样，上下文也允许一些特殊的对象穿透边界，只有这样，上下文才可以与其他上下文进行交互。一个完全独立、没有交互的上下文在大部分情况下没有任何意义。

　　限界上下文作为子领域的解决方案，会把子领域的业务逻辑封装在内部，同时会提供实现业务逻辑的完整实现。这意味着除了模型和代码外，数据库模式也包含在上下文的内部。

　　上下文不同于子领域，它们一个是解空间一个是问题空间。在具体设计时，应尽量避免一个上下文跨越多个子领域的情况，最好的方式是限界上下文和子领域一一对应。如图 6.15 所示为已经划分好子领域模型和限界上下文的模型。

　　在该模型中，大部分子领域都是和一个限界上下文保持一一对应的。比较特殊的是物流子领域，它由两个限界上下文来实现，考虑到路径计算服务可能在市面上有成熟的解决方案，因此没必要再进行独立开发。这也是实际开发中经常采用的方法。

当识别出上下文之后，就要考虑上下文的交互了，毕竟上下文之间不可能没有交互而独立存在。6.3.3 节将结合 iShopping 实例介绍限界上下文的几种典型映射方式，以及限界上下文之间的集成方法，毕竟系统要靠整体集成来实现功能。

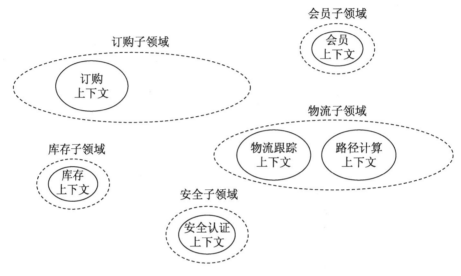

图 6.15　划分了限界上下文的领域模型

6.3.3　限界上下文的映射

限界上下文在实际开发中是应对复制系统和大型系统的有效方法。但是使用限界上下文后也有可能带来系统集成性差的缺陷，主要体现在上下文之间交互困难。而架构风格的选择会影响对限界上下文映射的实现方式。如果选择使用微服务架构风格，毫无疑问 API 是实现交互的首选，因为 API 是服务唯一公开的地方，当然这也意味着必须考虑网络延时、服务不可用等因素对交互的影响。如果使用传统方式，把领域模型部署在一个进程中，交互就会更加灵活、方便。

对于微服务架构风格中使用的 API 方式，因为其上下文都是一个服务实例，交互的 API 就是服务公开的 API，等同于单独的应用程序级别的系统调用，所以实现的方式就是设计微服务的方式。至于怎么定义系统调用级 API 将会在第 8 章中进行介绍。下面我们就从最简单的安全认证上下文和会员上下文开始介绍限界上下文的交互方法，其模型如图 6.16 所示。

会员上下文提供会员管理功能，当会员消费金额达到一定程度时，会员的等级会提升，而会员的等级决定购物时的优惠程度。在会员上下文中，会员对象 Member 是核心类型。对于账户对象和会员对象，在前面的模型中我们统称为用户。

　　安全上下文主要提供安全认证领域的功能，它支持用户在用各种终端登录时进行身份认证和密码管理。账户对象 Account 是模型的核心类型，它标识一个能进行身份认证的账户。对于安全上下文来说，账户对象具有登录账号 LoggingAccount 和密码 Password 属性，用于在登录时进行安全验证。同时账户对象可以承担不同的角色 Role，这样可以在涉及敏感操作时对账户进行授权管理。

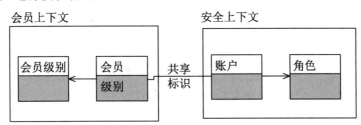

图 6.16　安全认证上下文和会员上下文模型

　　在现实中或对于整个模型来说，会员和账户对象确实是同一个用户对象。但是在不同的上下文中，因为关注点不同，所以对用户对象的关注点有很大的差异。在安全上下文中，关注的是用户的安全认证属性，也就是它的登录账户、密码及角色。

　　在会员上下文中，关注的是用户的会员等级，系统会根据用户的购买记录和消费金额自动调节他的会员级别。账户对象和会员对象在现实中是对象，只是它们在不同的上下文中的关注点不一样，在不同的上下文中分别为用户对象进行建模，可以避免前面碰到的用户对象模型过于臃肿的问题。

　　像这种同一个对象在不同上下文中分别建模的情况在现实开发中会经常遇见。我们可以使用共享标识的方式来实现映射两个上下文的对象。通过让账户对象和会员对象共享一个标识，可以把两个对象绑定在一起，对于这样的同步工作一般放在应用程序层。下面的代码演示了怎么获取会员对象。

```
public class MemberService
    {
    public Member GetMember()
    {
        Account account = loggingService.GetLoggingAccount();
        if(account == null)
        {
            throw new Exception("用户没登录");
        }
        Member member = memberRepository.GetMemberByID(account.ID);
        return member;
    }

    public Member CreateMember()
    {
        Account account = loggingService.GetLoggingAccount();
        if(account == null)
```

```
        {
            throw new Exception("用户没登录");
        }
        Member member = new Members(account.ID);
        memberRepository.Add(member);
    }

    }
```

在以上代码中，会员服务 MemberService 提供了 GetMember()方法，用于获取用户的会员对象 Member。在这个方法中不需要将会员的标识作为参数，而是需要先从登录服务中获取当前的登录账户对象 account，再用 account 对象的 ID 作为参数，并将这个参数传递给会员仓储对象的 GetMemberByID()方法，从而获取和当前登录账户关联的会员对象。CreateMember()方法用来创建新会员，同样也使用了账户对象 accunt 的 ID 作为会员的标识。在读取当前登录用户之后，使用当前登录账户的 ID 作为标识创建和账户关联的会员对象。

当我们在两个限界上下文中分别实现账户对象和会员对象的创建后，在数据库层面使用两个物理数据表来分别存储各自的信息，这样可以实现两个上下文的彻底隔离。事实上，这一点在上面的代码中就已经明确地体现了出来。我们为会员对象和账户对象分别提供了各自的仓储对象，如表 6.1 所示。

表 6.1　Member和Account存储表

ID	LoggingAccount	Pawword	其 余 字 段
...	...	...	...
...	...	...	...

ID	MemberLevel	其 余 字 段	其 余 字 段
...	...	...	...
...	...	...	...

下面来看看有关地址模型的问题。在前面划分的限界上下文中，订单上下文 Order Context 和路径计算上下文 WayRoute Context 都涉及地址。不一样的是，在不同的上下文中，对地址的关注点不一样。

在订单上下文中，地址只是一个简单的记录。当会员生成订单时，需要告诉系统他的收货地址。为了避免每次订购时都要重复输入地址，会员可以存储几个常用地址。当计算订单的运费时，需要路径计算上下文提供的服务。由于订单不需要计算运费，地址对它来说只是一个轻量级的记录数据。但对于路径计算来说，地址则蕴含着丰富的数据支持，同时每个地址对象能够进行运输里程和运费的计算。订单上下文和路径上下文的领域模型如图 6.17 所示。

重新划分限界上下文后，我们调整一下地址结构，不再使用僵硬的"省，市，区，街道"结构,在订单上下文中,地址对象仅承担记录功能,而不需要承担计算的工作,这样我们可以在地址对象代码中使用数据保持器。

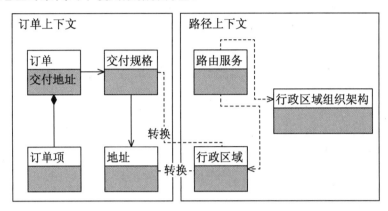

图 6.17　订单上下文和路径上下文模型

在地址结构里使用两个字段分别存储行政区域的名称和街道地址。当需要对地址进行计算时,再把它转换成包含行政区域知识的地址片段对象 Address Segment。地址片段在后面会介绍,现在为了方便从地址结构到地址片段对象的转换,需要在地址结构中增加对地址片段对象标识的存储。地址结构调整后的代码如下:

```
public struct Address
    {
        public string[] SegmentCodes { ... }
        public string SegmentAddress { ... }
        public string StreetAddress { ... }
        public int PostCode { ... }
        public bool IsEmpty { ... }

        public string GetAddressText()
        {
            if(IsEempty) return string.Empty;
            return SegmentAddress +" "+ StreetAddress;
        }
    }
```

把路径计算的方法划分到路径上下文中和定购上下文中后,订单对象的交付地址对象也有了新的含义。会员在选择好商品并生成订单时,必须指定一个交付地址。这个地址可能来自会员对象的信息,也可能是会员新指定的地址。指定地址后,iShopping 的后台会计算出订单的价格,这个价格包含可运输费用。计算运输费用时需要两个地址,一个地址是会员指定的收货地址,另一个地址是系统默认的发货地址,也就是商城的仓库地址。因此,我们在订单上下文中增加一个交付规格对象 DeliverySpecification,来描述订单的发货地址和交付地址。DeliverySpecification 的 From 和 To 属性(Property)分别用来设置发货和收货地址。交付要求的代码如下:

```csharp
// 交付规格
public class DeliverySpecification :ValueObject
{
    private Address m_From;
    private Address m_To;

    private DeliverySpecification()
    {
    }

    public DeliverySpecification(Address from,Address to)
    {
        m_From = from;
        m_To = to;
    }

    // 起始地址
    public Address From {
        get => m_From; private set => m_From = value; }
    // 终止地址
    public Address To {
        get => m_To; private set => m_To = value; }

    // 设置终止地址，并返回一个新的规格对象
    public DeliverySpecification SetToAddress(Address to)
    {
        return new DeliverySpecification(From, to);
    }

    // 创建副本
    public override ValueObject Clone()
    {
        DeliverySpecification delivery = new DeliverySpecification(From, To);
        return delivery;
    }

    // 获取属性的枚举器
    protected override IEnumerable<object> GetPropertyValues()
    {
        yield return From;
        yield return To;
    }
}
```

使用交付要求对象单独定义交付地址，可能会略显过度设计。如果仔细观察市面上的电子商务系统会发现，规模较大的网上商城为了降低物流成本，提高交付效率，都采用了多仓库的运营方式。

使用多仓库的运营方式，在会员指定收货地址以后，iShopping 的后台系统会根据收货地址选择从最近的仓库发货。我们的模型也可以很方便地支持这种多仓库的运营方式。为此，可以在路径上下文中的路径计算类 WayRouteCalcalator 里增加一个 GetNearest Address() 方法，用于计算出在一群地址里距离最近的地址。路径计算调用顺序如图 6.18 所示。

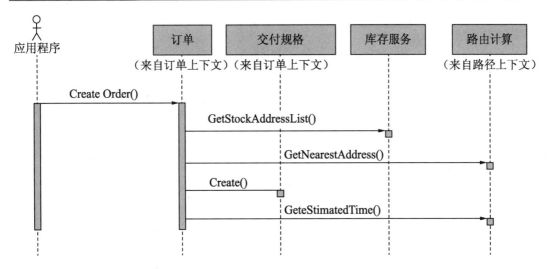

图 6.18　路径计算调用顺序

创建订单 Order 对象后，会调用库存 Stock 服务（在库存上下文中），根据订单里的商品，获取有效的存储仓库的地址列表。然后把收货地址和地址列表传递给线路计算器 WayCalculator 的 GetNearestAddress()方法，从而从地址列表里获取最近的列表。

订单对象会根据返回的地址创建交付要求 DeliverySpecification 对象，然后继续使用以交付要求对象为参数传递给线路计算器中的方法，以获取订单的运费和预计交付时间。在这个流程中，订单和路线计算器之间有过多次交互。这就需要在订单上下文和路径上下文之间提供一个双向转换器。在了解怎么实现双向转换器之前，首先介绍一下路径上下文的具体实现方法。

在前面的章节中，介绍了怎么描述行政区域的组织架构。这是一种很常用的做法，还可以用这个模型去描述一个企业的组织架构。但需要注意的是，行政区域描述的是地址的业务逻辑，它的位置应该在模型的知识级（Knowledge Level），而在路径上下文中，对地址进行计算时需要明确的地址，也就是操作级（Operation Level）。在上下文中，我们添加了地址片段对象 AddressSegment，该对象使用了类似的结构，我们可以把它理解为行政区域组织架构的快照，这为我们在路径上下文中进行路线计算提供了方便。实现代码如下：

```
// 描述一个地址片段
public class AddressSegment : EntityObject
{
    ...
    public AddressSegment Parent { get => m_Parent; }
    public AddressSegment SubSegments { get => m_SubSegments; }

    // 获取地址链中的末端地址
    public AddressSegment GetEndAddressAegment()
    {
        // 检查子节点是否为空
```

```
            if(SubSegments == null)
            {
                // 如果为空则返回当前的地址片段
                return this;
            }
            // 如果不为空，则调用子节点集合获取末端地址
            return SubSegments. GetEndAddressAegment ();
        }

        // 获取地址链中的父节点
        public AddressSegment GetParentAddressAegment()
        {
            // 检查父节点是否为空
            if(Parent== null)
            {
                // 如果为空，则返回当前的地址片段
                return this;
            }
            // 如果不为空，则调用父节点集合获取父节点
            return Parent. GetParentAddressAegment ();
        }

        // 为当前地址片段增加一个子节点
        public void AddSubSegment(AddressSegment segment)
        {
            if(segment == null)
            {
                throw new ArgumentNullException(nameof(segment));
            }
            m_SubSegments = segment;
            segment.m_Parent = this;
        }
    }
```

地址片段对象 AddressSegment 与描述行政区域 RegionalStructure 类型类似，都使用一个 Parent 引用父对象，但是它的子对象 SubSegment 引用了一个单独的对象而不是数组，这样这个子对象就是一个确切的对象而不是一个可能的对象的集合。在地址片段类型里提供了 AddSubSegment()方法，用于为当前地址片段添加子对象。通过对 Parent 和 SubSegment 属性，可以把几个地址片段对象链接成一个完整的地址。例如，可以用类似于下面的代码创建一个"江苏省，南京市，玄武区"的行政区域地址。

```
AddressSegment segmentJiangsu = new AddressSegment("001","江苏省");
AddressSegment segmentNanjing = new AddressSegment("0011", "南京市");
AddressSegment segmentXuanwu = new AddressSegment("00111", "玄武区");

segmentJiangsu.AddSubSegment(segmentNanjing);
segmentNanjing.AddSubSegment(segmentXuanwu);
```

使用这种方式可以创建一个地址片段 segmentXuanwu 对象，当引用这个对象时，其实是引用了一系列的对象链。它们通过 Parent 和 SubSegment 属性链接在一起。在地址片段类型里，可以通过 GetEndAddressAegment()方法来获取最末端的对象，对于 segmentJiangsu

（江苏省）来说就是 segmentXuanwu（玄武区）对象。

同样，在地址片段中也提供了相应的方法 GetParentAddressAegment()，通过该方法可以获取一个地址链的顶端对象。当然，一般情况下不会使用这种方式来创建对象。地址片段对象其实是行政区域组织的一个快照。因此我们在行政区域组织类型里实现创建地址片段的方法。代码如下：

```
// 区域行政组织
public class RegionalStructure : EntityObject
{
    // 获取区域行政组织地址片段的合成对象
    public AddressSegment GetAddressSegment()
    {
        // 如果没有父节点，则直接创建地址片段
        if(Parent == null)
        {
            return  CreateAddressSegment();
        }
        // 获取父节点链
        List<RegionalStructure> parentList
            = new List<RegionalStructure>();
        GetParentList(parentList, this);

        // 创建用于返回根地址的地址片段
        AddressSegment root = null;
        AddressSegment current = null;
        // 遍历父节点链，把它们接入地址片段合成对象中
        foreach (RegionalStructure item in parentList)
        {
            AddressSegment segmentnew = CreateAddressSegment();
            if (root == null)
            {
                root = segmentnew;
            }
            else
            {
                root.AddSubSegment(segmentnew);
                current = segmentnew;
            }
        }
        return root;
    }

    // 获取父节点链
    private void GetParentList(List<RegionalStructure> parentList,
        RegionalStructure addressSegment)
    {
        // 参数检查
        if (parentList == null) throw new Exception();
        if (addressSegment == null) throw new Exception();
        if (addressSegment.Parent == null) return;
        parentList.IndexOf(addressSegment.Parent,0);
        // 递归调用，获取父节点链
```

```
        GetParentList(parentList, addressSegment.Parent);
    }

    // 创建当前对象的地址片段
    private AddressSegment CreateAddressSegment()
    {
        AddressSegment segment = new AddressSegment(this.ID);
        segment.Name = this.Name;
        segment.m_PostCode = this.PostCode;
        return segment;
    }
}
```

在行政区域组织 RegionalStructure 里，调用 GetAddressSegment()方法来实现为当前的对象创建一个地址片段对象链。首先获取当前区域组织的父对象，也就是上级行政区域，然后通过迭代方法 GetParentList()遍历到最顶层的区域组织，最终把行政区域隶属的父对象都添加到集合 parentList 中，最后根据这个集合创建和区域组织架构一致的地址片段的对象链。

在路径上下文中，我们增加了用于路径计算的路径计算器 WayCalculator 类型，这是一个领域服务（Domain Server）。关于领域服务的内容，会在后面的章节中介绍。路径计算器提供了几种路径计算的方法，代码如下：

```
// 路径计算服务
public class WayCalculator
{
    // 获取最近的地址
    public AddressSegment GetNearestAddress(
        AddressSegment sourceAddress, AddressSegment[]targetAddresses)
    {
        // 参数检查
        if (sourceAddress == null
        || targetAddresses == null
        || targetAddresses.Length <= 0)
            return null;
        double distance = double.MaxValue;
        AddressSegment candidateAddress = null;
        // 遍历目标地址，寻找最近的地址
        foreach (AddressSegment segment in targetAddresses)
        {
            double temp = GetDistance(sourceAddress, segment);
            if (temp < distance)
            {
                distance = temp;
                candidateAddress = segment;
            }
        }
        return candidateAddress;
    }

    // 获取快递抵达的时间
    public TimeSpan GetStimatedTime(AddressSegment sourceAddress,
```

```
        AddressSegment targetAddress)
    {...}

    // 获取快递费用
    public double GetTransportCosts(AddressSegment sourceAddress,
        AddressSegment targetAddress)
    {...}

    // 获取快递运输的路径
    public AddressSegment[] GetTransportWays(AddressSegment sourceAddress,
        AddressSegment targetAddress)
    {...}

    // 获取距离
    private double GetDistance(AddressSegment source,AddressSegment target)
    {... }
}
```

路径计算器类中的 GetNearestAddress()方法用于从一群地址中选择一个和目标地址距离最近的地址。方法的实现很简单，只要遍历候选地址的集合即可。在遍历地址集合时调用了另一个方法 GetDistance()。GetDistance()方法有很多种实现方式，实现代码有点长，这里就不给出了。

在源码中使用的是查表法，把所有可能的地址列出并形成一张二维表格。表格中行与列相交的是里程数。这是一种类似于地图册中都会有的里程表。当进行距离计算时，先使用两个地址中的城市片段，在二维表中定位具体城市的位置，然后通过查表方式获取已经预制的里程数。同样的方式也可用于运费计算。使用这种方式，必须在系统运行前先加载二维表。加载二维表的工作是在基础设施层进行。

除了自己实现路径计算以外，更好的方式是使用第三方地图服务商提供的 API（参考 https://lbs.amap.com/api/webservice/guide/api/direction#t9），可以获取更准确的路径计算服务。第三方的地图服务 API 一般在计算路径时使用经度和纬度作为参数，为了使用第三方 API，我们需要在地址片段类型中增加描述经度和纬度的属性作为替代，也可以使用第三方地图服务配套提供的地址的经度、纬度转换的 API。第三方地图服务属于基础设施，我们会在基础实施层中讲解怎么实现调用第三方服务的 API。

通过上面的介绍，我们可以了解订单上下文和路径上下文中"地址"的差异，也看到了在不同的上下文中"地址"的实现模型和代码。在两个上下文中，地址并不能使用共享标识的方式进行简单的替换，而需要进行对象的转换。在两个上下文之间进行对象的转换也是限界上下文常用的映射方式。

使用对象转换的方式，可以在订单上下文需要调用路径上下文的路径计算服务时，把订单上下文使用的"地址"模型通过转换器（Translator）转换成路径上下文的模型，在路径上下文计算完成后，再把计算结果通过转换器转换成订单上下文的"地址"模型。通过这种转换，隔离了两个限界上下文，它们之间不需了解对方的业务逻辑，有效地保证了限界上下文的独立性和稳定性。

在这种集成方式中,转换器需要对要转换的上下文中的领域有所了解,因此转换器不应该存在于任何限界上下文的内部。转换器一般都离调用方比较近,换种说法就是转换器一般都调用上下文的附属元素。因为一般调用都是由订单上下文发起的,或者说在调用时,订单上下文是客户端,而路径上下文是服务器端,所以地址转换器 AddressSegment-Translator 是订单上下文的附属元素。图 6.19 展示了转换器的位置。

图 6.19　转换器的位置

要实现上下文之间的转换器,首先要找到两个上下文的连接点。很明显,订单上下文和路径上下文的连接点在于地址相关对象间的转换,包括交付规格对象 Delivery-Specification 与地址片段对象 AddressSegment,以及地址结构 Address 和地址片段对象之间的转换。通过观察,可以发现这种转换是双向的。根据这些需求,地址转换器的实现代码如下:

```
// 地址转换器
public class AddressSegmentTranslator
{
    // 将交付要求对象转换为地址对象
    public AddressSegment[] ConvertFromSpec(DeliverySpecification specification)
    {
        AddressSegment from = ConvertToSegment(specification.From);
        AddressSegment to = ConvertToSegment(specification.To);
        return new AddressSegment[] { from, to };
    }

    // 将地址对象转换为交付要求对象
    public DeliverySpecification ConvertToSpec(AddressSegment from,
        AddressSegment to,string sreetAddress)
    {
        Address fromAddress = ConvertFormSegment(from, string.Empty);
        Address toAddress = ConvertFormSegment(to, sreetAddress);
        return DeliverySpecification.Create(fromAddress, toAddress);
    }

    // 将地址对象转换为地址片段对象
    public AddressSegment ConvertToSegment(Address address)
    {
    RegionalStructure structure =

    regionalStructureRepository.GetRegionalStructure(address.SegmentCodes);
    return structure.GetAddressSegment() ;
    }

    // 将地址片段对象转换为地址对象
```

```
    public  Address  ConvertFormSegment(AddressSegment  segment,string
streetAddress)
    {
        AddressSegment[] addressLink = segment.GetAddressLink();
        List<string> codes = new List<string>();
        StringBuilder sb = new StringBuilder();
        foreach(AddressSegment item in addressLink)
        {
            codes.Add(item.ID);
            sb.Append(item.Name);
        }
    return Address.Create(codes.ToArray(), sb.ToString(),
        streetAddress, segment.PostCode);
    }
}
```

在地址转换器中分别提供了地址片段到地址结构和交付要求的双向转换方法，这些方法不难理解，但需要注意地址片段到地址结构的转换。

ConvertFormSegment()方法中有一个 streetAddress 参数，是街道地址的属性。这个属性用于记录地址里具体的门牌号。而在路径上下文中，行政区域和地址片段中是没有这个属性的。

路径计算不需要精确到具体的街道地址，因此没有在路径上下文的模型里加入描述具体街道地址的属性，并且在执行地址结构到地址片段的转换时会把这个属性过滤掉，但当执行地址片段到地址结构的转换时，需要把这个属性再补上去。

在实际开发过程中，可以为路径上下文的"地址"对象增加一个街道地址属性。这样在转化过程中无须把街道地址的过滤信息补回来。在不同的限界上下文中，因为关注点不同，所以相同的对象在不同的上下文中需要的属性并不完全一致，在使用转换器集成两个上下文时，需要用类似的方式处理属性的过滤和补回。

实现了地址转换器以后就可以在程序中使用了。下面的代码是订单类型中的一个私有方法，该方法在生成订单时根据指定的收货地址创建一个交付要求对象，并使用这个交付要求对象计算运费。

```
// 计算运输费用
private void CalculatTransportCosts()
{
    // 创建路由服务器
    WayCalculator wayCalculator = new WayCalculator();
    // 创建地址转换器
    AddressSegmentTranslator  segmentTranslator  =  new  AddressSegment
Translator();

    // 转换交付地址到地址片段
    AddressSegment segmentTo =
        segmentTranslator.ConvertToSegment(deliveryAddress);
    // 使用路由服务器获取最近的地址
    AddressSegment segmentFrom =
        wayCalculator.GetNearestAddress(deliveryAddress, targetAddresses);
```

```
    // 把最近的地址合并到交付要求对象中
    DeliverySpecification specification =
            segmentTranslator.ConvertToSpec(segmentFrom, segmentTo,
            deliveryAddress.StreetAddress);
    // 根据交付要求对象计算运输费用
    AddressSegment[] segments =
        segmentTranslator.ConvertFromSpec(specification);
    double cost = wayCalculator.GetTransportCosts(segments);
}
```

从上面的代码中可以看出,订单对象在需要选择仓库和计算运费时,通过地址转换器实现了与路径上下文的映射。限界上下文的映射是为了集成,从而完成系统操作。限界上下文是领域驱动开发的重要工具,使用限界上下文可以保证我们的模型在固定的上下文环境中维持关注点的分离,保持模型的简洁性,从而降低开发难度,同时提升设计质量。而上下文的映射应保持限界上下文边界的稳定和清晰,防止不同的限界上下文互相渗透。

限界上下文的映射方式有很多种,除了上面介绍的两种以外,隔离层(Anticorruption Layer)也是常用的一种方式,尤其是在需要和一个已有的上下文集成的时候。

🔔注意:两个独立的系统集成中最常见也是最简单的数据交互方式是使用中间数据库。但使用这种方式的代价是必须抛弃限界上下文及面向对象设计带来的优势。这种方式最大的隐患在于必须承担数据到对象的转换工作,而转换是否准确则依赖于设计人员对这个外部系统的所有细节是否完全了解,而且一旦发生错误,往往无法测试和排查。

隔离层可以看成是一个更广义的转换器,它可以把来自一个上下文的操作协议和数据转换成另一个上下文可以识别的操作协议和数据,从而在两个上下文之间集成时建立隔离。隔离层是在两个上下文中间建立一个单独的分层,主要由服务和转换器组成,还包括各种门面对象(Facade)和适配器对象(Adapter),用于简化对遗留系统的操作和匹配。使用隔离层实现上下文的集成模型如图 6.20 所示。

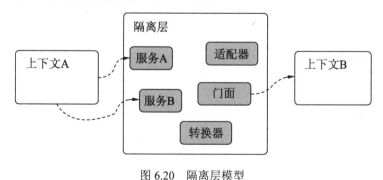

图 6.20 隔离层模型

本书配套的演示项目中没有涉及与第三方系统或者遗留系统进行集成(这里所说的与第三方系统或遗留系统进行集成是指上下文的集成。路径上下文中的路径计算仅仅把第三方地图服务的 API 集成到了基础设施层，而并不是与第三方系统进行集成）。但在实际项目开发中不可避免地会遇到与遗留系统进行集成。这时候使用隔离层是一个很好的选择。关于隔离层的实现，需要考虑两个上下文的差异程度。一般的隔离层实现起来难度也不大。转换器的实现方法在前面已经介绍过，领域服务（Domain Server）对象在后面的章节中会详细介绍。

需要注意的是，隔离层的作用并不是为两个层之间的通信提供基础，而是在两个不同的上下文中间为不同的模型提供操作和协议转换的机制。在这种转换机制中，门面模式和适配器模式承担着重要的作用。门面模式和适配器模式是设计模式中的两种模式，这两种模式承担着不同的作用。

首先介绍门面模式。有的遗留系统的模型使用起来比较复杂或烦琐，为了方便集成或减少因为使用模型而造成的业务逻辑泄漏，一般会为遗留系统提供一个门面对象。通过门面对象可以大幅度简化对遗留系统的调用，如图 6.21 所示。

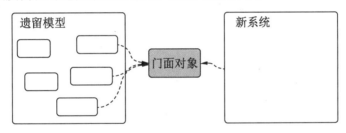

图 6.21　使用门面对象集成遗留模型

使用门面模式后，能让设计人员从对遗留系统复杂的对象调用中解脱出来。他们只要使用门面对象提供的简化接口即可，而复杂的对象调用则被封装在门面对象内部。这里需要注意的是，门面模式并没有改变对遗留系统的调用方式。

和门面模式不同的是，适配器模式完全可以改变对遗留系统的调用方式。首先看一下适配器模式的标准类图，如图 6.22 所示。

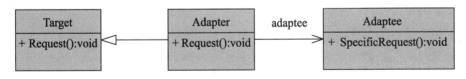

图 6.22　适配器模式

其中，Target 是客户端调用的接口，代表客户端的调用方式，Adaptee 是被适配的对象，也就是第三方系统，两者使用不同的操作协议。而 Adapter 就是统一两个不同协议的对象，它集成于 Target。在重写的 Request()方法里封装了对被适配对象（Adaptee）的调用协议，实现了从 Target 协议到 Adaptee 协议的转换过程。

使用门面和适配器两种模式与转换器对象进行组合，可以实现复杂的限界上下文映射。虽然在设计 iShopping 系统时不需要集成遗留的领域模型，但是这种情况在实际项目设计中会经常遇到。

6.4　聚　　合

限界上下文是领域驱动设计中极其重要的工具。划分好限界上下文后，就可以开始实现各个限界上下文了。毫无疑问，订单上下文是 iShopping 的核心子领域，但是在实现订单上下文前，需要先实现库存上下文和会员上下文，这两个上下文是支撑上下文。有了这些支撑上下文，订单上下文才能开始工作。

在领域驱动设计中，上下文是由多种元素组成的。除了在前面的章节中已经介绍过的实体对象（Entity Object）和值对象（Value Object）以外，还有聚合对象（Aggregation Object）、仓储对象（Repository）、领域服务（Domain Server）和领域事件（Domain Event）等。在实现上下文的过程中，笔者将会结合实现的过程分别介绍这些对象和实现方法。在开始实现上下文以前，先了解一下聚合，它在领取驱动设计中极其重要，也是实现限界上下文的基础。

6.4.1　聚合对象

聚合对象从概念上理解很简单，指因为某些规则而聚合在一起的对象，而这些对象之所以聚合在一起，是因为一致性的约束。如果违背了这些约束就不符合业务逻辑。这些对象聚合在一起以一个整体方式来呈现。现实生活中存在大量的聚合对象，例如我们经常使用的计算机和手机都是聚合对象。下面就以手机为例来介绍聚合对象概念。

手机中提供了各种操作接口。我们可以利用手机提供的接口完成诸如打电话、浏览网页、发送 E-mail 等操作。当手机实现这些功能时它必须依赖于组装在内部的各个系统和组件，如图 6.23 所示。

把手机整体作为一个根对象（Root），其内部的零件聚合在根对象上共同组成一个完整的手机。手机的内部有多达数千个组件，这是一个庞大的聚合对象。但是并不意味着任何零件都可以添加到手机内部。手机内部包含哪些组件是由手机的整体性能决定的。这些规则形成一个边界，边界内的元素属于手机的一部分，而边界外的元素则不属于手机。

软件模型中的聚合和手机类似。首先要有一个聚合的根，也就是根对象。这个对象是实体对象，通过聚合对象执行操作时需要用标识来区分具体的对象。

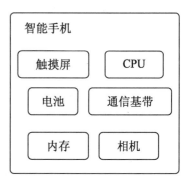

图 6.23　手机内部硬件示意图

同时，聚合对象必须有明确的边界。聚合的边界理解起来很简单，但在实践的过程中设计一个合理的边界不是件容易的事。在实际开发中，我们可以很轻松地设计一个聚合对象和它的边界。这时设计出来的聚合对象和边界有可能不合理。而不合理的聚合对象和边界会对系统的稳定性和性能带来巨大的影响。在后面的实践中会具体讨论聚合边界的设计原则。

根对象可以聚合实体对象和值对象，也可以聚合其他的聚合对象。值对象比较好理解，因为它具有可替换性，这意味着我们可以任意替换内部的值对象。就像手机中的某一个零件坏了，只要到维修点替换一个新的就可以了。

需要注意的是实体对象。聚合内部的实体对象和正常的实体对象一样，也需要维持一个标识，但是它的标识无须全局唯一，只要在聚合内部保持唯一就可以，这样可以大大简化对标识的管理。实体对象的标识需要在聚合内部保持唯一的原因是它的另一个特性：对聚合对象的操作方法必须由根对象提供。除了根对象以外，内部对象不能被外部引用。

聚合对象的这些约束一方面可以帮我们更有效地实现和利用好聚合对象，另一方面可以从侧面检验聚合边界的设计是否合理。如果一个内部的实体对象必须要做全局的标识，那么它就不应该被包含在聚合对象内部。如果一个操作必须由内部的实体对象发起，那么它也不是这个聚合对象的一部分。

聚合是实现限界上下文的重要元素，上下文中的很多元素都对聚合对象有支撑。可以说，限界上下文的实现就是围绕着聚合对象展开的。下面介绍使用聚合实现限界上下文的方法。

6.4.2 使用聚合对象实现限界上下文

库存上下文关注的是库存管理领域。先设想一下 iShopping 的库存管理是怎么运营的。

我们决定使用多仓库的运行模式。这可能会在全国设置多个存储仓库。随着业务的扩展，还会随时增加仓库的数量。每个仓库存储的库存物品（商品）的种类和库存数量可能不一样。用户生成订单以后，仓库就会把订购的库存物品（商品）锁定（当然只是锁定订购的数量）。用户付款以后，订购的库存物品（商品）将进入发货区。在每天固定的时间段内物流部门都会到仓库区拉货。仓库不仅记录着每种库存物品（商品）的库存数，而且可以查看每种商品的可出库（销售）数量。

🔔注意：这里使用了"库存物品（商品）"，因为在库存上下文中没有商品的说法，只有库存物品的说法。同样，在库存上下文中也不存在订购的说法。而仓库只有"出库"和"入库"的说法，这时可以用"预定出库"的名称代替"订购"。

使用这些库存的"行话"能帮助设计人员更清晰地设计库存上下文的模型。而类似于"商品"和"订购"之类的词则会把其他子领域的概念带到库存领域，从而造成概念混淆。

例如，我们在 iShopping 中浏览商品时，会看到每个商品都有库存数量。而对于库存上下文来说，库存数量的说法太笼统了。它其实由两个数据组成，即准备发货的数量和仓库存储的数量。可供销售的数量应该是这两个数据之差。再进一步考虑实际情况，存库存储的数量是由库存物品可出库的数量和需要维修的数量及已经损坏的数量组成。而页面上显示的库存数量是按照库存的业务逻辑计算出的可以出库的数量，如图 6.24 所示。

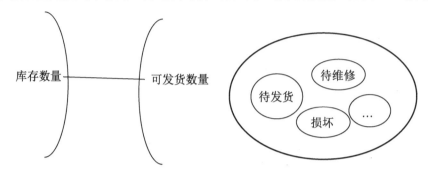

图 6.24　库存和可发货数量模型

注意：使用限界上下文时一定要从本领域考虑问题，并且尽量避免混入其他业务逻辑。

根据上述描述，可以初步设计库存限界上下文的模型，如图 6.25 所示。

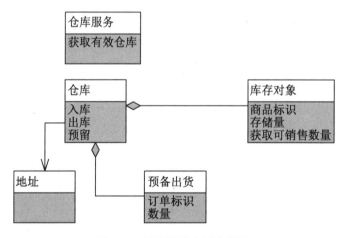

图 6.25　库存限界上下文模型

我们在模型中创建了一个仓库对象 Storehouse，代表现实存在的仓库，仓库对象中包含地址属性和几个仓库管理的接口方法。库存对象 MerchandiseInventory 表示物品在仓库中的存储数量。预备出库对象 PrepareRemoval 表示订购完准备出库的物品和数量。

库存计算服务 InventoryCalculatService 用于计算和查找哪些仓库能提供出库的物品。库存计算服务是一个领域服务对象（Domain Server），领域服务也是领域模型的一部分。

了解了库存限界上下文的主要模型对象后，下一步就是识别其中的聚合根对象和它的边界。聚合根对象可以很容易地被识别出来。仓库对象是一个聚合根对象，它和其他对象聚合成一个仓库整体。

仓库聚合的边界在哪里？这个也不难定义。作为一个仓库整体，它包括存放的物品和预备发货的物品。这样我们就可以圈定出仓库的聚合概念的边界。这个聚合包含仓库中存储的货物和待发的货物。仓库是根对象，由仓库对象提供入库、出库及预备出库操作的接口，如图 6.26 所示。

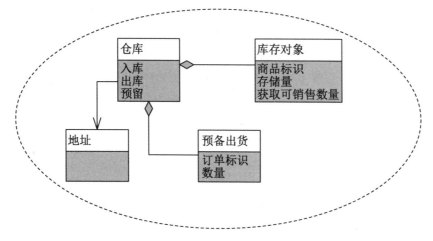

图 6.26　仓库聚合模型

直观来看，这并不是一个很大的聚合。在设计聚合时有一个原则是尽量使用小聚合。前面提到过，对象操作完成后，需要把对象的数据保存在数据库中。提供这种保存操作接口的是仓储对象。聚合对象具有内在的一致性要求，存储聚合对象时不能违背一致性原则，这就要求只能为聚合对象提供一个仓储对象，并且储存时必须在一个事务单元中完成。例如，发货时从仓库对象中调用发货的接口方法，预备出库对象和库存对象的数据都会改变，因此需要修改两个表的数据。如果这两张表不在一个事务单元中，则可能造成库存数量混乱。

现在假设已经有了仓库聚合的仓库对象，并且提供类似于下面的接口：

```
public interface IStorehouseRepository
{
    // 获取仓库对象
    Storehouse GetObjectOfID(string id);
    // 添加仓库对象
    void AddObject(Storehouse storehouse);
    // 更新仓库对象
    void UpdateObject(Storehouse storehouse);
}
```

定义了库存聚合的仓储接口以后，还要为聚合根对象定义一个接口，这个接口是一个标记接口，接口里并没有定义方法，该接口用于标记实现类里属于聚合的根对象。接口的定义如下：

```
//定义聚合对象的根对象
public interface IAggregationRoot
{
}
```

接下来实现聚合根对象。仓库是聚合的根对象，那么它也是一个实体对象。在聚合对象的内部保存了它对其他聚合对象的引用。仓库聚合的实现代码如下：

```
// 仓库对象
public class Storehouse : EntityObject, IAggregationRoot
{
    private List< Cargo > m_InventorsList = new List< Cargo >();
    private List<PrepareRemoval> m_PrepareRemovalList =new List<Prepare
Removal>();
    private Address m_Address = Address.Empty;

    public Storehouse(string id) : base(id)
    {
    }

    // 入库
    public void PutInStorage(string cargoID, int quantity) {... }
    // 出库
    public void RemoveFromStorage(string cargoID, int quantity) {... }
    // 预留发货
    public void Reservation(string reservationID, string cargoID, int
quantity) { ... }
    }
}
// 获取对象
public class Cargo
{
    ...
}
// 发货预留对象
public class PrepareRemoval
{
    ...
}
```

上面的代码简单定义了仓库聚合的根对象和内部对象，在聚合根仓库类型里，定义了几个常用的仓库管理的接口方法。代码很简单，但这样的仓库聚合存在很多隐患。

首先，作为聚合对象，每次修改仓库中某种商品的库存数量时，必须把整个仓库存放的物品数据一起加载到内存中，对服务器的内存造成了很大的压力，并且这种压力随着仓库里货物的增加而增加。

其次是聚合对象的并发控制问题。我们看一下预定发货方法 Reservation。在预定发货时，先会创建一个预定发货对象 PrepareRemoval，然后把它添加到仓库的预定发货集合

m_PrepareRemovalList 中。

考虑一下 iShopping 在面对众多用户的情况。每个用户生成订单时都会从仓库对象中发起操作，也就是说仓库对象必须认真应对高并发带来的问题。如果在实现时使用悲观并发（Pessimistic Concurrency），一个用户生成订单后会锁定仓库对象，第二个用户想要生成订单只能等待，而系统的效率会消耗在等待中。显然这种并发性是用户无法接受的。

若使用乐观并发（Optimistic Concurrency），当第一个用户生成订单时，如果第二个用户也获取了同样的仓库聚合对象，那么在第一个用户生成订单以后，仓库聚合对象已经被改变了，这时第二个用户尝试保存也会被拒绝。

虽然性能问题和并发性问题不应该是考虑聚合边界的出发点，这些问题可以通过延时加载等方式解决，但是这些问题值得我们从两个方面反思。一方面，即使我们能解决性能和并发性问题，但是必须付出很多资源，而付出这些资源值吗？另一方面，为什么使用聚合会带来这些问题？换句话说，为什么从仓库预定一些货物需要修改整个仓库呢？这两方面其实反映的是同一个问题，即用来定义仓库聚合对象边界的一致性到底是什么？

让我们再回头看看仓库上下文，重新验证决定仓库聚合边界的一致性是否合理。首先来看一张仓库示意图，如图 6.27 所示。

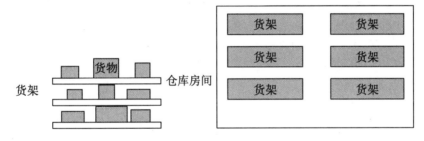

图 6.27　仓库示意图

首先考虑一下仓库和货物的关系。我们知道，聚合对象有一致性约束。那么仓库和货物之间有没有这种约束呢？其实没有。从图 6.27 中可以看出，仓库只是提供存储的地方，而物品是可以在仓库中任意摆放的。也就是说，在仓库里增加和减少货物是不会破坏仓库的，货物和仓库无关。

即使我们增加库位，但它也仅仅只能提供存放货物的能力，和存放什么货物无关。当把仓库和货物分离后就会清晰地看到，在库存管理中对货物有一条一致性约束，即必须保持货物数量的一致。也就是说，在预定发货时增加了预订发货数量，必然会减少可发货的数量。这也是我们使用事务单元的目的，而一致性是属于货物的概念，和仓库没有关系。

在厘清这些关系后，我们重新尝试对聚合的设计。首先，仓库对象仍然是一个聚合。其次，对于货物的聚合，使用数量的一致性约束来确定它的边界。新的仓库聚合模型如图 6.28 所示。

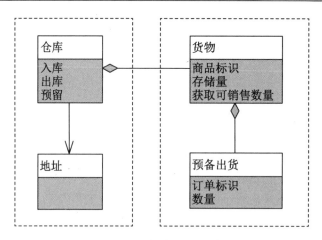

图 6.28　新的仓库聚合模型

　　调整后的模型中取消了预备出货与仓库的关联,而是把它作为货物聚合的一部分。货物对象作为这个聚合的根对象,负责保持库存数量的一致性。也就是说,要在货物对象类型中提供修改数量的接口方法。同时获取对象作为聚合的根,保持对预备出库对象的引用。货物对象的实现代码如下:

```
// 货物模型
public class Cargo : EntityObject
{
    private int m_Quantity = 0;
    private List<PrepareRemoval> m_LockedQuantityList = new List<Prepare
Removal>();

    public Cargo(string cargoID) :base(cargoID)
    {
    }
    // 获取有效的数量
    public int GetEffectiveQuantity()
    {
        int reservation = 0;
        foreach (PrepareRemoval prepare in m_LockedQuantityList)
        {
            reservation += prepare.Quantity;
        }
        return m_Quantity - reservation;
    }


    // 增加货物数量
    public void AddQuantity(int addedQuantity)
    {
        if(addedQuantity <= 0)
        {
            throw new ArgumentException("增加数量必须大于 0");
        }
        m_Quantity += addedQuantity;
    }
```

```
    // 锁定部分货物
    public void LockQuantity(string reservationID, int quantity)
    {
        if((GetEffectiveQuantity() - quantity)<0)
        {
            throw new Exception("库存数量不足");
        }
        PrepareRemoval prepareRemoval = new PrepareRemoval(reservationID,
quantity);
        m_ LockedQuantityList.Add(prepareRemoval);
    }

    // 移除部分货物
    public void RemoveLockedQuantity(string reservationID)
    {
        PrepareRemoval prepareFind = null;
        // 遍历锁定的货物
        foreach (PrepareRemoval prepare in m_ LockedQuantityList)
        {
            if (prepare.ReservationID.Equals(reservationID))
            {
                prepareFind = prepare;
                break;
            }
        }
        // 如果在锁定的货物中没有匹配的项，则表示异常
        if(prepareFind == null)
        {
            throw new Exception("内部错误");
        }
        if ((GetEffectiveQuantity() - prepareFind.Quantity) < 0)
        {
            throw new Exception("内部错误");
        }
        // 从锁定的货物列表中移除
        m_ LockedQuantityList.Remove(prepareFind);
        m_Quantity -= prepareFind.Quantity;
    }
}
```

在上述实现代码中，货物对象作为聚合对象的根对象一定是实体对象。在货物类型里提供了几个用于货物数量的操作接口方法。GetEffectiveQuantity()方法用于获取有效的数量，也就是可以发货的数量。该方法的实现很简单，就是实际的数量减去锁定的数量。

锁定的货物就是前面所说预备出库的货物，在代码里就是前面已经实现的预备出库对象 PrepareRemoval。如果使用 IDE 编程的话，可以很方便地把类型名重构成 LockedCargo。而增加货物数量的方法 AddQuantity()主要用于计算库存货物的增加。

至于我们最关心的商品订购和出库，在货物类型里提供了两个方法，分别是 LockQuantity()和 RemoveLockedQuantity()。从方法签名中可以看出这两个方法分别用于锁定一定数量的货物和移除被锁定的货物。

用户生成订单后，应用程序层会调用货物的 LockQuantity()方法。在 LockQuantity()方法里并没有对货物的数量进行修改，而只是锁定了一部分数量的货物。锁定某个货物用 PrepareRemoval，其中包含记录锁定的货物 ID 和锁定的对象，它是一个值对象。

LockQuantity()方法里新增加了一个 PrepareRemoval 对象，并把它添加在货物对象 Cargo 的 m_LockedQuantityList 集合里，这个集合记录了被锁定货物的集合。但此时货物的库存数量并没有改变，只是通过计算出来的可发货数量减少了。

生成发货单后，每个货物都需要通过扫描进行登记，此时会调用 RemoveLockedQuantity()方法。该方法首先会按订单编号检索到锁定的货物对象，然后从集合中移除这个对象。然后再修改货物的库存量，因为货物已经被移出了仓库。这是一个事务单元，如果这两步不能同时完成的话，意味着库存计算发生错误。

接下来解决同步问题。首先看一下用户存储货物数据的数据库，如图 6.29 所示。

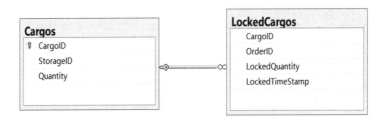

图 6.29　存储货物数据的数据库

对应货物聚合中的两个对象，数据库中使用两个表分别用于存储货物对象和锁定货物对象。表 Cargos 用于存储货物对象，表中的 CargoID 字段是主键，用于存储货物对象的标识，Quantity 字段用于存储库存数量，StorageID 字段用于和仓库关联。

LockedCargos 表用于存储被锁定的货物。Cargos 表和 LockedCargos 表使用外键约束，这样在存储数据时，货物和被锁定的货物就建立了一种外键约束。当然这种约束只能提供一种关系上的约束，比如不能在没有货物 ID 的情况下存储被锁定的货物数据。

同样，在还有被锁定货物数据的情况下不允许直接删除货物数据。这种约束不同于要解决的库存数据的一致性。为了保持库存数据的一致性，可以使用数据库的存储过程或触发器（Trigger）来实现。但是不建议使用这种方式，因为这样会把本来应该封装到领域模型中的业务逻辑渗透到数据库中。

注意：不要使用存储过程和触发器实现业务逻辑。

现在重新观察一下产生订单和发货时两个数据表的工作方式。这时仍然面临并发的问题，但是需要锁定的仅仅是某一个货物而不是整个仓库。更小的锁定意味着并发性和效率会有很大的提升。毕竟一个仓库里有大量的货物，如果把货物加入仓库聚合，则每次更改库存时都需要把整个仓库的货物都加载到内存中。使用较小的对象，事务的成功率要高出很多。

通过这个实例可以看出，使用想当然的方式创建的聚合会为后续的设计带来很大的麻烦。在设计聚合对象的边界时，必须认真考虑聚合的一致性到底是什么。在实际开发中，大部分的一致性约束并不难找到，但是需要我们在限界上下文的环境中仔细思考。

🔔**注意**：*不要根据对象的关联创建聚合，而是要找到领域对象的数据一致性来创建聚合，并根据一致性确定聚合的边界。*

6.4.3　聚合对象之间的导航

在上面的模型中，通过迭代重新设计了库存上下文中的聚合，最终把一个大聚合重新设计为两个聚合，即仓库聚合和货物聚合。有时在两个聚合之间存在一个紧密关系，比如仓库提供的入库和出库方法的实现都需要货物对象。这种关系的存在并不是因为有一致性的需求，而是因为对象树的关系，进而需要一种方式能够提供对象间的导航。就像仓库，在实现入库的方法时需要导航或定位到具体的货物对象，而货物对象也需要知道它存储在哪个数据库中。

这种导航的需求一般来源于对象的协同操作或查询。例如，我们要为仓库对象提供入库和出库等接口方法，除此之外还需要查询某个仓库等待出库的货物集合，这时需要仓库对象到货物锁定对象之间的导航。下面分两种情况实现对象之间的导航。

首先实现仓库对象到货物对象之间的导航，这里只给出针对预备出库和发货的两个方法的实现过程。入库的方法相对更简单一些。从仓库对象到货物对象的导航，常用的方法有两种。

看第一种，这种方法是在仓库的聚合对象里直接查找需要的货物，这意味着在仓库聚合对象里的方法实现中使用的是仓库对象。仓库对象涉及库存管理的方法签名，在仓库的预定出库和发货方法里并不需要传入货物对象，而只要传入货物对象的标识就可以。仓库对象涉及库存管理的方法签名代码如下：

```
// 仓库模型
public class Storehouse : EntityObject
{
    // 预留货物
    public void Reservation(string reservationID, string cargoID, int quantity){}
    // 移除货物
    public void RemovalCargo(string reservationID, string cargoID, int quantity){}
}
```

对于货物对象而言，必须在它的仓储对象的接口提供按仓库编号和货物编号查询的方法。货物仓储的接口定义如下：

```
// 货物仓储对象
public interface ICargoRepository
```

```
    {
        ...
    // 获取货物对象
    Cargo GetObjectOfID(string id,string storeHouseID);
        ...
    }
```

在定义好接口以后，就可以实现仓库的 Reservation()和 RemovalCargo()方法。代码如下：

```
// 仓库模型
public class Storehouse : EntityObject
{
    // 预留货物
    public void Reservation(string reservationID, string cargoID, int
quantity)
    {
        ICargoRepository cargoRepository = null;
        // 从货物仓库获取货物
        Cargo cargo = cargoRepository.GetObjectOfID(cargoID, ID);
        // 如果货物空，则发生异常
        if(cargo == null)
        {
            throw new Exception("内部计算错误");
        }
        // 预留货物
        cargo.Reservation(reservationID,quantity);
        // 更新货物对象
        cargoRepository.UpdateObject(cargo);
    }
    // 移除货物
    public void RemovalCargo(string reservationID, string cargoID)
    {
        ICargoRepository cargoRepository = null;
        Cargo cargo = cargoRepository.GetObjectOfID(cargoID, ID);
        if (cargo == null)
        {
            throw new Exception("内部计算错误");
        }
        // 移除货物
        cargo.RemoveReservation(reservationID);
        cargoRepository.UpdateObject(cargo);
    }
}
```

在上述代码中，仓库聚合对象的内部使用仓储对象实现了对象的导航。代码很简单，但很多人建议不要在聚合对象的方法里使用仓储对象。这可能是担心领域模型对基础设施层的依赖。在前面的章节中讲过，仓储对象不应该看作基础设施，它的一部分虽然是在基础设施层实现的，但是它其实分为接口和实现类两部分。其中，接口其实是领域模型的一部分，定义怎么获取领域模型中的对象。尤其是在分层模式中，使用依赖倒置（Dependence

Inversion Principle）后，避免了领域模型层对基础设施层的依赖。

　　当然，也可以把对象导航的代码放在应用程序层，在该层获取所有需要的对象，再把这些对象作为参数传入需要导航的聚合对象的方法中。下面仍然以仓库对象的两个方法为例进行讲解，看看怎样在应用程序层中实现聚合对象之间的导航。在此之前需要先修改仓库对象对应方法的签名。代码如下：

```
// 预留货物
public void Reservation(string reservationID, Cargo cargo, int quantity)
{
    ...
    cargo.Reservation(reservationID,quantity);
}
// 移除货物
public void RemovalCargo(string reservationID, Cargo cargo)
{
    ...
    cargo.RemoveReservation(reservationID);
}
```

　　在新的方法里不需要用仓储对象获取货物对象，而需要把货物对象作为方法的参数直接传入，这就需要在应用程序层里实现查询货物对象的方法。使用应用服务的代码如下：

```
// 仓库应用服务
public class StorehouseService
{
    // 预留货物
    public void Reservation(string reservationID,
        string storeHouseID, string cargoID, int quantity)
    {
        IStorehouseRepository storehouseRepository = null;
        ICargoRepository cargoRepository = null;
        Storehouse storehouse = storehouseRepository.GetObjectOfID
(storeHouseID);
        if(storeHouseID == null)
        {
            throw new Exception("仓库不存在");
        }
        Cargo cargo = cargoRepository.GetObjectOfID(cargoID,storeHouseID);
        if (cargo == null)
        {
            throw new Exception("内部计算错误");
        }
        storehouse.Reservation(reservationID, cargo, quantity);
        cargoRepository.UpdateObject(cargo);
    }
    // 移除预留货物（发货）
    public void RemovalCargo(string reservationID,
        string storeHouseID, string cargoID, int quantity)
```

```
    {
        IStorehouseRepository storehouseRepository = null;
        ICargoRepository cargoRepository = null;
        Storehouse storehouse = storehouseRepository.GetObjectOfID
(storeHouseID);
        if (storeHouseID == null)
        {
            throw new Exception("仓库不存在");
        }
        Cargo cargo = cargoRepository.GetObjectOfID(cargoID, storeHouseID);
        if (cargo == null)
        {
            throw new Exception("内部计算错误");
        }
        storehouse.RemovalCargo(reservationID, cargo);
        cargoRepository.UpdateObject(cargo);
    }
}
```

在这种方式中，应用程序层通过仓储对象来获取聚合对象，然后合理地调用各个聚合对象的方法以实现系统的功能。这种方式虽然避免了在聚合对象里使用仓储对象，但是存在隐患。如果调用聚合对象的方式或步骤存在流程上的约束，那么这种约束很有可能是业务逻辑的一部分。如果是这种情况，应避免使用调用聚合对象的方式，以防止在应用程序层泄漏业务逻辑。

实现了对象的导航后，再来看第二个问题，即仓库对象需要查询预备发货的货物数量。这意味着需要提供按仓库 ID 和货物 ID 查询锁定货物的方法。

在实际开发中这一类需求很常见，主要体现在查询需求不需要对对象进行修改。对于这类需求，可以采用命令查询职责分离模式（CQRS）。CQRS 模式强调查询和命令分开，这样可以为查询提供一个安全的接口方法。这要求在设计时应尽量避免显式地使用仓储对象，尤其是带有修改对象接口方法的仓储对象。一方面我们可以使用领域服务封装对仓储对象的调用，另一方面在查询条件比较复杂时，可以单独提供一个用于查询的仓储对象接口。

为了应对从仓库发起的预备发货查询，可以修改货物仓储对象，并增加查询的接口方法。代码如下：

```
// 货物仓储
public interface ICargoRepository
{
    // 获取锁定的货物
    LockedCagro[] GetLockedCagros(string storeHouseID);

    // 获取锁定的货物
    LockedCagro[] GetLockedCagros(string reservationID, string
storeHouseID);
    ...
}
```

在接口中通过方法重载提供了两种方法签名，其中，reservationID 参数用于查询每一个订单的预备发货对象。这两种方法用于库存上下文和物流上下文的映射。定义好仓库对象以后，最好的方式是使用领域服务把对仓储对象的调用封装起来，这样就可以避免在领域模型里显式地调用仓储对象了。代码如下：

```
// 锁定货物查询服务
public class LockedCagroQueryService
{
    // 获取锁定的货物
    public LockedCagro[] GetLockedCagros(
        string reservationID, string storeHouseID)
    {
        ICargoRepository cargoRepository = null;
        return cargoRepository.GetLockedCagros(reservationID, storeHouseID);
    }
    // 获取锁定的货物
    public LockedCagro[] GetLockedCagros(string storeHouseID)
    {
        ICargoRepository cargoRepository = null;
        return cargoRepository.GetLockedCagros(storeHouseID);
    }
}
```

仓库聚合查询的需求大部分集中在对货物存储量的查询上。为了更好地支持查询，我们引入了一个货物需求类型，用于表示订单生成或者在最近的有效仓库中要查询的货物和数量。类型的定义如下：

```
// 货物需求类型
public struct CargoRequest
{
    private string m_CargoID;
    private int m_Quantity;

    public CargoRequest(string cargoID,int quantity)
    {
        m_CargoID = cargoID;
        m_Quantity = quantity;
    }

    public string CargoID { get => m_CargoID;  }
    public int Quantity { get => m_Quantity; }

}
```

这个类型很简单，是一个标准的数据迁移对象，因此选择用结构来实现。CargoID 和 Quantity 分别表示需求货物的 ID 和需求的数量。定义好货物需求以后，就可以在查询仓库是否有足够的货物时使用这个结构作为参数。

6.4.4 聚合内部对象的实现和引用

上节的示例代码实现了从仓库对象获取等待发货对象 LockedCagro 的方法，这其实并不是一个好的编程示例。我们设想一下，客户代码在获取等待发货对象以后，如果修改里面的数量属性 Quantity 会有什么后果？答案是，会完全破坏货物数量的一致性约束。这说明使用聚合有另外一个约束，即不要在聚合边界外保持对聚合内部对象的引用，在外部只能引用聚合的根对象。

在边界外部引用聚合内部的对象以后是可以修改这个对象的，但会破坏聚合的一致性约束。我们知道，聚合根是实体对象，但是它的内部对象可以是实体对象，也可以是值对象。值对象具有不变性和可替换性。如果是外部对象引用了聚合内部的值对象，一般情况下是不会对聚合造成伤害的，前提是所设计的值对象没有修改内部数据的接口。

对于聚合内部的实体对象而言，我们就要谨慎考虑了。一方面，该对象不可以被外部引用，另一方面，该对象是不是必须是实体对象。在实际设计中，应尽量避免在聚合内部使用实体对象，除非有理由。而且就算有，这些理由往往也经不起推敲。因此，应该尝试用值对象实现大部分的聚合内部对象。

注意： 在领域驱动设计中，应尽量使用值对象实现模型，这是简化系统设计的一种行之有效的方法。

以锁定的货物对象 LockedCargo 为例，乍一看锁定的货物应该是实体对象，因为要区分出它隶属于哪个预定 ID 和货物 ID。预定 ID 和货物 ID 的组合可以作为预定货物的标识。但是仔细分析就会发现，在用户生成订单时即创建了锁定的货物对象，而到发货后销毁锁定的货物对象，在此期间锁定的货物对象的属性不会发生改变，即使用户取消了订单，也仅仅是把锁定的货物对象删除而已。锁定的货物对象其实并不是实体对象，而是值对象。在前面的代码中，标识其实是查询时的匹配条件，从这一点可以确认锁定的货物对象可以用值对象来实现。

类似于锁定的货物对象这样的值对象，在实现时应该避免提供修改内部属性的方法。值对象需要修改时，可以直接创建一个新的对象代替它。如果出于绝对的安全因素考虑（即使没有修改的接口，客户端也可以使用反射（reflection）来直接修改内部属性），应该为值对象提供一个创建副本的方法，在外部引用聚合内部值对象时，可以通过这个方法返回一个副本，从而彻底与原对象隔离。代码如下：

```
//锁定的货物模型（值对象）
public class LockedCagro : IValueObject
{
    private string m_ReservationID = string.Empty;
    private string m_StroehouseID = string.Empty;
    private int m_Quantity = 0;
```

```csharp
    public LockedCagro(string reservationID, string stroehouseID, int
quantity)
    {
        m_ReservationID = reservationID;
        m_StroehouseID = stroehouseID;
        m_Quantity = quantity;
    }

    // 获取预留 ID
    public string ReservationID { get => m_ReservationID; }
    // 获取仓储 ID
    public string StroehouseID { get => m_StroehouseID;}
    // 获取锁定数量
    public int Quantity { get => m_Quantity;  }

    // 创建一个副本
    public IValueObject Clone()
    {
        LockedCagro locked = new LockedCagro(ReservationID, StroehouseID,
Quantity);
        return locked;
    }
}
// 仓库模型
public class Storehouse : EntityObject
{
    // 获取锁定货物
    public LockedCagro[] GetLockedCagros()
    {
        // 从仓储对象中获取指定仓库中的所有锁定货物
        ICargoRepository cargoRepository = null;
        LockedCagro[] lockedCagros = cargoRepository.GetLockedCagros(ID);
        List<LockedCagro> result = new List<LockedCagro>();
        // 遍历集合，创建副本并将其添加到返回集合中
        foreach(LockedCagro item in lockedCagros)
        {
            result.Add(item.Clone() as LockedCagro);
        }
        return result.ToArray();
    }
}
```

6.5　领域服务对象

在领域模型设计中，有时需要添加一些方法，而这些方法却不隶属于任何实体对象或值对象，如前面碰到的订单上下文中用于地址类型转换的地址转换器。在实现地址转换器方法时，没有把转换的方法放在 Address 结构或 AddressStagement 类中，而是使用了一个单独的类型。因为地址转换器方法提供了两种类型转换方式，放在哪个类型中都不合适。

在领域模型中还有很多类似的方法，这些方法不隶属于某个具体的实体对象，它们可以通过领域服务来实现。

6.5.1　领域服务

和实体对象及值对象来源于名称不同，领域服务代表一组动作，而这些动作一般涉及几个实体对象或值对象。这些动作一般是对象的转换或执行的流程，因此很难把这些动作归于某个对象。可以引入一个新的元素为这些动作建模，这个元素就是领域服务。

如果没有领域服务为这些动作建模，则可以使用结构化编程的方式实现这些动作。而在领域模型中这些代码几乎无处安身，进而会在应用程序层放置这些代码，从而在应用程序层泄漏业务逻辑。例如在生成订单时，系统需要按照用户订购的商品和收货地址，查找一个即满足发货需要，距离又近的仓库。我们首先选择在应用程序层实现，代码如下：

```
// 库存计算服务
public class InventoryCalculatService
{
    // 选择距离最近的仓库
    public static Storehouse SelecteNestStorehouse(
        CargoRequest[] cargoRequests,
        Address address)
    {
        // 获取仓库的仓储对象
        IStorehouseRepository storehouseRepository = null;
        // 创建地址转换器
        AddressTranslator addressTranslator =
            new AddressTranslator();
        // 创建路由计算服务对象
        WayCalculator wayCalculator =
            new WayCalculator();
        // 从仓储对象中获取所有的仓库对象
        Storehouse[] storehouses =
            storehouseRepository.GetAllObjects();
        List<AddressSegment> addressSegments =
            new List<AddressSegment>();
        List<Storehouse> selectedStorehouses =
            new List<Storehouse>();
        // 根据货物需求选择仓库
        foreach (Storehouse storehouse in storehouses)
        {
            if(storehouse.IsMeetCargoRequest(cargoRequests))
            {
                selectedStorehouses.Add(storehouse);
                addressSegments.Add(
                    addressTranslator.
                    ConvertToSegment(storehouse.Address));
            }
        }
        // 选择距离最近的仓库
```

```
AddressSegment addressSegment =
    wayCalculator.GetNearestAddress(
        addressTranslator.ConvertToSegment(address),
    addressSegments.ToArray());
foreach (Storehouse storehouse in selectedStorehouses)
{
    if (storehouse.Address.PostCode ==  address.PostCode)
    {
        return storehouse;
    }
}
throw new Exception("内部错误");
    }
}
```

从上面的代码中可以看出，在领域服务里通过领域对象实现了发货仓库的选择。从中不难发现，在选择最近的仓库时，需要调用多个领域对象的方法，并按照正确的顺序执行。

把这些代码写在应用程序层里，等于应用程序层也必须了解订单结算的业务逻辑，从而造成业务逻辑在应用程序层的泄漏。而应用程序层本该承担的是为用户界面和领域模型交互沟通的任务。在实际开发中，这也是刚开始接触领域驱动设计的设计人员常用的实现方法。

对于上述代码还有另一种实现方式，就是把这段代码转移到仓库类型中，将其作为仓库类型的静态方法。使用这种方法，可以把选择仓库流程的领域知识保留在领域模型中。这也是程序开发人员经常采用的方法。但是把这段代码加到仓库类型的静态方法中还有两个问题。

首先，选择最近的仓库并不是仓库对象的职责，虽然是静态方法，但是仍有强行加入的意味，这样会造成仓库对象的关注点分离。其次，在方法里涉及其他对象，增加了仓库对象与其他对象的耦合，会造成代码混乱。

对于仓库的计算最好的方式是为模型引入领域服务，用一个单独的服务实现这些方法。在前面的模型中已经介绍过，在模型中为仓库的计算创建了 InventoryCalculatService 类型，它就是一个领域服务。服务处理的是对象之间的关系，而服务本身没有状态，服务如果维持状态的话，在为不同对象提供服务时很难保证效果一致。

因为领域服务没有自己的状态，我们甚至可以用静态方法实现服务。在 C#中可以使用扩展方法（Extension Method）来实现。代码如下：

```
// 库存计算扩展方法类
public static class InventoryCalculatExtended
{
    // 选择最近的仓库的扩展方法
    public static Storehouse SelecteNestStorehouse(
        this CargoRequest[] cargoRequests,Address address)
    {
        ...
    }
```

```
}
public class TestClass
{
    public static void Test()
    {
        Address address = Address.Empty;
        CargoRequest[] cargoRequests = null;
        cargoRequests.SelecteNestStorehouse(address);
    }
}
```

上述代码中创建了一个扩展方法 SelecteNestStorehouse()，并在 Test 方法里演示了它的用法。看似使用得很自然，但是实际开发中不建议使用。首先，在货物需求（cargoRequests）调用查找仓库的方法感觉生硬，正常的业务逻辑是"为获取需求查找合适的仓库"，而不是"货物需求对象能够提供查找合适的仓库的方法"；其次，必须仔细考虑静态方法对并发性能的影响，在高并发的系统中应避免使用静态方法。

注意：在有大量并发需求的场景中应该避免使用静态对象和静态方法。

6.5.2　领域服务和应用服务

一般的系统设计中会有很多服务对象。而对于基于领域驱动设计的分层系统而言，应用服务和领域服务很容易混淆，尽管它们的职责不同。下面通过用户订购商品的流程了解一下应用服务和领域服务的区别，如图 6.30 所示。

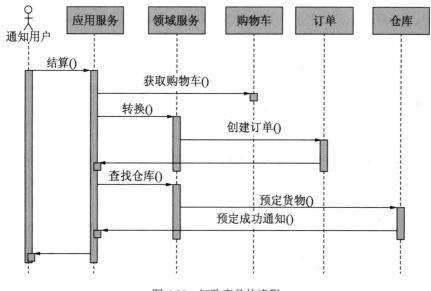

图 6.30　订购商品的流程

在如图 6.30 所示的流程中，用户浏览完商品并把想要购买的商品放入购物车后会单击"结算"按钮。订单应用服务接收到这个命令后会根据购物车的数据创建一个订单对象，这时候需要一个从购物车对象到订单对象的转换服务，这个服务就是领域服务。应用服务获取订单对象后，通过领域服务查找并获取匹配的仓库，然后调用仓库对象的方法完成预定。

从上面的示例可以看出，应用服务在接收到 UI 层发送的指令后进行任务分配和协调，并把任务执行结果和进度反馈到 UI 层。因而应用层服务是领域模型的客户方，它的关注点在于怎么使用和消费领域模型。

而领域服务主要是对执行对象的转换和一些与业务逻辑紧密相关的流程步骤进行编排。虽然领域模型在流程上和应用服务类似，但领域服务不是领域模型的客户方，而是领域模型的一部分，它的存在是为了让领域对象更好地实现某项功能，即它是实现方。图6.31 展示了应用服务和领域服务的关系。

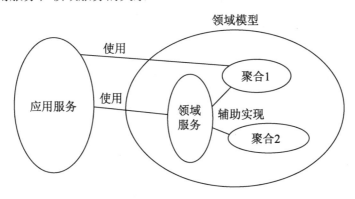

图 6.31 应用服务和领域服务的关系

注意：从模型的应用方和实现方的视角可以区分哪些服务属于应用服务，哪些服务属于领域服务。

6.5.3 领域服务与贫血模型

虽然领域服务在领域模型中起着重要的作用，但是在系统设计时还是应该避免大量使用领域服务，否则会使原本属于实体对象和值对象的方法转移到领域服务中，造成大量的贫血模型（Anemia model）。理论上，可以把所有与领域相关的方法移植到领域服务中，而将实体对象和值对象作为只包含属性（Property）的数据迁移对象（Data transfer object）。货物的贫血模型的示例代码如下：

```
// 货物的贫血模型
public class Cargo : EntityObject<string>
{
    private int m_Quantity = 0;
    private List<LockedCagro> m_PreparItemList = new List<LockedCagro>();
```

```
        public Cargo()
        {

        }

        // 获取或设置货物的数量
        public int Quantity {
            get => m_Quantity; set => m_Quantity = value; }
        // 获取或设置预备发货的货物的集合
        public List<LockedCagro> PreparItemList {
            get => m_PreparItemList; set => m_PreparItemList = value; }
    }

    // 锁定货物服务
    public class LockCargoService
    {
        public void RemoveReservation(string reservationID,
            Cargo cargo,LockedCagro lockedCagro)
        {
            LockedCagro prepareFind = null;
            foreach (LockedCagro prepare in cargo.PreparItemList)
            {
                if (prepare.ReservationID.Equals(reservationID))
                {
                    prepareFind = prepare;
                    break;
                }
            }
            if (prepareFind == null)
            {
                throw new Exception("内部错误");
            }
            if ((cargo.GetEffectiveQuantity() - prepareFind.Quantity) < 0)
            {
                throw new Exception("内部错误");
            }

            // 通过贫血模型修改数据
            cargo.PreparItemList.Remove(prepareFind);
            cargo.Quantity -= prepareFind.Quantity;
        }
    }
```

在上面的代码中，货物对象类型彻底地丢失了业务逻辑的相关代码，仅仅是为了保持几个属性的状态。而业务逻辑则被封装到领域服务的代码中，这种领域服务其实更像一个脚本对象。使用这种方式唯一的好处就是方便和数据库集成，就像数据迁移对象（DTO）一样，在一个地方通过 Set 给属性赋值，在另一个地方通过 Get 获取属性的值。当然，这是一个极端的例子，但是值得我们警觉。这种大量使用属性赋值的方式会使领域对象丢失很多业务，从而不得不把这些丢失的业务用脚本的方式封装在其他地址中，如封装到领域服务中。

使用属性给对象的内部状态赋值的方法是用 C#的语法糖衣。C#类里的属性在编译成中间语言（IL）时会被转换成 GetXXX 和 SetXXX 方法。使用这种方法给内部对象直接赋值是违背面向对象的思想的。面向对象的思想核心是从对象的角度思考问题。例如下面的代码：

```
// 为货物建模
public class Cargo : EntityObject<string>
{
    private int m_Quantity = 0;

    public Cargo(string cargoID) :base(cargoID)
    {
    }
    // 获取或设置货物的数量
        public int Quantity { get => m_Quantity; set => m_Quantity = value; }
}
// 创建一个货物对象
Cargo cargo = new Cargo("001");
// 修改货物对象的 Quantity 为 50
cargo. Quantity = 50;
```

上面的这段代码展示的就是没有按面向对象的思想去思考问题的典型示例。在代码里可以通过 Quantity 任意改变货物的数量。而对于货物对象来说，它的数量不会平白无故地改变，一定是它执行了某个动作而造成数量发生了变化，而且很多对象的属性值在修改时会受到业务逻辑的约束（如货物的最大数量不能超过上线），因此像这样的贫血模型已经丢失了很多业务逻辑。

🔔注意：在领域对象中，应尽量避免使用 C#的 Set 属性，以防止丢失业务逻辑。

在很多集成开发环境（IDE）中，对属性这种语法糖衣给予了很多的支持。很多"对象-关系"型数据库映射（O/R Mapping）框架为了映射的方便，都依赖于对象中提供的属性。例如，.NET 的 Entity Framework 和 Java 的 Hibernate 都强制要求使用属性和 Java Bean 对象。过多地使用或者提供用于修改属性的属性会造成领域模型失血，这样做不符合领域驱动的设计要求。在后面的内容中会介绍怎么应对这种情况。

6.6　领 域 事 件

领域事件是领域驱动设计中的重要内容。使用事件驱动的方式，可以让领域事件在不同的限界上下文中保持同步，从而为数据一致性的实现提供基础支持。Eric Evans 在《领域驱动设计：软件核心复杂性应对之道》一书中并没有提出领域事件的概念，这本书出版以后他才在博客中提出了领域事件的概念。这也从侧面说明了领域驱动设计是一个不断发展的设计工具。

领域事件的提出虽然是为了解决不同上下文之间进行同步的问题，但它的含义绝不仅仅是为了解决同步的问题。领域事件是领域模型中不可缺失的元素，它代表领域中领域对象的一种重要关系，即某些领域对象要在其他领域对象状态改变时做出响应。

6.6.1　领域事件简介

在系统设计中，有时需要某个操作延时发生时立刻触发一个事件。例如，当物流上下文在完成扫描、发货、到达交付城市、开始配送这些流程时需要给用户发送消息。在实际开发过程中，类似的情况也有很多。当我们在分析领域模型时，如果有"当…发生时…"之类的需求的时候，意味着需要定义一个领域事件。

在软件系统中，事件随处可见。例如在 Windows 系统中，当单击键盘上的某个键时就触发了一个事件。事件的数据会被送到 Windows 的消息泵中，当前活动的窗体会处理这个事件，然后根据事件中包含的数据（如什么键被按下、按下的时间等）做出相应的动作。

在软件系统中，事件的本质是在两个系统和模块之间发送消息。例如，刚才的键盘事件就可以描述为键盘向 Windows 系统发送键盘按下的消息。这和面向对象中一个对象向另一个对象发送消息是一致的。但是这种直接发送消息（直接调用对象的方法）的方式存在着弊端：耦合问题。对象的直接调用必然会产生耦合。例如，发货完成之后，仓库对象会直接调用消息管理对象给用户发送消息，这样仓库对象和消息管理对象就建立了耦合，这使得两个完全不相关的对象被交织在一起。更麻烦的是，仓库对象会依赖发送消息的流程。

而事件则避免了这种耦合。当仓库发送完货物之后，会发送一个发货完毕的消息，此时它的工作就完成了，仓库对象并不需要了解有多少系统需要处理这个事件，消息服务对象观察到这个事件时负责向用户发送消息，这样仓库对象和消息发送对象就实现了解耦，如图 6.32 所示。

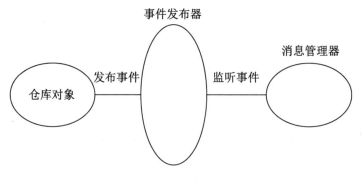

图 6.32　事件发布-订阅模型

在图 6.32 中，事件发布器实现了仓库对象和消息管理器的隔离与解耦。在这种模型中，一般把发布事件的对象称为事件发布者，相对应的处理事件的对象则被称为事件订阅者。而中间用于隔离的事件发布器承担着事件发布、订阅和注册等工作。事件发布器并不一定是一个具体的对象或组件，根据"发布-订阅"的需求不同，事件发布器有多种实现方式。在后面的章节中会介绍发布订阅模型的各种实现方法。

在一些复杂的系统中，事件发布器不仅承担着隔离发布者和订阅者的职责，还需要完成事件的异步发布、事件存储和离线发布等任务，以实现功能丰富的事件"发布-订阅"模型。好在有很多优秀的"发布-订阅"的中间件可以让我们直接使用，如 NetMQ、Redis 和 RabbitMQ 等。

领域事件作为领域对象发布的事件，和普通事件基本相同。唯一不同的是领域事件还承担着一项额外的职责，那就是在不同的限界上下文之间保持一致性。例如，我们从资产的角度去看待一个货物的话，发货并不意味着资产从仓库转移到客户的手里，只有配送完成后资产才完成了转移。当然资产转移是从财务角度考虑的，仓库上下文中没有资产转移的问题。

当要实现财务上下文的时候，就要与物流上下文共同维护这个一致性。我们可以使用领域事件来完成这种松散的一致性。在物流上下文完成配送时，发布一个事件，当资产上下文通过订阅事件获取通知，资产上下文中的相关对象就会执行相应的方法，来完成资产的转移和相应操作的记录，从而维持资产的一致性。事件"发布-订阅"和维持财务一致性的流程如图 6.33 所示。

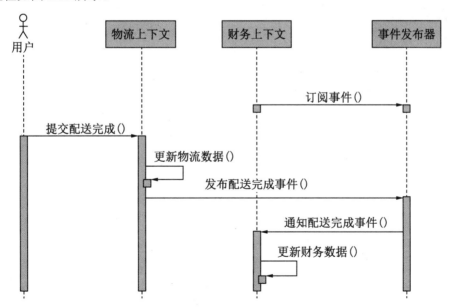

图 6.33　使用领域事件实现发货和支付的一致性

在上述流程中，物流上下文接收到提交的请求后，首先执行配送完成的操作，更新配送完成后的数据，然后发布一个配送完成的事件至事件发布器。事件发布器向注册的订阅者广播这个事件。财务上下文作为其中一个订阅者,接收到配送完成事件后会执行相关的操作,更新财务数据。到这一步,分属两个限界上下文的聚合都完成了操作,共同维持了资产数据的一致性,并且通过使用事件,使得物流上下文和财务上下文在实现一致性约束的同时仍然保持着隔离状态。

6.6.2　领域事件的发布和订阅

使用领域事件的前提是必须有一个事件"发布-订阅"模式(Publish－Subscribe pattern)系统。实现事件"发布-订阅"的核心在于事件发布后对订阅者对应方法的回调。实现这个系统的途径很多,如果使用.NET 开发,.NET 的事件是一个简易的实现方法,.NET 通过委托来实现订阅方法的回调。更早的 COM 使用连接点实现事件的发布和订阅。这些事件实现的最大问题在于发布者和订阅者之间存在直接的耦合。直接耦合会给系统的升级带来很大的麻烦。为了避免发布者和订阅者的直接耦合,使用设计模式中的观察者模式(Observer Pattern)也是一个不错的选择,它利用接口实现订阅方法的回调,模型如图 6.34所示。

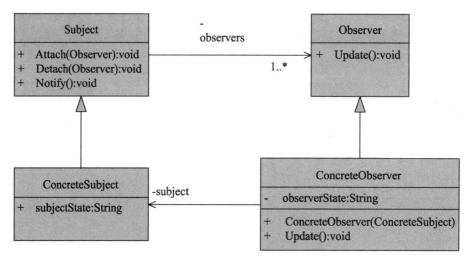

图 6.34　观察者模式

在该模型中,Subject 是事件发布者(被观察者)的抽象类,而事件订阅者(观察者)Observer 也是一个抽象类,定义了事件发生时响应的方法 Update()。事件订阅者通过事件发布者的 Attach()方法订阅事件。一个事件发布者可以有很多事件订阅者,因此在事件发布者的内部维持了一个订阅者引用的集合。当有事件发生时,事件发布者调用发布的方法Notify(),在该方法里会遍历订阅者引用的集合,调用订阅者的 Update()方法,从而实现通知事件发布者。而 ConcreteSubject 和 ConcreteObserver 则是事件发布者和事件订阅者的抽象类。通过图 6.34 可以看出,观察者模式仍然存在事件发布者和事件订阅者的耦合。

许多书中都提到过一个观点：观察者模式就是"发布-订阅"模式。其实这是一种误解。在"发布-订阅"模式中，事件发布后并不会直接通知订阅者或者回调订阅者的响应方法，而是通过第三方的事件发布器来通知订阅者，这样发布者和订阅者就实现了完全解耦。

在系统设计中，一个功能完善的事件"发布-订阅"系统虽然可以为系统的实现提供强有力的支持，但是很多时候，在对分布性没有要求的系统设计中选择自己实现一个轻量级的事件"发布-订阅"系统也是一个不错的选择。下面来看看如何实现这种轻量级的"发布-订阅"系统。

首先需要定义一个描述事件的类型，并在其中定义发布事件的源对象标识和事件包含的数据。类型的定义如下：

```
// 领域事件模型
public class DomainEvent
{
    private string m_EventType = string.Empty;
    private string m_SourceID = string.Empty;
    private string m_TargetID = string.Empty;
    private DateTime m_TimeStamp = DateTime.Now;
    private object m_EventData = null;

    public DomainEvent(string eventType,string sourceID,
        string targetID,DateTime timeStamp,object data)
    {
        m_EventType = eventType;
        m_SourceID = sourceID;
        m_TargetID = targetID;
        m_TimeStamp = timeStamp;
        m_EventData = data;
    }

    public string EventType { get => m_EventType; }
    public string SourceID { get => m_SourceID; }
    public string TargetID { get => m_TargetID; }
    public DateTime TimeStamp { get => m_TimeStamp; }
    public object EventData { get => m_EventData; }
}
```

DomainEvent 的类型很简单，类似于数据迁移对象和数据保持器，用于在事件发布者和订阅者之间传递数据。其中，EventData 属性用于存储事件附加的数据。EventType 属性使用字符串来定义事件的类型，这样就可以用一个类型描述各种领域事件了。

除了描述事件的 EventData 以外，还需要定义事件订阅者的接口。在接口中定义了响应事件的回调方法。接口的定义如下：

```
// 定义事件订阅者
public interface IDomainEventSubscriber
{
    // 处理领域事件
    void HandEvent(DomainEvent domainEvent);
}
```

接口中的 HandEvent()方法是响应事件的方法。在实现响应事件的代码中，必须检查领域事件的类型，以确保只对感兴趣的领域事件做出响应。

现在我们就可以实现事件发布器了。事件发布器必须提供发布事件、订阅和取消订阅的方法，以方便发布者和订阅者使用。当发布者发布事件时，由事件发布器通知订阅者。事件发布器的实现代码如下：

```
// 领域事件发布器
public class DomainEventPublisher
{
    private static ThreadLocal<bool> m_InUsing
        = new ThreadLocal<bool>(false);
    private static ThreadLocal<List<IDomainEventSubscriber>> m_SubscriberList
        = new ThreadLocal<List<IDomainEventSubscriber>>();

    public DomainEventPublisher()
    {

    }

    // 创建一个发布器的新实例
    public static DomainEventPublisher NewInstance()
    {
        return new DomainEventPublisher();
    }

    // 发布领域事件
    public void Publish(DomainEvent domainEvent)
    {
        m_InUsing.Value = true;
        // 遍历事件订阅者，通知事件已经发生
        foreach (IDomainEventSubscriber subscriber
            in m_SubscriberList.Values)
        {
            subscriber.HandEvent(domainEvent);
        }
        m_InUsing.Value = false;
    }
    // 订阅事件
    public void Subscribe(IDomainEventSubscriber eventSubscriber)
    {
        if (!m_InUsing.Value) return;
        if (m_SubscriberList.Value.Contains(eventSubscriber)) return;
        m_SubscriberList.Value.Add(eventSubscriber);
    }
    // 取消订阅
    public void Unsubscribe(IDomainEventSubscriber eventSubscriber)
    {
        if (!m_InUsing.Value) return;
        if (!m_SubscriberList.Value.Contains(eventSubscriber)) return;
        m_SubscriberList.Value.Remove(eventSubscriber);
    }
}
```

从上述代码中可以看出，实现轻量级的事件发布器还是很简单的。其核心仍然是在事件发生时对订阅者响应方法的回调。我们在事件发布器内部维持了一个订阅者引用的列表 m_SubscriberList。该列表没有直接使用 List 类型，而是使用了一个.NET 4 新增加的包装类型 ThreadLocal。该类型用于维持变量在不同线程中的值，使事件发布器在不同的线程上能有效地工作。

上面给出的只是一个很简单的事件发布器的实现例子，主要用于展示事件发布和订阅的原理及一些简单的系统。如果要用在要求更高的系统中，还有很多细节需要完善。创建一个可靠、高效的事件"发布-订阅"框架并不是一件容易的事。实际开发时最好直接使用第三方的"发布-订阅"框架。

我们为 iShopping 系统选择了一个备选方案 RabbitMQ。就像它的名称那样，RabbitMQ 在本质上是一个消息队列（Message Queue）系统。消息队列可以实现事件的分布式发布和订阅。如果在实际的开发中必须要使用分布式系统，那么使用消息队列实现事件"发布-订阅"是一个不错的选择。

为了更好地使用第三方事件"发布-订阅"框架，需要使用抽象的方法把事件"发布-订阅"框架的使用和实现分开。我们可以在领域模型层和应用层中定义事件"发布-订阅"框架的基本定义和使用流程，在基础设施层中再实现这些抽象的定义。

大部分基于消息队列的第三方事件"发布-订阅"框架采用的都是客户端/服务器模式。事件发布和订阅部分由客户端负责，而服务器则处理消息队列管理、消息转发和订阅管理等。基于消息对象的事件"发布-订阅"模式的工作流程如图 6.35 所示。

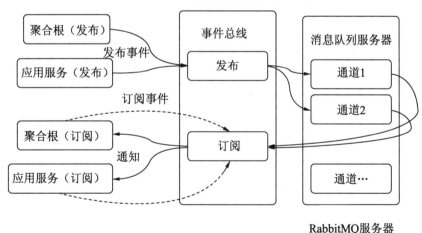

图 6.35　基于消息对象的事件"发布-订阅"模式的工作流程

图 6.35 中的事件总线（Event Bus）就是实现事件"发布-订阅"流程的关键，事件的发布者和订阅者均通过事件总线来实现发布和订阅。事件发布后，事件总线并不直接通知事件订阅者，而是把事件转换成消息发布到消息队列服务器上。事件总线接收到消息后再通知消息订阅者，从而实现发布者和订阅者的彻底解耦。它们之间没有任何关联，甚至生

命周期也不需要同步。

　　在定义事件 "发布-订阅" 的基本流程时要定义几个基本对象。首先是领域事件对象，在前面的简易版的事件 "发布-订阅" 实现中，使用了一个领域事件类型来描述不同的领域事件，而更好的方式是为每一个领域事件定义专用的类型，这就需要把领域事件的基本功能抽象成一个接口。领域事件对象的接口定义如下：

```
// 定义领域事件对象的接口
public interface IDomainEvent<TKey>
{
    /// 获取事件 ID
    string EventID { get; }
    // 获取事件 ID
    TKey EventSourceID { get; }
    // 获取事件源类型
    string EventSourceType { get; }
    // 获取事件发生的时间戳
    DateTime Timestamp { get; }
}
```

　　从上述代码中可以看到，在定义领域事件接口时使用了泛型接口，该接口支持使用不同类型标识的实体对象。领域事件接口使用 EventID 属性描述事件的标识。事件标识用于跟踪事件的发送和处理状态。为了方便序列化，事件中不再维持对事件源对象的引用，而是使用 EventSourceID 和 EventSourceType 属性来定义事件源对象。定义好领域事件接口后，所有的领域事件都必须实现这个接口。

　　有了领域事件对象的定义以后，还需要定义处理这些事件的接口。把领域事件的处理方法定义为接口，能够使用更灵活的方式实现对事件的响应。可以使用一个单独的类实现事件处理接口，或者使用应用服务作为事件处理器。领域事件处理的接口定义如下：

```
// 定义事件处理器
public interface IDomainEventHandler<TEntityKey>
{
    // 处理事件
    Task<bool> HandleEvent<TEvent>(TEvent eventObject,
    CancellationToken cancellationToken = default)
    where TEvent : IDomainEvent<TEntityKey>;
}
```

　　在领域事件处理器的接口中定义了一个泛型方法，用于执行和处理领域事件。使用泛型方法的目的是为了能够处理任何实现了 IDomainEvent 类型的领域事件。

　　有了领域事件和领域事件处理方法的定义以后，还需要一个能处理两种对象映射的方法。也就是说，领域事件和领域事件处理器之间需要设置一些多对多的关联。这些关联确定了哪些处理器可以处理相应的领域事件。用于提供这些关联的接口定义代码如下：

```
// 定义事件处理的上下文
public interface IDomianEventExecuteContext<TEntityKey>
{
    // 使用匹配的处理器处理指定事件
```

```
Task<bool> HandleEventInMatchedHandler<TEvent>(TEvent evtntObject,
    CancellationToken cancellationToken = default)
    where TEvent:IDomainEvent<TEntityKey>;

// 获取事件处理程序是否注册以用于处理指定的事件
bool GetHandlerIsRegistered<TEvent, THandler>()
    where TEvent : IDomainEvent<TEntityKey>
    where THandler : IDomainEventHandler<TEntityKey>;

// 为指定的事件注册事件处理程序
void RegisterEventHandler<TEvent,THandler>()
    where TEvent : IDomainEvent<TEntityKey>
    where THandler : IDomainEventHandler<TEntityKey>;
}
```

　　事件处理上下文接口中定义了 3 个方法。其中，HandleEventInMatchedHandler()方法用于找到能处理指定事件的处理器，然后调用相应的处理器处理事件。这个方法需要其他两个方法的支持，GetHandlerIsRegistered()用于检测执行的处理器是否与指定的领域事件关联，而 RegisterEventHandler()用于创建这种关联。定义好这三个接口后，领域事件"发布-订阅"模型如图 6.36 所示。

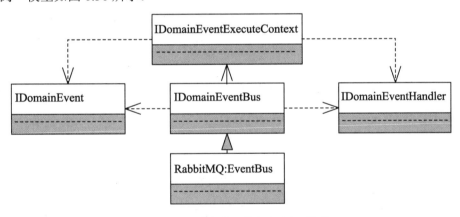

图 6.36　领域事件"发布-订阅"模型

　　模型里的 IDomainEvent、IDomainEventHandler 和 IDomainEventExecuteContext 都是已经定义过的接口。IDomainEventBus 是领域事件总线的接口，而 RabbitMQEventBus 是领域事件总线接口 IDomainEventBus 基于 RabbitMQ 的实现。这个类型会在基础设施层中实现。

　　IDomainEventBus 接口是领域事件"发布-订阅"的核心接口。它提供了领域事件发布和订阅的方法。也就是说，所有的领域事件的发布都要通过这个接口，同时如果想订阅领域事件也必须通过这个接口。接口的定义如下：

```
// 定义事件总线
public interface IDomainEventBus<TEntityKey>
{
    // 发布事件
    Task PublishEvent<TEvent>(TEvent eventObject,
```

```
        CancellationToken cancellationToken = default)
        where TEvent : IDomainEvent<TEntityKey>;

    // 订阅事件
    void SubscribeEvent<TEvent, THandler>()
        where TEvent : IDomainEvent<TEntityKey>
        where THandler : IDomainEventHandler<TEntityKey>;
}
```

这个接口同样很简洁，只定义了两个泛型方法。其中，PublishEvent()用于发布领域事件，该方法通过泛型类型指定需要发布的领域事件的类型。SubscribeEvent()用于订阅事件，该方法通过两个泛型分别指定订阅事件的类型和事件处理器的类型，事件总线就是通过这个方法建立事件和处理器之间的关联。

为了实现事件和事件处理器之间的关联，接口必须引用 IDomianEventExecuteContext 的实例，因为要支持使用不同的事件"发布-订阅"框架实现事件总线，因此我们实现了一个领域事件总线的抽象类，并把引用封装在这个抽象类中，以后所有不同的实现都从这个抽象类中继承。这个抽象类的代码如下：

```
// 事件总线的抽象实现
public abstract class DomainEventBusBase<TEntityKey>
    : IDomainEventBus<TEntityKey>
{
    private readonly IDomianEventExecuteContext<TEntityKey>
    m_EventHandlerContext = null;

    public DomainEventBusBase(IDomianEventExecuteContext<TEntityKey> context)
    {
    m_EventHandlerContext = context;
    }

    //获取事件处理上下文
    protected IDomianEventExecuteContext<TEntityKey> EventHandlerContext
    {
        get => m_EventHandlerContext;
    }

    //发布事件
    public abstract Task PublishEvent<TEvent>(TEvent eventObject,
        CancellationToken cancellationToken = default)
        where TEvent : IDomainEvent<TEntityKey>;

    // 订阅事件
    public abstract void SubscribeEvent<TEvent, THandler>()
        where TEvent : IDomainEvent<TEntityKey>
        where THandler : IDomainEventHandler<TEntityKey>;
}
```

抽象类 DomainEventBusBase 里使用一个只读的属性 m_EventHandlerContext，以保持对 IDomianEventExecuteContext 实例的引用。在实现了事件总线的抽象层后，我们对 IDomainEventHandler 接口也提供了抽象实现。IDomainEventHandler 接口的实现类型会定

义在领域模型里，这些类型提供了对不同类型的领域事件的处理方法。IDomainEvent-Handler 接口的抽象类实现代码如下：

```
// 提供事件处理的基本实现
public abstract class DomainEventHandlerBase<TEntityKey> :
IDomainEventHandler<TEntityKey>
{
    public DomainEventHandlerBase()
    {
    }

    //响应事件
    public Task<bool> HandleEvent<TEvent>(TEvent eventObject,
        CancellationToken cancellationToken = default)
        where TEvent : IDomainEvent<TEntityKey>
    {
        if (!GetCanHandle<TEvent>(eventObject)) return Task.FromResult(false);
        return PerformerHandleEvent(eventObject, cancellationToken);
    }
    //获取是否可以处理事件
    private bool GetCanHandle<TEvent>(TEvent eventObject)
        where TEvent : IDomainEvent<TEntityKey>
    {
        if (eventObject == null) return false;
        return typeof(TEvent).IsInstanceOfType(eventObject);
    }
    // 执行响应事件
    protected abstract Task<bool> PerformerHandleEvent<TEvent>(TEvent
message,
        CancellationToken cancellationToken)
        where TEvent : IDomainEvent<TEntityKey>;
}
```

在事件处理器的抽象类 DomainEventHandlerBase 里实现了事件处理方法 HandleEvent，并把处理方法的流程模板化。首先检测是否可以处理指定的事件，然后调用新定义的抽象方法 PerformerHandleEvent 类处理事件。

最后，还要实现领域事件执行上下文接口（IDomianEventExecuteContext）。前面介绍过，这个接口必须提供领域事件和领域事件处理器的映射功能。我们在实现时使用键值对集合（Dictionary）来映射它们的关系。一个领域事件类型作为一个键，对应的值是处理器类型的集合。通过这个键值对集合，可以为一个领域事件类型映射多个处理器类型。实现代码如下：

```
// 领域事件处理上下文
public class EventHandlerContext<TEntityKey> : IDomianEventExecuteContext
<TEntityKey>
{
    private Dictionary<Type, List<Type>> m_EventMapping =
        new Dictionary<Type, List<Type>>();

    public EventHandlerContext()
    {
```

```
        }

        //处理事件
        public async Task HandleEventInMatchedHandler<TEvent>(TEvent evtnt
    Object,
            CancellationToken cancellationToken = default)
            where TEvent : IDomainEvent<TEntityKey>
        {
            if (evtntObject == null)
            {
                await Task.FromResult(false);
            }
            // 获取事件类型
            Type eventType = evtntObject.GetType();
            // 检测映射键值对中是否包含事件类型
            if (!m_EventMapping.ContainsKey(eventType))
            {
                await Task.FromResult(false);
            }
            // 通过映射键值对获取处理器的类型
            List<Type> handlertypes = m_EventMapping[eventType];
            if (handlertypes == null || handlertypes.Count <=0)
            {
                await Task.FromResult(false);
            }
            // 遍历处理器类型
            foreach (Type handlertype in handlertypes)
            {
                // 使用反射方式创建处理器对象
                IDomainEventHandler<TEntityKey> handler =
                    Activator.CreateInstance(handlertype) as
                    IDomainEventHandler<TEntityKey>;
                // 调用处理器处理事件的方法
                await handler.HandleEvent<TEvent>(evtntObject);
            }
        }

        // 获取事件处理器是否注册
        public bool GetHandlerIsRegistered<TEvent, THandler>()
            where TEvent : IDomainEvent<TEntityKey>
            where THandler : IDomainEventHandler<TEntityKey>
        {
            // 获取事件类型
            Type eventType = typeof(TEvent);
            // 检测映射键值对中是否包含事件类型
            if (!m_EventMapping.ContainsKey(eventType))
            {
                return false;
            }
            // 通过映射键值对获取处理器的类型
            List<Type> handlertypes = m_EventMapping[eventType];
            if (handlertypes == null || handlertypes.Count <= 0)
```

```
    {
        return false;
    }
    // 判断类型里是否包含指定类型的处理器
    return handlertypes.Contains(typeof(IDomainEventHandler<TEntityKey>));
}
// 注册事件处理器
public void RegisterEventHandler<TEvent, THandler>()
    where TEvent : IDomainEvent<TEntityKey>
    where THandler : IDomainEventHandler<TEntityKey>
{
    // 获取事件类型
    Type eventType = typeof(TEvent);
    // 如果键值对没有存储，则添加到键值对中
    if(!m_EventMapping.ContainsKey(eventType))
    {
        List<Type> list = new List<Type>
        {
            typeof(THandler)
        };
        m_EventMapping.Add(eventType, list);
    return;
    }
    // 通过映射键值对，获取处理器的类型
    List<Type> handlertypes = m_EventMapping[eventType];
    // 如果键值对对应的值为空，则添加进键值对
    if (handlertypes == null)
    {
        List<Type> list = new List<Type>
        {
            typeof(THandler)
        };
        m_EventMapping[eventType] = list;
        return;
    }
    // 如果集合不包含处理器，则添加
    if(!handlertypes.Contains(typeof(THandler)))
    {
        handlertypes.Add(typeof(THandler));
    }
    }
}
```

在实现代码中，需要注意的是 HandleEventInMatchedHandler()方法，在该方法中可以使用键值对集合获取处理器的类型。获取这些类型后，还需要获取这些类型的实例，再通过这些实例调用处理器的 HandleEvent()方法。

在获取处理器的实例时，我们使用了反射的方法，直接用 Activator 类型的静态方法 CreateInstance()创建实例。这就要求在实现事件处理器接口（IDomainEventHandler）时必须提供无参的构造方法。当然除了使用反射创建实例外，更好的方法是使用依赖注入的方式。在后面的章节中我们会把实现方法修改成依赖注入的方式。

6.7　领域对象的生命周期

当系统上线运行以后，我们会创建很多的领域对象，如商品和仓库等。这些对象的生命周期和系统的运行周期并不同步。其中，大部分对象的生命周期要远远超过系统的一个运行周期。以货物对象为例，当系统运行时，货物对象会活跃在内存中。当系统关闭时，货物对象会以数据形式存储在数据库中，静静等待再次活跃在内存中的时机。

还是以货物为例。这些领域对象在他们自己的生命周期中会经历创建、存储和删除三个阶段。在不同的阶段会有不同的挑战，本节我们就了解一下领域对象在创建和存储时面临的挑战，以及对领域对象生命周期进行管理的方法。

6.7.1　工厂和构建器

要使用一个对象，首先需要把这个对象创建出来。一般情况下通过调用对象的构造函数的方式来创建一个新对象。领域对象的创建是十分复杂的，创建对象时的参数有某种结构上的要求，这时构建这个对象可能不是一件轻松的事。如果把这项工作交给使用对象的客户端代码来完成，会给客户端带来很大的负担。

客户端的任务在于怎么使用这些领域对象而不是怎么去创建它们。就像我们买一个手机的目的是怎么使用手机，而负责手机装配的是制造商。如果我们买的手机是一堆零件需要自己组装的话，那对我们来说是一个几乎不可能完成的任务。

对于 iShopping 系统来说，目前我们所实现的多数对象的构造函数都比较简单，在客户端构建几乎没有什么压力。对于这样的对象，可以在客户端直接创建。但行政区域组织架构对象的创建则比较特殊，构建时需要引入大量的信息和业务逻辑，最好使用一个工厂来创建。

工厂这种方法在软件开发领域里已被广泛应用。在设计模式（GOF）中就有工厂方法（Factory Method）、抽象工厂（Abstract Factory）和构建工厂（Builder）等模式。使用这些工厂来创建对象，可以降低客户端和对象本身的复杂程度，使对象的创建、对象的功能和对象使用的职责进行分离，如图 6.37 所示。

对于行政区域组织架构对象来说，一般是根据一个数据文件把这个对象创建出来，创建这个对象首先要解析这个数据文件并且把这个对象树一次性创建出来。例如，有一个数据文件的结构如表 6.2 所示。

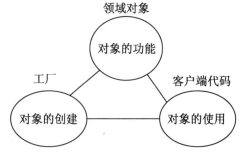

图 6.37　对象和对象功能的关注点

表 6.2　行政区域示例

编　　号	名　　称	父对象编号	邮 政 编 号
000	中国		
001	江苏省	000	
001001	南京市	001	210000
001002	徐州市	001	221000
001003	苏州市	001	215000
...	...	...	...
001001001	玄武区	001001	210002

针对这个数据文件，我们需要创建一个工厂，把创建行政区域组织架构的方法封装在工厂内部，而不是把这项工作交由客户端完成，因为这不是客户端的职责。

创建这些对象时需要明确的是读取和解析数据的工作应该放在基础设施层。首先定义一个类型，用于记录数据文件的内容。该类型是一个数据迁移对象（DTO），本身没有任何的业务逻辑。类型的定义如下：

```
// 地址片段数据迁移对象
public class AddressSegmentDTO
{
    private string m_ID = string.Empty;
    private string m_Name = string.Empty;
    private string m_ParentID = string.Empty;
    private int m_PostCode = 0;

    public AddressSegmentDTO(string id,string name,string parentID,int post)
    {
        m_ID = id;
        m_Name = name;
        m_ParentID = parentID;
        m_PostCode = post;
    }

    public string ID { get => m_ID; set => m_ID = value; }
    public string Name { get => m_Name; set => m_Name = value; }
    public string ParentID { get => m_ParentID; set => m_ParentID = value; }
    public int PostCode { get => m_PostCode; set => m_PostCode = value; }
}
```

有了这个数据迁移对象以后，工厂只要负责把这些对象组装成行政区域组织架构对象树即可。工厂类型的代码如下：

```
// 地址片段工厂
public class AddressSegmentFactory
{
    public AddressSegment CreateAddressSegment()
    {
        IAddressSegmentRepository addressRep = null;
        AddressSegmentDTO[] segmentDTOs =
```

```
        addressRep.GetAddressSegmentDTOs();
    AddressSegment root = null;
    Dictionary<string,AddressSegment> segments =
        new Dictionary<string, AddressSegment>();
    Dictionary<string, string> parentMapping =
        new Dictionary<string, string>();
    foreach(AddressSegmentDTO dto in segmentDTOs)
    {
        AddressSegment segment = new AddressSegment(dto.ID, dto.Name);
        segments.Add(segment.ID, segment);
        if(string.IsNullOrEmpty(dto.ParentID))
        {
            root = segment;
        }
        else
        {
            parentMapping.Add(dto.ID, dto.ParentID);
        }
    }

    foreach (AddressSegment segment in segments.Values)
    {
        if (parentMapping[segment.ID] == null)
            continue;
        string parentID = parentMapping[segment.ID];
        AddressSegment parent = segments[parentID];
        parent.AddSubSegment(segment);
    }
    return root;
    }
}
```

有了这个工厂以后，当客户端代码需要行政区域组织架构对象时，就可以直接调用工厂去创建一个新对象。这个实例比较特殊，行政区域组织架构在我们的模型里处于知识级（在架构设计时，把一些类似于模板的元素称为知识级），一般不需要客户端去创建一个新的对象，而是以这个对象为模板创建其他对象。这个工厂多用于系统初始化时使用数据文件构建行政区域组织结构对象。

在创建其他对象时，有时需要为工厂提供两个方法，一个用于创建新对象，另一个用于利用数据库记录构建的对象，因为有些对象的创建方法和构建方法的要求可能不一致。例如货物对象，在创建新对象时不存在锁定的货物，因此不需要初始化锁定的货物，而在构建时也就是从数据库加载时，可能已经存在锁定的货物，因此构建的方法里必须要传入锁定货物的参数。示例代码如下：

```
// 货物对象工厂
public class CargoFactory
{
    // 创建新对象
    public Cargo Create(string id, string name)
    {

    }
```

```
// 使用数据库记录构建对象
public Cargo Build(string id,string name,LockedCagro[] lockedCagros)
{

}
}
```

注意：如果领域对象的创建方法和构建方法的逻辑不一致，则在工厂中分别提供创建方法和构建方法，用于创建新对象和使用数据库记录构建对象。

6.7.2　仓储对象

在前面的介绍中多次提到了仓储对象，通过示例代码我们大致可以了解仓储对象提供了一个接口，通过这个接口可以在需要时获取对象，或者注册新创建的对象。仓储对象相当于领域对象的仓库，当使用对象时可以从这个仓库中获取对象，当创建新对象以后，可以把创建好的对象存储到仓库中。

仓储对象一般提供注册、获取、更新和删除的方法，除此之外，还会提供提交的方法，用于把领域对象的值存储到数据库中。

前面的实例中我们只给出了仓储对象的接口。事实上，仓储对象由两部分组成，一个是仓储对象的接口，另一个是仓储对象的实现。有关实现的方法，在第 8 章中会详细介绍。

之所以把仓储对象分成两部分，是因为必须解耦领域模型和集成设施层。首先回顾一下传统的分层架构。在分层架构中，为了在领域模型和基础设施层中建立合理的依赖关系，一般会使用容器（容器的概念会在后面的章节中介绍）实现依赖注入（Dependency Injection），这是实现依赖倒置的方法之一。这时候会在领域模型中定义仓储对象的接口，在基础设施层中提供仓储对象的实现，然后将其注入容器中。使用依赖注入的分层模型如图 6.38 所示。

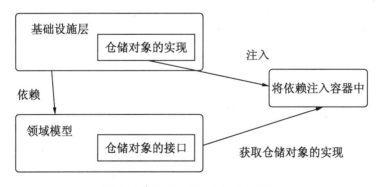

图 6.38　使用依赖注入的分层模型

在使用依赖注入实现依赖倒置以后，领域模型被放在底层，同时定义了各层访问的接口，其中就包括仓储对象接口。在领域模型层中定义仓储对象的接口是合情合理的，毕竟怎么获取领域对象和领域模型密切相关，如聚合对象。

　　仓储对象不但是一个存储仓库，其更核心的价值在于它是一个安全的对象存储仓库。从仓储对象里获取的领域对象，应该和存储时保持一致。这就要求仓储对象应满足领域对象的一致性要求。就是说，仓储对象必须满足聚合的一致性要求。

　　以货物聚合为例，如果为货物对象和锁定货物对象分别提供了仓储对象，那么就可以通过锁定的货物对象的仓储对象单独增加或删除锁定的货物对象，这显然违背了货物对象的一致性要求。事实上，在一般情况下，仓储对象应该和聚合对象保持一对一的关系。同时，在系统中应该只为聚合对象提供仓储对象。

　　🔔注意：在开发过程中，只为聚合对象提供仓储对象。

　　在使用依赖注入容器之后，仓储对象被分成接口和实现两部分。在领域层里定义仓储对象的接口。在讨论仓储对象时不能忽视另一个模式：工作单元（Unit Of Work）。工作单元是 Martin Fowler 在《企业应用架构模式》一书中提出的一种领域对象的存储模式。

　　工作单元用于跟踪业务期间一个数据上下文中的所有实体对象。因为仓储对象只是单独对应某一个聚合，而有时领域业务需要在应用层处理多个聚合对象，因此需要在业务范围内跟踪对象的变化状态，并将改变的值存储到数据库中，这就需要在整个业务范围内提供一种事物机制。也就是说，站在应用程序层上，只需要在业务完成后执行一次提交即可，而不需要仓储对象在每次改变时都提交一次。

　　在使用工作单元以后，仓储对象不需要提供更改的接口方法，它类似于一个聚合对象集合。在应用层和领域服务中使用仓储对象时就像在使用一个集合一样，只需要在创建聚合对象时把仓储对象放入集合中，而在使用时从集合中获取它就可以了。仓储对象和工作单元工作的工作原理如图 6.39 所示。

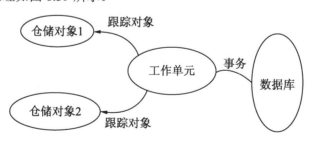

图 6.39　仓储对象和工作单元的工作原理

　　工作单元需要在一个事物范围内跟踪聚合对象的变化情况，在提交时再把这些改变的聚合对象存储到数据库中。实现对对象状态的跟踪是一项艰巨而烦琐的工作，幸好目前很多主流的 ORM 框架都实现了工作单元。这意味着我们不用过多地考虑工作单元的实现方法，在需要时直接使用就可以了。例如，我们准备使用的 ORM 框架 Entity Framework Core，就在 DBContext 中实现了工作单元。为了简化对工作单元的使用，需要先定义提供提交方法的工作接口。代码如下：

```
// 定义工作单元
public interface IUnitOfWork
{
    // 保存所有更改
    int SaveChanges();
    // 使用异步方式保存所有更改
    Task<int> SaveChangesAsync(CancellationToken cancellationToken = default);
}
```

接口中提供了用于把对象状态的变化提交到数据库中的方法。其中，SaveChanged()
方法用于同步提交，而 Save- ChangesAsync()方法用于异步提交。接着就可以定义仓储对
象的接口了。通过上面的介绍可以看出，任何聚合对象，它们的仓储对象的基本方法是一
致的。也就是说，可以定义一个通用的仓储对象接口。因为仓储对象最终会提供对不同聚
合对象访问的支持，所以定义这个接口的最好方式是使用泛型。接口定义的代码如下：

```
//为实体对象提供统一的仓储接口
public interface IEntityObjectRepository<T,TKey>
    where T : class,IEntityObject<TKey>, IAggregationRoot
{
    //添加一个实体对象
    T AddObject(T entity);
    //添加一个实体对象
    Task<T> AddObjectAsync(T entity, CancellationToken cancellationToken
= default);

    //更新对象
    T UpdateObject(T obj);
    //使用异步的方式更新对象
    Task<T> UpdateObjectAsync(T entity, CancellationToken cancellation
Token = default);

    // 删除对象
    T DeleteObject(T entity);
    //使用异步的方式删除对象
    Task<T> DeleteObjectAsync(T entity, CancellationToken cancellation
Token = default);

    //移除数据（彻底删除）
    T RemoveObject(T entity);
    //使用异步的方式移除数据（彻底删除）
    Task<T> RemoveObjectAsync(T entity, CancellationToken cancellation
Token = default);
    //使用标识获取对象
    T GetObjectInID(TKey id);
    //使用异步的方式通过标识获取对象
    Task<T> GetObjectInIDAsync(TKey id, CancellationToken cancellation
Token = default);
    // 获取工作单元
    IUnitOfWork GetUnitOfWork();

    //创建一个标识
```

```
    string GenerateNextIdent();
}
```

定义完仓储的通用接口后，还需要为不同的聚合定义各自的仓储接口。通过这些接口，可以把新的聚合对象保存起来，也可以获取已经保存的聚合对象。当然，到目前为止还不能真正使用这些仓储，为了使用这些仓储，必须在基础设施层中实现这些仓储。

6.8　小　　结

通过本章的学习，我们了解了领域驱动设计的基本概念和方法。首先学习了实体对象和值对象，它们是领域模型的基础概念。清楚了这些基础概念以后，又学习了限界上下文，它是一个极其重要的工具。掌握限界上下文能让我们在概念和关注点更清晰的基础上开始设计工作。然后学习了聚合，它是限界上下文实现的基础。在之后学习的领域事件、工厂和仓储对象等都是以聚合对象为基础展开的。掌握好限界上下文和聚合对象对实际开发工作有着巨大的帮助。

第 7 章　综合运用领域模型

上一章通过一些实例介绍了领域驱动开发的基本知识，本章的内容更加偏重于实际的开发细节。在设计和实现时也会考虑和基础设施层及应用层的集成。本章通过两个较完整的上下文实例，介绍设计和实现一个完整的限界上下文的方法和细节。本章的主要内容有：

- 综合运行领域驱动设计工具，设计一个完整的领域模型；
- 实现领域模型时，如何应对 ORM 的代码侵入。

7.1　商品目录上下文的实现

在电子商城中，商品目录上下文是一个重要的子领域。这个子领域的边界包含商品分类和商品管理。在这个上下文中，主要的关注点是用户浏览商品时的需求。让用户能够快速找到需要的商品是电子商城系统的基本功能。为此首先需要为商品创建分类，以方便用户按类别查找商品，其次要提供按关键词搜索商品的功能，从而方便用户搜索商品。

当用户搜索商品时，结果的准确性和搜索的速度直接影响客户的体验。一个成熟的电子商城系统会使用单独的搜索引擎，同时会有一个商品推荐引擎，可以根据用户的购买记录和搜索记录向用户推荐感兴趣的商品。一个高效、可靠的搜索引擎和推荐引擎的实现已经超出了本书的范围，有兴趣的读者可以自行阅读相关的资料。作为本书的实例项目，我们仅在商品目录上下文中实现对商品的基本搜索。

商品的信息和价格是商品目录上下文中的另外一个关注点。商品价格计算在上一章中已经讲过了。本章仍然使用前面讲过的价格实现方法，但是会根据上下文做一些简单的调整。

在前一章的实现方法中，因为我们还不了解限界上下文的概念，因此把商品价格和订单总价放在了一起进行实现。而在商品目录上下文中没有订单总价的概念，因此只需要关注商品价格的变动情况，而无须关注总价的优惠情况。对于订单总价的优惠情况，将放在订单上下文中实现，这样在实现价格计算时关注点更清晰。

针对浏览和搜索商品两个主要需求，可以在商品目录上下文中轻易识别出两个主要的聚合，即商品分类聚合和商品聚合。两个聚合分别定义上下文中的两个主要模型，如图 7.1 所示。

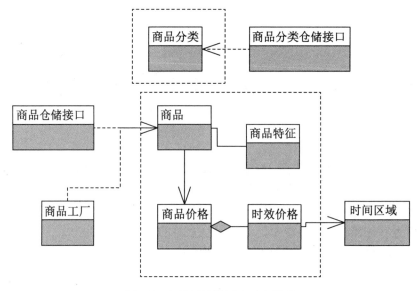

图 7.1　商品目录限界上下文模型

　　如图 7.1 所示的模型已经用曲线划分好了聚合对象。商品分类和商品在对象关系的意义上比较紧密。从这个方面来说，似乎不应该分成两个聚合对象。但是通过上一章的学习我们知道，决定聚合边界的不应该是对象关系，而是领域逻辑上的一致性约束。

　　商品分类和商品虽然看上去关系很紧密，但实质上却没有一致性的约束。在一个商品分类对象中，添加或减少商品对象都不会改变商品分类对象，并且在商品分类对象中并没有限制该分类的商品的数量。

　　把商品分类和商品集成到一个聚合对象中并不能给这两个对象带来使用聚合的优势，比如保护商品分类对象数据的一致性，反而会因为使用聚合带来不必要的麻烦。

　　🔔注意：如果没有充分的理由，应尽量使用小聚合对象。

　　在划分好聚合对象并且确定好聚合的边界以后，下面将分别实现这两个聚合对象。

7.1.1　商品分类聚合的实现

　　在商品目录上下文中，商品分类主要用于标记商品的分类。当然这只是针对 iShopping 项目而言，在其他设计方案中，可能会有针对商品分类有一些逻辑上的要求。例如，商城的运营者可能会针对某种分类的商品进行特价促销。那样的话，把相关的操作加入商品分类对象中就能实现。事实上，针对某种分类商品进行的促销和优惠活动，本质上还是针对商品对象的操作，只是在商品分类对象上增加了对商品对象批量操作的脚本，只要系统支持按分类搜索商品，就可以方便地实现。

　　在电子商城系统管理中，商品的分类是有层级的，如"书籍>计算机科学>软件开发"。

随着商品的增加，分类和分类的层级也可能增加，因此不能使用固定层级的方式，如三级分类或四级分类。

在这一点上，商品分类和前面章节实现的行政区域组织架构 RegionalStructure 类似。因此对于商品分类的实现，仍然使用合成模式 Composite Pattern。和行政区域组织架构类似，这也是一种特殊的合成模式，因为在这种合成模式下只有枝对象而没有叶对象。其实，这种实现方式只是借用了合成模式的对象树来实现动态分层结构。商品分类对象的相关模型如图 7.2 所示。

通过模型可以看出，商品分类聚合是一个单独的对象，在对象关系方面还是比较简单的，只需要和商品对象保持关联即可。前面的章节中我们已经了解到，与聚合对象直接关联的最佳方式是使用标识关

图 7.2　商品分类对象的模型

联，因此在商品分类对象和商品对象之间没有必要保持引用。

当然这种通过标识关联的方式在对象导航时会带来麻烦，例如查找某个分类的商品。在实现商品对象时会具体介绍怎么处理这些细节。下面先看看商品分类对象的定义。代码如下：

```
// 描述商品的分类
public class CommodityCategory : EntityObject<string>,
    ICompositeObject<CommodityCategory>, IAggregationRoot
{

    private CommodityCategory()
    {

    }
    public CommodityCategory(string id,string name):base(id)
    {
        Name = name;
    }
}
```

从上面的代码中可以看出，商品分类对象作为聚合的根对象应该是实体对象（EntityObject）的子类型。商品分类对象除了提供使用参数初始化的构造方法以外，同时还提供了一个私有的无参数的构造方法。这一点需要特别注意。很多领域对象在创建时需要使用参数初始化，对于这些领域对象，提供无参数的构造方法是危险的，意味着客户端代码可以使用这个构造方法直接创建一个没有初始化的对象。而没有正确初始化的对象是不能正常工作的。为了使对象能正常工作，有时会公开大量的属性，通过给这些属性赋值来完成初始化。这样会使领域对象大量失血而退化成数据保持器。但是作为基础设施层的 ORM 框架，Entity Framework Core 要求实体类必须提供无参数的构造方法。为了满足这个要求，同时又不破坏领域对象本身的约束，提供了私有的无参数的构造方法。

🔔**注意**：Entity Framework Core 要求实体类必须提供一个无参数的构造方法，为了避免对领域对象的破坏，可以把这个构造方法标识为私有方法。

除此之外，商品分类对象实现了两个接口：IAggregationRoot 和 ICompositeObject <CommodityCategory>。IAggregationRoot 接口是一个标记接口，在接口里并没有定义方法，仅用于标记的类型是聚合根对象。ICompositeObject <CommodityCategory>接口是一个泛型接口，从名称里可以看出是对合成对象的定义。

因为已经在两个地方使用了合成模式，为了代码的重用，我们准备把合成模式的通用方法封装在一个静态类型里作为扩展方法。为了支持这些扩展方法，必须让这些合成模式的对象实现统一的接口。首先看一下描述合成对象的统一的接口，定义如下：

```
// 定义支持合成模式（Composite Pattern）的对象接口
public interface ICompositeObject<T> : IEntityObject
    where T : EntityObject
{
    // 定义合成对象的父对象
    ICompositeObject<T> Parent { get; }
    // 定义合成对象的子对象集合
    ICompositeObject<T>[] SubItems { get; }
}
```

接口中只定义了两个属性 Parent 和 SubItems，使用这两个属性就可以定义合成对象之间的关系。当然合成对象还有许多通用的方法，这些方法并不是领域逻辑所需要的，而仅仅作为处理合成对象需要的方法。可以把这些方法封装到扩展方法中。扩展方法的定义如下：

```
// 合成对象的扩展方法
public static class CompositeExtended
{
    // 获取一个值，指示合成对象链中是否包含指定编号的对象
    public static bool Container<T>(
        this ICompositeObject<T> source,string id) where T:EntityObject
    {
        if (string.IsNullOrEmpty(id)) return false;
        if (source == null) return false;
        if (source.ID.Equals(id)) return true;
        foreach(ICompositeObject<T> item in source.SubItems)
        {
            /// 从子对象进行迭代
            if (item.Container(id)) return true;
        }
        return false;
    }
    // 获取并返回合成对象链中指定编号的对象
    public static ICompositeObject<T> Find<T>(
        this ICompositeObject<T> source, string id) where T : EntityObject
    {
        if (string.IsNullOrEmpty(id)) return null;
        if (source == null) return null;
```

```
        if (source.ID.Equals(id)) return source;
        foreach (ICompositeObject<T> item in source.SubItems)
        {
            /// 从子对象进行迭代
            ICompositeObject<T> find = item.Find(id);
            if (find != null) return find;
        }
        return null;
    }
    // 获取合成对象链的父对象和集合
    public static void GetParentList<T>(
        this ICompositeObject<T> source,
        List<ICompositeObject<T>> parentList) where T : EntityObject
    {
        if (parentList == null) parentList = new List<ICompositeObject
<T>>();
        if (source == null) return;
        if (source.Parent == null) return;
        parentList.IndexOf(source.Parent, 0);
        /// 从子对象进行迭代
        source.Parent.GetParentList(parentList);
    }

    // 获取合成对象树的列表
    public static void GetObjectList<T>(
        this ICompositeObject<T> source,
        List<ICompositeObject<T>> list) where T : EntityObject
    {
        if (list == null) list = new List<ICompositeObject<T>>();
        if (source == null) return;
        list.Add(source);
        foreach(ICompositeObject<T> item in source.SubItems)
        {
            GetObjectList(item, list);
        }
    }
}
```

注意：C#扩展方法是 C# 3.0 时引入的新特性，是随着 VisualStudio 2008 和 NET Framework 3.5 一起发布的，在低版本中不能使用。如果使用的版本不支持扩展方法，可以考虑使用静态方法。对于合成对象的扩展方法，也可以使用访问者模式（Visitor Pattern）来实现。在实际开发中，访问者模式经常和合成模式配合使用，用于对合成对象的查询和修改等。

通过上述代码可以看出，这些扩展方法并不是为商品分类对象专门创建的，它们适用于任何实现了 ICompositeObject<T>接口的合成对象。这意味着这些方法同样适用于前面章节实现的行政区域组织架构对象，只要稍微修改代码实现接口 ICompositeObject<T>即可。有了这些扩展方法，就可以使用类似于下面的代码实现对合成对象的管理。

```
CommodityCategory category;
// 在 category 对象上调用扩展方法 GetParentList()
category.GetParentList(parentList);
```

我们在静态类 CompositeExtended 中定义了几个合成对象的常用方法，用于搜索合成对象、查找父对象链等。这些方法都是用于合成模式的基础方法，和领域逻辑无关。对于这样的方法可以用扩展方法来实现。

扩展方法本质上是无状态的静态方法，在这一点上和领域服务类似。如果把本该属于领域对象的方法迁移到扩展方法中，同样也会造成领域模型贫血，因此扩展方法仅用于辅助功能。商品分类对象实现接口的代码如下：

```
//设置商品的分类
public class CommodityCategory : EntityObject,
    ICompositeObject<CommodityCategory>, IAggregationRoot
{
    private CommodityCategory m_Parent = null;
    private List<CommodityCategory> m_SubItems = new List<Commodity
Category>();

    // 用于 Entity Framework Core
    private CommodityCategory()
    {

    }
    public CommodityCategory(string id,string name):base(id)
    {
        Name = name;
    }
    /// 接口 ICompositeObject<CommodityCategory>.Parent 的显示实现
    ICompositeObject<CommodityCategory>
        ICompositeObject<CommodityCategory>.Parent => m_Parent;
    /// 接口 ICompositeObject<CommodityCategory>.SubItems 的显示实现
    ICompositeObject<CommodityCategory>[]
        ICompositeObject<CommodityCategory>.SubItems => SubItems;
}
```

泛型接口 ICompositeObject<T>用于规范代码管理，而不是领域逻辑设计，接口中的方法一般不需要向别的领域对象公开，因此在商品分类中使用显式的实现方式。

实现了 ICompositeObject<T>接口以后，商品分类对象具备了对分类层次化管理的基础支持，然后就可以在商品分类对象中添加领域方法了。

在商品目录的上下文中，商品分类对象除了具备管理的基本方法以外，还隐藏了支持与商品关联的方法。在上一章中我们了解到，商品分类和商品是两个独立的聚合，两个聚合根最好直接使用实体标识保持关联。使用这种关联方式可以让两个聚合对象保持分离。但是这种方式也给对象的导航带来了麻烦。在后面章节中实现订单项 OrderItem 对象时会介绍怎么在聚合对象使用标识引用时处理导航问题。商品分类与商品的关联模型如图 7.3 所示。

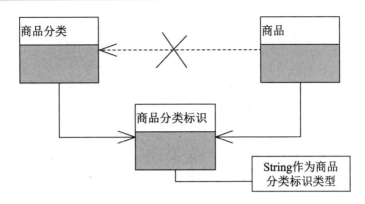

图 7.3　商品分类与商品的关联模型

在如图 7.3 所示的模型中，商品对象需要保持对商品分类标识对象的引用，而商品分类对象使用 String 作为标识。因此在实现模型时不需要再创建一个商品分类标识对象，对于商品对象来说，只要有一个 String 类型的 CategoryID 属性就可以维持对分类对象的引用。

在实际项目中，商品分类对象和商品对象的关联是双向的，商品对象要保持分类的引用，同时需要根据分类查找商品。前面已经说过，保持这种双向关联的成本很高，很多情况下只需要保持单向的关联即可，对另一个不太重要的关联可以使用查询代替。对于商品分类这种树状结构的对象来说，查询处理比较特殊。先来看一下如图 7.4 所示的示例。

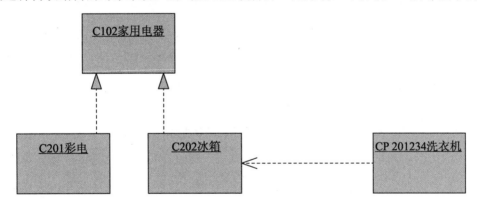

图 7.4　商品分类示例

在示例中存在 3 个商品分类，C102 家用电器、C201 彩电和 C202 冰箱。3 个商品分类对象存在层次关系，即 C201 彩电和 C202 冰箱是 C102 家用电器的子分类。而商品对象 CP201234 洗衣机属于 C0202 冰箱类，同时这个商品对象保持一个值为 C202 的商品分类属性。

此时对于按商品分类搜索对象的方法来说，如果传入的参数为 C202，通过比较商品分类的 ID 属性，肯定能搜索到 CP201234 洗衣机。但是，如果传入的参数是 C101，则按这种搜索方法是搜索不到 CP201234 洗衣机的。这不是我们希望看到的结果，毕竟洗衣机也属于家用电器。

按层次搜索有多种实现方法。最简单的方法是在商品对象中保持一个对分类的父对象链的缓存。即在洗衣机对象中保存一个字段 C102/C202，这样按 C102 搜索时，通过与这个字段的比较也可以搜索到 CP201234 洗衣机。这是一种简易的实现方法，不需要在数据库中增加一个单独的表来存储商品和其对分类的映射，因此不适合产品分类很庞杂的情况。

解决了商品分类对象和商品对象的关联问题以后，就可以解决商品分类对象的剩余问题了。代码如下：

```
// 设置商品的分类
public class CommodityCategory :
 EntityObject, ICompositeObject<CommodityCategory>, IAggregationRoot
{
    ...
    // 获取父对象的编号
    public string ParentID { get => m_ParentID;
        private  set => m_ParentID = value; }
    // 获取隶属于当前分类的子分类
    public CommodityCategory[] SubItems { get => m_SubItems.ToArray(); }

    // 在当前分类中添加子分类
    public void AddSubCategory(CommodityCategory category)
    {
        if (category == null)
        {
            throw new ArgumentNullException(nameof(category));
        }
        ///使用扩展方法检测是否已经存在同样编号的分类
        if (this.Container(category.ID))
        {
            throw new Exception("分类已经存在");
        }
        category.m_Parent = this;
        category.m_ParentID = ID;
        m_SubItems.Add(category);
    }
    // 获取导航标识
    public string GetNavigationIdent()
    {
        List<ICompositeObject<CommodityCategory>> parentList
            = new List<ICompositeObject<CommodityCategory>>();
        //使用扩展方法获取父对象的链数组
        this.GetParentList(parentList);
        StringBuilder sb = new StringBuilder();
        bool first = true;
        // 遍历父对象的链数组，把分类 ID 拼接到字符串中
        foreach(ICompositeObject<CommodityCategory> composite in parentList)
        {
```

```
            if(first)
            {
                first = false;
            }
            else
            {
                sb.Append(NavigationSeparator);
            }
            sb.Append(composite.ID);
        }
        return sb.ToString();
    }
    // 获取分类的根对象
    public CommodityCategory GetCategoryRoot()
    {
        // 如果父对象为空，则这个对象是根对象，直接返回
        if (((ICompositeObject<CommodityCategory>)this).Parent == null)
            return this;
        // 把这个方法转交给父对象
        return m_Parent.GetCategoryRoot();
    }
    // 获取分类导航标签的列表
    public string GetNavigationLabel()
    {
        List<ICompositeObject<CommodityCategory>> parentList
            = new List<ICompositeObject<CommodityCategory>>();
        this.GetParentList(parentList);
        List<string> labels = new List<string>();
        StringBuilder sb = new StringBuilder();
        bool first = true;
        foreach (ICompositeObject<CommodityCategory> composite in parentList)
        {
            if (first)
            {
                first = false;
            }
            else
            {
                sb.Append(NavigationSeparator);
            }
            sb.Append(composite.ID);
        }
        return sb.ToString();
    }
    ...
}
```

　　从上述代码中可以看出，我们已经把商品分类的基础管理方法和商品对象的关联方法添加完毕。需要注意代码里的 ParentID 属性，它用来保存父对象的编号。从领域模型的角度来看，ParentID 属性是没必要增加的，如果增加，那么就是危险的。这里之所以增加这个属性，是因为数据映射的原因。也就是说，Entity Framework Core 会把这个属性映射到数据库的字段中，而且在基础设施层的实现中，数据映射的配置也需要这个属性。

为了避免 ParentID 属性无意中被修改（也是贫血模型的危害之一）而造成数据不一致的问题，需要把这个属性的 Set 访问器方法设置为私有。需要特别注意的是，如果不提供 ParentID 属性的 Set 访问器，Entity Framework Core 会报异常，因为在映射时 Entity Framework Core 会通过 Set 访问器给 ParentID 属性赋值。Entity Framework Core 会通过反射访问 ParentID 属性，因此它可以访问私有方法，这就保证了客户端代码无法直接修改属性值。

🔔 **注意**：Entity Framework Core 要求需要映射的属性必须提供 Get 和 Set 访问器，出于对属性的保护，可以把 Set 访问器设为私有。

接下来定义商品分类对象的仓储接口。商品分类对象比较特殊，在定义仓储接口时增加了一个获取商品分类根对象的方法。代码如下：

```
/// 定义 CommodityCategory 对象的仓储接口
public interface ICommodityCategoryRepository
 : IEntityObjectRepository<CommodityCategory>
{
    /// 获取商品分类聚合对象的根对象
    CommodityCategory GetCompositeRoot();
}
```

7.1.2　商品聚合的实现

在商品目录上下文中，商品对象的聚合比商品分类对象的聚合稍微复杂一些。商品对象的聚合涉及更多的对象。在多个对象聚合时怎么处理对象的关系是系统设计必须考虑的问题。对于聚合对象来说，只能为聚合的根对象提供仓储，那么对聚合内部对象的存储该怎么处理，或者聚合内部对象的实现为了使用 OMR 框架要做哪些细节调整，也是必须考虑的问题。商品聚合模型如图 7.5 所示。

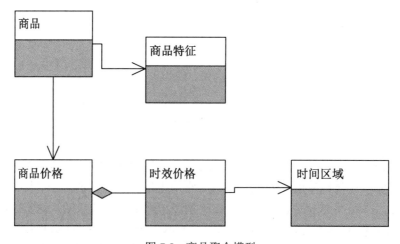

图 7.5　商品聚合模型

　　对于商品聚合来说，我们可以轻易地识别出商品对象（Commodity）是聚合的根对象。商品特征对象（CommodityFeature）用于描述商品的各种特征。毫无疑问，商品特征对象是一个值对象。这个对象很好实现，可以使用其内部的属性记录商品的图片地址和参数规格等数据。

　　商品价格对象前面章节中已经介绍过，它是一个用于计算价格的值对象。在商品目录限界上下文中，我们对商品价格对象做了部分改动。因为在商品目录限界上下文中，商品价格只有时效价格，而计算折扣是订单上下文的任务，商品价格对象只保留了对时效价格的支持。商品时效价格的实现和上一章的实现方法没有太大的差异。

　　在实现商品聚合时，首先看一下商品特性对象。这个对象很简单，用于存储商品的一些特性和属性。毫无疑问，这是一个值对象。我们在实现时只在里面添加了商品图片地址和商品的生产厂家两个属性。在设计时，这两个属性完全可以归入商品类型里，这不仅可以减少一个类型对象，而且也能简化后续的基础设施层的代码。

　　有两个原因让我们继续增加 CommodityFeature 类型。

　　第一个原因是基于扩展方面的考虑。目前，商品特性里只有商品图片地址和生产厂家两个属性。当商城运行后，为了方便用户浏览会增加很多商品特性，如增加一个 Commodity-Feature 类型可以快速支持商品特征项的扩展，而不需要调整 Commodity 类型。

　　第二个原因是基于实体对象特性的考虑。实体对象的职责是使用标识连续跟踪对象状态的变化情况，而不是描述这些状态。把过多零散的属性添加到实体对象中之后，会使实体对象快速膨胀，而膨胀的内容并不是实体对象应该包括的关注点。事实上，在设计实体对象时，应该在实体对象上添加和标识密切关联的少数属性即可，其他属性尽量使用单独的值对象进行封装。

　　在 CommodityFeature 类型中还应该增加维持和 Commodity 类型关联的代码。这些维持关联的代码有时并不是领域模型所需要的，而是 ORM 框架为了维持外键关联额外添加的。

　　CommodityFeature 类型虽然简单，但是这种维持关联的代码很典型，并且会用到其他的值对象中。因为很多值对象都和实体对象保持一对一的关系，因而从原理上讲是通用的。CommodityFeature 类型的实现代码如下：

```
//设置商品特征信息
public class CommodityFeature : ValueObject
{
    private string m_ImageUrl = string.Empty;
    private string m_Manufacturer = string.Empty;
    private Commodity m_ParentCommodity = null;
    private string m_CommodityID = string.Empty;

    public CommodityFeature(string imageUrl,string manufacturer)
    {
        m_ImageUrl = imageUrl;
        m_Manufacturer = manufacturer;
    }

    // 获取商品图片的 URL
```

```
public string ImageUrl { get => m_ImageUrl;
    private set => m_ImageUrl = value; }
// 获取商品的生产厂家
public string Manufacturer { get => m_Manufacturer;
    private set => m_Manufacturer = value; }
// 获取商品对象的 ID
public string CommodityID { get => m_CommodityID;
    private set => m_CommodityID = value; }
// 获取隶属的父商品对象
public Commodity ParentCommodity { get => m_ParentCommodity;
    private set => m_ParentCommodity = value; }

// 把时间段价格项与价格对象关联
public void AttachCommodity(Commodity commodity)
{
    m_ParentCommodity = commodity;
    m_CommodityID = commodity == null ? string.Empty : commodity.ID;
}

// 创建副本
public override IValueObject Clone()
{
    CommodityFeature feature = new CommodityFeature(ImageUrl,
Manufacturer);
    feature.m_CommodityID = m_CommodityID;
    return feature;
}
// 获取内部属性的枚举器
protected override IEnumerable<object> GetPropertyValues()
{
    yield return CommodityID;
    yield return ImageUrl;
    yield return Manufacturer;
}
}
```

CommodityFeature 的实现方法和其他值对象类似。需要注意的是，在代码中额外增加了 CommodityID 和 Commodity 属性以及 AttachCommodity()方法。通过这些属性和方法的名称可以知道，它们用于保存隶属的商品对象。如果仅从领域模型的视角来看，这些属性和方法是多余的。在领域模型中，商品对象和商品特征对象只需要保持单向引用即可，如图 7.6 所示。

通过领域模型可以清晰地看出，商品对象保持对商品特性对象的引用，用来描述商品的特性。而商品特征对象保持对隶属商品对象的引用则完全没有必要，因为查看商品特征时是从商品对象的 Feature 属性导航到商品特征对象的。

在把领域对象映射到数据库中时，我们希

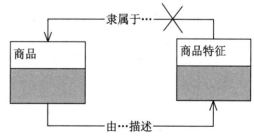

图 7.6　商品对象和商品特征对象

望商品特性对象保存在一张单独的表中，这就需要在保存商品的表和商品特性的表之间建立外键引用关系。CommodityID 属性就是商品特征的外键，而 Commodity 属性用于设置两个表的关联。如果使用 Entity Framework Core 设置方式，则代码如下：

```
/// 设置 CommodityFeature 和 Commodity 的一对一关系
modelBuilder.Entity<CommodityFeature>()
    .HasKey(c => c.CommodityID);
modelBuilder.Entity<CommodityFeature>()
    .HasOne(c => c.ParentCommodity)
    .WithOne(p => p.Feature)
    .HasForeignKey<CommodityFeature>(c=>c.CommodityID)
    .IsRequired();
```

具体代码的含义及如何设置领域对象的关系会在下一章中介绍。现在让我们继续来关注商品聚合的领域模型。在商品聚合中，商品价格对象和商品特征对象一样，作为值对象都与商品实体对象保持着一对一的关系。在这个方面，商品价格对象需要和商品特征对象增加相同的代码。下面是商品价格的实现代码：

```
//设置商品价格
public class CommodityPrice : ValueObject
{
    ...

    public CommodityPrice()
    {

    }

    ...

    // 获取隶属的父商品对象
    public Commodity ParentCommodity { get => m_ParentCommodity;
        private set => m_ParentCommodity = value; }
    //获取或设置关联商品的 ID
    public string CommodityID { get => m_CommodityID;
        private  set => m_CommodityID = value; }

    // 获取时效价格项
    public IReadOnlyCollection<TimeRegionPriceItem> PriceItems { get =>
m_PriceItems;}

    internal void AttachCommodity(Commodity commodity)
    {
        if(commodity == null)
        {
            throw new ArgumentNullException(nameof(commodity));
        }
        m_CommodityID = commodity.ID;
    }
}
```

在商品价格类型里，除了和商品特征类型一样，添加维持和商品对象一对一关系的代码外，比较特殊的是把时效价格属性更改为 IReadOnlyCollection<T>，这是一个只读类型，可以保证即使公开时效价格的集合，价格也不会被修改。其实站在领域模型的立场看，完全没必要公开 PriceItems 属性。

客户端代码需要从商品价格对象公开的方法中获取当前的时效价格，但是没有必要访问时效价格的集合。公开时效价格的属性是为了在 Entity Framework Core 里通过代码配置商品价格对象和时效价格对象的一对多关系。而为了维持这种一对多的关系，商品价格类型并不需要增加其他代码。

现在把目光转向时效价格 TimeRegionPriceItem 类型。这也是在上一章中已经实现的类型。但是在上一章中只是单纯地从领域模型的角度实现的，并没有考虑使用 ORM 带来的代码侵入问题。现在我们需要为时效价格类型加入对 ORM 的支持，实现代码如下：

```
//设置在一定时间范围内有效的价格
public class TimeRegionPriceItem : ValueObject
{
    private string m_Ident = string.Empty;
    ...
    private string m_CommodityID = string.Empty;
    private CommodityPrice m_ParentPrice = null;

    privateTimeRegionPriceItem()
    {

    }

    public  TimeRegionPriceItem(double  price,TimeRegion  region,string
description)
    {
        Ident = region.GetTimeRegionIdent();
           ...
    }
    // 获取时效价格的标识
    public string Ident { get => m_Ident;
        private  set => m_Ident = value; }
    ...
    // 获取隶属的商品价格对象
    public CommodityPrice ParentPrice { get => m_ParentPrice;
        private set => m_ParentPrice = value; }
    // 获取隶属的商品 ID
    public string CommodityID { get => m_CommodityID;
        set => m_CommodityID = value; }
    ...
    // 把时间段价格项关联到价格对象上
    public void AttachCommodityPrice(CommodityPrice commodityPrice)
    {
        ParentPrice = commodityPrice;
CommodityID =
        commodityPrice == null ? string.Empty : commodityPrice.CommodityID;
    }
    ...
}
```

在上述时效价格的实现代码中忽略了以前实现的代码，而仅仅展示了添加的代码。在新增的代码中，CommodityID 和 ParentPrice 属性及 AttachCommodityPrice()方法都是为了和商品价格保持一对多关系的支持代码，这和前面介绍的方式是一样的。比较特殊的是 Ident 属性，在类型中添加这个属性是为了增加一个标识。这个标识很特殊，在了解这个标识前，我们首先来看一下商品价格和时效价格的数据库模型，如图 7.7 所示。

图 7.7   商品价格和时效价格的数据库模型

在设计数据库时使用了单独的表 TimeRegionPriceItems 来存储时效价格对象，这是实现商品价格和时效价格一对多关系的必然设计。为了维持一对多的关系，在商品价格表（CommodityPrices）和时效价格表（TimeRegionPriceItems）之间需要使用外键关联，这一点和前面实现商品价格的方式一致。

对于 TimeRegionPriceItems 表来说，不管是增加数据还是删除数据，都需要一个主键来标识具体的时效价格数据。这一点和实体对象类似。从这个角度来说，时效价格对象和商品价格对象都算实体对象，它们都由标识来区分具体是哪个对象。但是站在领域的角度，关注它们是不是同一个对象意义不大。

在系统设计中会遇见很多这样的情况，处理方法是把这些对象建模成值对象，只在需要时为它们提供一个标识，这个标识仅用于在数据库中充当主键。事实上，在实际设计中，我们会把很多实体对象建模成值对象，除非有充分的理由必须使用实体对象。

🔔注意：在实际设计时，应尽量使用值对象建模。

在模型中，时效价格对象不但要和商品价格保持一对多的关系，还要和描述其有效范围的时间范围对象维持一对一的关系。

时间范围也是一个值对象，但是在数据库设计时并没有把它单独存放在一个表中，而是把它的两个属性都嵌入时效价格表中。因此对于时间范围类型而言，并不需要增加一个辅助的主键，同时也不需要增加用于维持外键关联关系的支持代码。

对于聚合根-商品对象 Commodity 来说，维持与这些内部对象的聚合关系是它必须承担的职责。维持聚合根对象与聚合内部对象的关系一般很简单，直接使用引用就可以。实现代码如下：

```
//设置一个商品对象
    public class Commodity : EntityObject<string>, IAggregationRoot
    {
        ...

        private Commodity()
        {

        }
        public Commodity(string id,string name, string description,
            CommodityPrice price, CommodityFeature feature,bool isOnSald)
            :base(id)
        {
            m_Name = name;
            m_Description = description;
            m_Price = price;
            m_Price.AttachCommodity(this);
            m_Feature = feature;
            m_Feature?.AttachCommodity(this);
            m_IsOnSale = IsOnSale;
        }
        // 获取商品的名称
        public string Name { get => m_Name; private  set => m_Name = value; }
        //获取是否在售
        public bool IsOnSale { get => m_IsOnSale; private set => m_IsOnSale
= value; }
        //获取商品的特征
        public  CommodityFeature Feature { get => m_Feature;
                private  set => m_Feature = value; }
        //获取商品的定义
        public string Description { get => m_Description;
                private set => m_Description = value; }
        //获取商品的分类
        public string CategoryID { get => m_CategoryID;
                private set => m_CategoryID = value; }
        // 获取分类标识链的缓存，用于查询
        public string CategoryIdentCached { get => m_CategoryIdentCached;
                private set => m_CategoryIdentCached = value; }

        ...

        //把商品关联到商品分类中
        public void AttachToCategory(CommodityCategory category)
        {
            m_CategoryID = category == null ? string.Empty : category.ID;
            CategoryIdentCached =
                category == null ? string.Empty : category.GetNavigation
Ident();
        }
        ...
        //设置基本价格
        public void AdjustBasePrice(double price)
        {
            if (Price == null)
```

```
        {
            throw new Exception("内部错误");
        }
        Price.AdjustBasePrice(price);
    }
    //添加时效价格
    public void AddTimeRegionPrice(TimeRegionPriceItem item)
    {
        if (Price == null)
        {
            throw new Exception("内部错误");
        }
        Price.AddTimeRegionPrice(item);
    }
    // 添加时效价格
    public void AddTimeRegionPrice(double price, TimeRegion region,
string description)
    {
        if (Price == null)
        {
            throw new Exception("内部错误");
        }
        Price.AddTimeRegionPrice(price,region,description);
    }
}
```

在 Commodity 的实现代码中，对几个聚合内部的值对象保持了引用，同时公开了属性的 Get 访问器。作为聚合的根，在和其他聚合内部对象保持一对一和一对多关系时，已经保持了对这些对象的引用，并不需要额外的支持代码。同时，定义 CategoryId 属性是为了实现对商品分类的引用。在保持对商品分类的标识引用时增加 CategoryIdentCached 属性，是为了支持按分类搜索商品的功能。

值得注意的是 AdjustBasePrice()和 AddTimeRegionPrice()方法。这两个方法本来是商品价格对象的方法，在商品对象中加入这些方法是为了避免外部对象直接调用商品价格对象，因此在商品对象中直接把价格计算任务转交给内部的商品价格对象去执行。

作为商品聚合的根对象，商品对象在内部聚合了几个值对象。这就意味着在创建商品对象时，必须初始化这些值对象。而这些值对象的创建又包含不同的逻辑。为了简化商品对象，在模型里提供了用于创建商品对象的领域工厂。

在创建商品对象的领域工厂时，CommodityFactory 使用了类似构建模式的方法，首先把需要的值对象一步一步地创建出来，然后得到一个完成初始化的商品对象。创建商品对象的领域工厂的实现代码如下：

```
//提供创建 Commodity 对象的工厂
  public class CommodityFactory
  {
        private string m_ID = string.Empty;
        private string m_Name = string.Empty;
        private string m_CommodityIdent = string.Empty;
```

```
    private CommodityPrice m_Price = null;
    private CommodityFeature m_Feature = null;
    private string m_Description = string.Empty;
    private CommodityCategory m_Category = null;
    private bool m_IsOnSale = false;

    public CommodityFactory()
    {

    }
    //设置商品的基本属性
    public void SetCommodityBaseProperty(string id,string name,
            string description,bool isOnSale)
    {
        if(string.IsNullOrEmpty(id))
        {
            throw new ArgumentException("商品 ID 不能空");
        }
        if (string.IsNullOrEmpty(name))
        {
            throw new ArgumentException("商品名称不能空");
        }
        if (string.IsNullOrEmpty(description))
        {
            throw new ArgumentException("商品描述不能空");
        }
        m_ID = id;
        m_Name = name;
        m_Description = description;
        m_IsOnSale = isOnSale;
    }

    // 设置产品的特性
    public void SetCommodityFeature(string imageUrl, string manufacturer)
    {
        m_Feature = new CommodityFeature(imageUrl,manufacturer);
    }
    // 设置商品的分类
    public void SetCategory(CommodityCategory category)
    {
        m_Category = category;
    }
    // 设置商品的价格
    public void SetCommodityPrice(double price, TimeRegionPriceItem[]
timeRegionPrices)
    {
        m_Price = new CommodityPrice(price, timeRegionPrices);
    }

    //获取创建的商品对象
```

```
public Commodity GetCommodity()
{
    if(string.IsNullOrEmpty(m_ID))
    {
        throw new Exception("商品的基本属性没有设置");
    }
    if (m_Price == null)
    {
        throw new Exception("商品的价格没有创建");
    }
    if(m_Category == null)
    {
        throw new Exception("商品的分类没有设置");
    }
    if (m_Feature == null)
    {
        throw new Exception("商品的特性没有创建");
    }
    Commodity commodity =
        new Commodity(m_ID, m_Name, m_Description,
                m_Price, m_Feature, m_IsOnSale);
    commodity.AttachToCategory(m_Category);
    return commodity;
}
```

在商品工厂里，通过分阶段创建的方式先把聚合的内部对象创建出来，然后用这些对象创建和初始化商品对象。客户端代码最终使用 GetCommodity()方法获取创建的商品对象。

使用分阶段创建的构建器模式可以使代码更清晰，每个创建子对象的方法都更加聚焦于各自的创建逻辑。在最后使用这些子对象组装商品对象的方法中，先检查了这些子对象是否已经被创建，从而保证了商品对象能够被正确地初始化。

最后，除了这些领域对象以外，还需要创建商品聚合的仓储接口。商品仓储接口并没有什么特别之处，只要在接口里增加一个按商品分类搜索商品的方法，或者根据需要增加一些按特性搜索商品对象的方法即可。代码如下：

```
// 定义 Commodity 对象的仓储接口
public interface ICommodityRepository : IEntityObjectRepository<Commodity,
string>
{
    // 搜索指定分类的对象
    Commodity[] SearchObjectsInCategory(CommodityCategory category);
}
```

至此，我们已经实现了商品目录限界上下文的领域模型。这个上下文其实在领域逻辑上很简单，主要实现对商品和商品价格的管理。在实现的过程中虽然我们已经考虑了很多细节，但是在实际设计时，面对类似的问题还需要考虑更多的细节。对更多细节上的考虑源自设计人员对领域问题的深入理解。

7.2 订单上下文的实现

上一节我们实现了商品目录限界上下文的领域模型。本节开始实现订单限界上下文的领域模型。相比商品目录上下文，订单上下文有更多的领域问题需要去处理。在商品目录上下文中，因为领域逻辑比较少，关注点在于实现领域模型时怎么应对 ORM 对领域模型的代码侵入。在订单上下文中，关注的是怎么设计和实现领域模型。在设计和实现领域模型的过程中，我们会综合运用上一章学习的各种领域驱动设计工具。本节的实例将带领大家学习实现领域模型的技巧和方法。

订单上下文是整个 iShopping 系统的核心子领域，它包含关于订单处理的对象和动作。其他的上下文都是订单核心领域支持的子领域，因此在订单上下文中不可避免地需要和其他上下文交互，如图 7.8 所示。

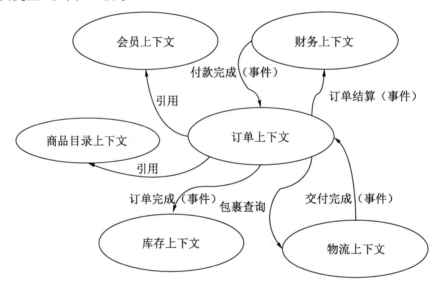

图 7.8 订单上下文和其他上下文交互模型

从图 7.8 中可以看出，作为核心子领域，订单上下文和其他几乎所有的上下文都有关联的需求。在这些关联中，有些是对聚合对象的引用，有些则需要通过领域事件维持一致性。在实现这些关联时会使用前一章学习的工具和方法。

订单上下文包含所有订单，作为订单的前身，购物车也包含在订单上下文中。购物车的功能很简单，也很容易实现。在实现订单模型时，主要面临的问题是用什么方式保持对商品的引用。

订单从某种意义上讲和购物车很类似，都需要在订单项中保持对商品对象的引用。而在领域逻辑上，订单要比购物车复杂。首先，订单有许多状态，如订单是否结算、是否支付、是否交付完成等。作为实体对象，这些状态是由一系列动作驱动的，如结算、支付等。

其次，订单还有一个重要的领域逻辑，就是结算费用的价格是由商品的价格、数量、运费和一系列优惠折扣条件共同计算完成的。怎么描述优惠条件也是需要仔细考虑的问题。通过这些问题，我们可以把订单上下文的初步模型大致勾勒出来，如图 7.9 所示。

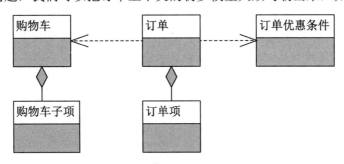

图 7.9　订单上下文的初步模型

有了这个粗粒度的模型，我们就可以识别出模型中的聚合。首先是购物车聚合，购物车和购物车子项组成一个聚合对象。维持这个聚合的一致性条件是购物车计算出来的商品总价。这个聚合是显而易见的。和购物车聚合类似，订单和订单项也组成一个聚合，这个聚合的一致性条件是订单费用的计算。

模型中剩下的就是优惠条件对象，这些对象属于订单聚合还是自身就是一个聚合值得我们认真分析。优惠条件用于订单费用的计算，它的变动会影响订单的总费用。从某种意义上说，优惠条件确实会影响订单费用的一致性。

但是订单所谓的一致性应该是订单费用计算的完整性。换句话说就是，订单的费用是由商品的总价、运费和优惠项组成的。优惠项的变动确实会影响订单费用的计算，但是这种变化并没有破坏订单费用的一致性。就像商品价格的改变也会影响订单费用一样，优惠条件没有充分的理由作为订单聚合的一部分，因此我们把订单的优惠条件作为单独的聚合。根据上面的分析，订单上下文中的对象就划分成了 3 个聚合，如图 7.10 所示。

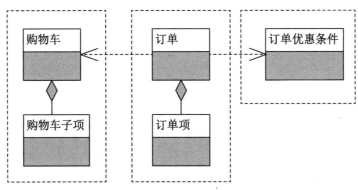

图 7.10　订单上下文中聚合的划分

完成聚合的边界划分后，聚合的仓储对象就确定了。下面几节将分别实现订单上下文的三个聚合。

7.2.1 购物车聚合的实现

在订单上下文上中，购物车聚合比较明确，也很好理解。购物车类似于一个容器，里面可以存放选择的各种商品。购物车还可以显示选购的商品总价，当然购物车显示的价格仅仅是参考价格。只有把购物车生成订单并结算后，才会显示一个最终的价格。购物车里的每一项称为购物车子项。购物车子项里定义了商品和数量，也就是说购物车子项里保持了对商品对象的引用。

在前面的章节中我们已经了解到，聚合对象之间的引用最好使用标识引用的方式。使用标识引用的方式时，购物车子项只保存引用的商品对象的标识。这可以简化对象的设计。但是购物车子项里除了保存商品的标识外，还需要知道商品的价格和名称等信息。

对于这些信息的准确性，购物车子项其实没有那么严格的要求。也就是说，购物车只要在选择商品时获取这些信息的快照就可以。为了设置这些信息的快照，需要增加一个商品信息的值对象。

商品信息是基于商品对象创建的，而商品对象在商品目录上下文中。为了创建这个对象，同时需要增加一个从商品对象到商品信息对象的转换器。有了商品信息的值对象以后，购物车子项就可以使用商品信息对象来保持对商品对象的标识引用，而此时商品信息对象更像是一个可以带附件的标识。

确定完这些细节以后，就可以轻松地设计出购物车聚合的领域模型，如图 7.11 所示。

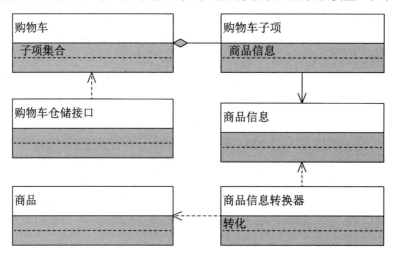

图 7.11　购物车聚合的领域模型

在解决了购物车子项对商品对象引用的问题以后，购物车的模型就很容易理解了。在如图 7.11 所示的模型中，商品对象并不属于这个模型，只是商品信息对象的转换器依赖这个对象。下面开始实现购物车的聚合模型，首先看商品信息对象和商品信息转换器。

通过上面的分析可以知道，商品信息对象是商品对象的快照，是一个值对象。代码如下：

```
// 设置商品信息
public class CommodityInfo : ValueObject
{
    ...
    //用于 Entity Framework Core 的构造方法
    private CommodityInfo()
    {
    }
    public CommodityInfo(string id,string name,double price)
    {
        m_ID = id;
        m_Name = name;
        m_Price = price;
    }
    /// 获取商品 ID
    public string ID { get => m_ID; private  set => m_ID = value; }
    /// 获取商品名称
    public string Name { get => m_Name; private  set => m_Name = value; }
      /// 获取商品价格
    public double Price { get => m_Price; private  set => m_Price = value; }

    ...
}
```

这个类型的实现和其他的值对象并没有不同。上面的代码中省略了有关值对象的通用代码。商品信息转换器是一个标准的上下文映射工具，在前一章中已经介绍过，它的代码也不复杂，只需要提供从商品对象到商品信息的单向转换即可。实现代码如下：

```
// 提供商品对象到商品信息的转换器
public class CommodityConvert
{
    // 把商品对象转换为商品信息
    public CommodityInfo Convert(Commodity commodity)
    {
        if (commodity == null) return null;
        return new CommodityInfo(commodity.ID,
        commodity.Name, commodity.GetPrice());
    }
}
```

有了商品信息对象以后，购物车子项就可以通过这个对象间接保持对商品对象的引用。购物车和购物车子项是购物车聚合的两个核心类型，这两个对象是天然的聚合。

作为聚合的根对象，购物车提供整个仓储的操作接口，如添加商品、更改商品的数量和清空购物车等。作为聚合根对象的购物车，其主要职责是负责维持聚合的引用，对于这些方法的算法，很多都是由购物车子项来负责。我们先看看两个类型的实现代码。购物车子项的代码如下：

```
// 为购物车子项建模
public class ShoppingCartItem : EntityObject<string>
{
    private CommodityInfo m_Commodity = null;
    private int m_Quantity = 0;
    private string m_ShoppingCartID = string.Empty;
    private ShoppingCart m_ParentCart = null;

    private ShoppingCartItem(){}
    public ShoppingCartItem(ShoppingCart cart,
        CommodityInfo commodity)
        :this(cart,commodity,1)
    {
    }
    public ShoppingCartItem(ShoppingCart cart,
        CommodityInfo commodity,int quantity)
        :base(commodity == null?string.Empty:commodity.ID)
    {
        m_Commodity = commodity;
        m_Quantity = quantity;
        ParentCart = cart;
        ShoppingCartID = cart == null ? string.Empty : cart.ID;
    }
    // 获取商品信息
    public CommodityInfo CommodityInfo { get => m_Commodity;
        private set => m_Commodity = value; }
    // 获取商品数量
    public int Quantity { get => m_Quantity;
        private set => m_Quantity = value; }
    // 获取隶属的购物车 ID
    public string ShoppingCartID { get => m_ShoppingCartID;
        private set => m_ShoppingCartID = value; }
    // 获取隶属的购物车
    public ShoppingCart ParentCart { get => m_ParentCart;
        private  set => m_ParentCart = value; }
    // 增加数量
    internal void IncreaseQuantity(int quantity)
    {
        m_Quantity += quantity;
    }
    // 减少数量
    internal void DecreaseQuantity(int quantity)
    {
        m_Quantity -= quantity;
        m_Quantity = m_Quantity < 0 ? 0 : m_Quantity;
    }
    // 获取商品总价
    internal double GetTotalPrice()
    {
        if (CommodityInfo == null) return 0;
        if (CommodityInfo.Price <= 0 || Quantity <= 0) return 0;
        return CommodityInfo.Price * Quantity;
    }
}
```

在领域模型中，购物车子项与购物车存在一对多的关系。在 ShoppingCartItem 的实现代码里同样也要加入在 ORM 中配置一对多关系的代码，这些代码和上一节的示例代码完全一致。除此以外，在 ShoppingCartItem 中还定义了修改商品数量和获取总价的方法。作为聚合内部对象，这些方法只能由聚合根调用。值得注意的是，购物车子项通过商品信息间接保持对商品对象的引用，因此这些方法的参数都是商品信息而不是商品对象。下面来看聚合根购物车的实现代码：

```
// 为购物车建模
public class ShoppingCart : EntityObject<string>, IAggregationRoot<string>
{
    private string m_MemberID = string.Empty;
    private List<ShoppingCartItem> m_ShoppingCartItems = new List<Shopping
CartItem>();

    private ShoppingCart(){}
    public ShoppingCart(string memberID,IEnumerable<ShoppingCartItem>
items)
    {
        m_MemberID = memberID;
        if(items != null)
        {
            m_ShoppingCartItems.AddRange(items);
        }
    }
    // 获取隶属的会员 ID
    public string MemberID { get => m_MemberID;
        set => m_MemberID = value; }
    // 获取购物车子项集合
    public IReadOnlyCollection< ShoppingCartItem> ShoppingCartItems {
        get => m_ShoppingCartItems; }
    // 添加商品
    public void AddCommodity(CommodityInfo commodity,int quantity =1)
    {
        // 保护性检查
        if (commodity == null || quantity <= 0) return;
        bool add = false;
        // 遍历所有购物车子项
        foreach(ShoppingCartItem item in ShoppingCartItems)
        {
            // 如果已经存在商品，则增加数量
            if(item.CommodityInfo.Equals(commodity))
            {
                item.IncreaseQuantity(quantity);
                add = true;
                break;
            }
        }
        // 如果没有商品，则增加购物车子项
        if(!add)
        {
```

```
            m_ShoppingCartItems.Add(new ShoppingCartItem(commodity, quantity));
        }
    }
    //增加数量
    public void IncreaseQuantity(CommodityInfo commodity, int quantity)
    {
        if (commodity == null || quantity <= 0) return;
        foreach (ShoppingCartItem item in ShoppingCartItems)
        {
            if (item.CommodityInfo.Equals(commodity))
            {
                item.IncreaseQuantity(quantity);
                break;
            }
        }
    }
    //减少数量
    public void DecreaseQuantity(CommodityInfo commodity, int quantity)
    {
        if(commodity == null || quantity <= 0) return;
        foreach (ShoppingCartItem item in ShoppingCartItems)
        {
            if (item.CommodityInfo.Equals(commodity))
            {
                item.DecreaseQuantity(quantity);
                break;
            }
        }
    }
    // 从另一个购物车中复制数据
    public void CopyFrom(ShoppingCart cart)
    {
        if (cart == null) return;
        // 遍历购物车子项
        foreach(ShoppingCartItem item in cart.ShoppingCartItems)
        {
            //  添加商品
            AddCommodity(item.CommodityInfo,item.Quantity);
        }
    }
    // 清除购物车
    public void ClearCart()
    {
        m_ShoppingCartItems.Clear();
    }
    // 获取购物车中商品的总价格
    public double GetTotalPrice()
    {
        double total = 0;
        foreach(ShoppingCartItem item in m_ShoppingCartItems)
        {
            total += item.GetTotalPrice();
        }
```

```
        return total;
    }
}
```

ShoppingCart 对象很明显是一个实体对象，我们使用会员对象 Member 的标识作为购物车的标识。在上一章中曾经说过，有时候需要复制购物车的数据，而在对象实现中的 CopyFrom()方法就是支持复制购物车的操作方法。

在购物车的类型里增加商品的相关方法同样使用了商品信息作为参数，而没有使用商品对象作为参数。这是因为商品对象属于不同的上下文，我们不希望这两个上下文之间有过多的耦合。除非有必要的理由，否则应该尽量避免在不同的上下文之间保持引用。

另一方面是从客户端的角度出发进行考虑，对购物车操作时，肯定要涉及商品对象，比如向购物车中增加商品时必然会使用商品对象。在这种情况下，应尽量避免在领域模型的内部使用其他上下文的对象，而应该把这种引用放在领域模型的外层，如领域服务层或者应用层。

⚠注意：在领域模型的内部应该尽量避免引用其他上下文的对象，如果必须引用，应该把引用放在领域服务内。

为了更有效地实现对商品目录上下文的隔离，我们增加了一个领域服务，在该领域服务中，提供了购物车的操作方法。这些方法与购物车的方法一致，在实现中，这些方法会把调用转交给购物车对象。

与购物车的方法不同，领域服务的这些方法直接使用商品对象作为参数。在转交给购物车对应的方法前，领域服务会先使用商品信息转换器把商品对象转换成商品信息。领域服务同时增加了一个创建购物车的方法。因为购物车的标识就是会员的标识，所以这个工厂方法使用会员对象作为参数。领域服务的实现代码如下：

```
// 购物车的领域服务
public class ShoppingCartService
{
    private readonly IShoppingCartRepository m_ShoppingCartRepository =
null;

    public ShoppingCartService(IShoppingCartRepository shoppingCartRepository)
    {
        m_ShoppingCartRepository = shoppingCartRepository;
    }

    // 为会员创建购物车
    public ShoppingCart CreateShopping(Member member)
    {
        if(member == null)
        {
            throw new ArgumentNullException(nameof(member));
        }
        // 尝试从仓储对象中获取购物车对象
        ShoppingCart cart = m_ShoppingCartRepository.GetObjectInID
(member.ID);
        if(cart != null)
```

```
    {
        return cart;
    }
    // 如果仓储对象里没有，则创建一个购物车
    cart = new ShoppingCart(member.ID, null);
    // 把这个购物车对象放入仓储对象中并保存改动
    m_ShoppingCartRepository.AddObject(cart);
    m_ShoppingCartRepository.GetUnitOfWork().SaveChanges();
    return cart;
    }

    // 添加商品
    public void AddCommodity(ShoppingCart cart, Commodity commodity, int
quantity = 1)
    {
        // 保护性检查
        if (cart == null || commodity == null || quantity <= 0) return;
        // 把商品对象转换成商品信息
        CommodityInfo commodityInfo =
            new CommodityConvert().Convert(commodity);
        // 把调用转交给购物车对象
        cart.AddCommodity(commodityInfo, quantity);
    }
    //增加数量
    public void IncreaseQuantity(ShoppingCart cart, Commodity commodity,
int quantity)
    {
        ...
    }
    //减少数量
    public void DecreaseQuantity(ShoppingCart cart, Commodity commodity,
int quantity)
    {
        ...
    }
}
```

领域服务内部需要使用购物车的仓储接口 IShoppingCartRepository 的实例，使用依赖注入的方法把仓储的实例注入领域服务的构造方法中。当然目前还没有实现仓储对象，只定义了仓储对象的接口。在 CreateShopping 中，首先尝试使用会员的标识从仓储对象里获取购物车对象。如果获取成功，则不需要再创建新的购物车对象。如果仓储对象里没有这个对象，则意味着还没有为用户创建他的购物车对象。这时需要创建一个新的购物车对象，然后把它放入仓储对象中，最后再返回这个对象。购物车的仓储对象接口定义和其他仓储对象的接口定义一样，不需要增加特殊的方法。

7.2.2　订单聚合的实现

订单聚合是订单上下文乃至整个 iShopping 领域模型中的核心模型。订单的聚合是围绕着订单的状态变换进行的，订单的状态变化会影响其他上下文，因此订单聚合领域事件

的设计对整个系统的模型设计起着至关重要的作用。

　　订单的整个生命周期要经历多个状态。用户在购物车里添加需要的商品后，要想购买商品的话需要先创建订单，这时会复制购物车里的商品信息和数量。要创建一个完整的订单，还需要用户名和收货地址等信息。创建完整的订单以后还要结算订单，结算订单主要是计算订单的费用。

　　结算完成后，订单进入"结算完成"状态，这时需要通知财务上下文结算应收的费用，同时也要通知库存上下文进入货物锁定状态。当财务上下文接收到用户支付的订单费用后，订单进入"准备发货"状态。

　　此时会通过事件通知库存上下文可以发货，同时通知物流上下文。物流上下文在接收到可以发货事件后会组织发货。当订单的包裹被用户签收后，物流上下文会通知订单完成，至此一个完整的订单流程执行完毕。当然，订单的状态还应该包括"订单取消"状态，允许用户在一些步骤中取消订单。订单状态的有限状态机如图 7.12 所示。

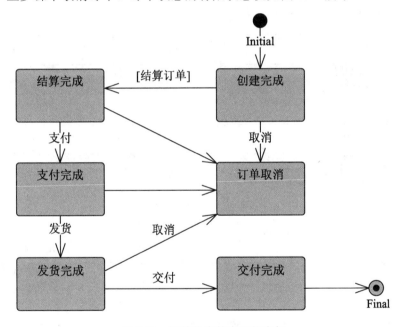

图 7.12　订单状态的有限状态机

　　订单费用的计算也是很重要步骤。在结算订单时，订单会获取商品当前的时效价格，然后计算出商品总价。计算出商品总价之后，还要根据收货地址选择合适的发货仓库，进而计算运费。计算出商品总价和运费之后，还要根据设置好的优惠条件计算优惠后的价格，最终计算出订单的总费用。

　　上一章已经实现了价格优惠的计算方法，虽然能够正确地计算出优惠后的价格，但是我们想做一些小的修改，让价格优惠计算方法能够记录优惠的商品项，在打印时能够清晰地告诉用户优惠的详情。打印的订单效果如图 7.13 所示。

要实现这种效果，需要增加一个对象，能够记录每次优惠的详情，然后把它附加到订单费用对象中。我们可以使用一个单独的订单费用的值对象来封装费用计算的逻辑。这样就可以初步得到订单费用的模型，如图 7.14 所示。

在订单费用模型中，订单费用是用于记录和管理订单费用的对象。订单通过调用订单费用的 GetTotal()方法获取订单总费用。订单费用维持着一个订单费用项 OrderCostItem 集合的引用。订单费用项是记录每条优惠策略的计算结果。当结算完订单时，客户端代码就可以遍历这个集合并打印费用明细。

订单在结算前必须指定收货地址。有了收货地址，系统才能选择最近的仓库并计算运费，然后通过交付规格对象来设置仓储的地址和收货地址。确定这些细节后可以设计出订单聚合的大致模型，如图 7.15 所示。

xxx订单费用	
商品 A*1：	100 元
商品 B*2：	100 元
会员折扣 10%：	-20 元
满100减10优惠：	-20 元
运费：	10 元
运费优惠：	-10 元
总计：	160 元

图 7.13　订单

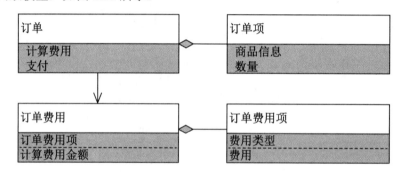

图 7.14　订单费用的模型

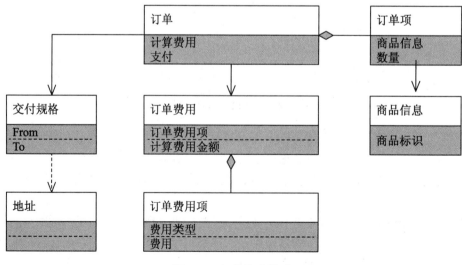

图 7.15　订单聚合模型

　　在订单聚合模型中，订单项和购物车子项一样通过商品信息引用商品。和购物车子项不一样的是订单项结算时需要引用真实的商品对象，以获取当前时间的商品时效价格。利用商品信息里的商品 ID 获取真实的商品对象并不难，但是需要使用商品的仓储对象来获取。

　　除非有必要的理由，在设计中应尽量避免在聚合的内部使用仓储对象。我们可以把获取真实商品的代码放在领域服务中。事实上，获取商品对象、计算优惠价格、选择仓库和计算运费是一个完整的事务，应该把这些操作都封装在订单费用计算的领域服务中，这时在调用订单项对象的 SettlementPrice()方法计算商品价格时，只要把商品对象作为参数传入即可。

　　订单项的模型实现代码如下：

```
//设置一条订单项
    public class OrderItem : EntityObject<string>
    {
        private string m_ParenOrderID = string.Empty;
        private Order m_ParenOrder = null;
        private CommodityInfo m_CommodityInfo = null;
        private int m_Quantity = 0;
        private double m_SettlementedPrice = 0;
        private bool m_IsSettlemented = false;

        private  OrderItem()
        {
        }
        public  OrderItem(Order  order,  CommodityInfo  commodityInfo,int
quantity)
        {
            ID = ID;
            ParenOrder = order;
            ParenOrderID = order.ID;
            CommodityInfo = commodityInfo;
            Quantity = quantity;
        }

        //获取隶属的订单 ID
        public string ParenOrderID { get => m_ParenOrderID;
                private set => m_ParenOrderID = value; }
        //获取隶属的订单对象
        public Order ParenOrder { get => m_ParenOrder;
                private  set => m_ParenOrder = value; }
        //获取商品信息
        public CommodityInfo CommodityInfo { get => m_CommodityInfo;
                private set => m_CommodityInfo = value; }
        //获取数量
        public int Quantity { get => m_Quantity;
                private set => m_Quantity = value; }
        //获取一个值，指示是否已经结算
        public bool IsSettlemented { get => m_IsSettlemented;
                private set => m_IsSettlemented = value; }
```

```
        //获取结算的价格
        public double SettlementedPrice { get => m_SettlementedPrice;
          private  set => m_SettlementedPrice = value; }

        //获取订单项结算的总价
        public double GetSettlementedTotalPrice()
        {
            if(!IsSettlemented)
            {
                throw new Exception("订单项没有结算");
            }
            return SettlementedPrice * Quantity;
        }
        //结算订单项的价格
        public void SettlementPrice(Commodity commodity, DateTime time)
        {
            if(commodity == null)
            {
                throw new ArgumentNullException(nameof(commodity));
            }
            /// 判断商品对象是否与记录的商品一致
            if(!commodity.ID.Equals(CommodityInfo.ID))
            {
                throw new Exception("内部错误");
            }
            // 通过商品对象获取指定时间的结算价格
            SettlementedPrice = commodity.GetPrice(time);
            IsSettlemented = true;
        }
    }
```

在订单项类型中值得注意的有两个方法。其中，GetSettlementedTotalPrice()方法用于获取结算的商品总价。商品总价就是商品单价×商品数量，订单项里的商品总价就是商品的结算价格×数量。在获取结算总价时，先要获取商品的当前价格，也就是商品当前时间的时效价格。

SettlementPrice()方法用于获取商品的结算价格。该方法通过参数获取商品对象，然后在参数里指定时间数获取商品的时效价格，取得结算价格后，再把结算价格赋值给SettlementedPrice 属性。

在 SettlementPrice()方法的最后，通过给 IsSettlemented 属性赋值为 true，标识订单项已经完成结算。价格计算完成后，GetSettlementedTotalPrice()方法就可以使用 Settlemented-Price 属性计算订单的结算总价了。

当然，获取商品的时效价格仅仅是订单结算中的一个步骤。订单的结算包括运费的计算和优惠折扣的计算，优惠折扣项在优惠条件聚合里，将会在下一节中讲解。实现优惠条件聚合以后，再把这些对象组织起来，通过领域服务实现订单的结算。下面实现订单费用项的模型。订单费用项用于记录每一项优惠条件的计算结果，是一个标准的值对象。代码如下：

```
// 定义订单费用项
public class OrderCostItem : ValueObject
    {
        private OrderCostType m_CostType = OrderCostType.TotalPrice;
        private string m_Description = string.Empty;
        private double m_Cost = 0;
        private string m_ParentOrderCostID = string.Empty;
        private OrderCost m_ParentOrderCost = null;

        public OrderCostItem(OrderCost orderCost,
            OrderCostType costType,string description,double cost)
        {
            m_ParentOrderCost = orderCost;
            m_ParentOrderCostID = orderCost == null ? string.Empty :
orderCost.PrentOrderID;
            m_CostType = costType;
            m_Description = description;
            m_Cost = cost;
        }
        // 获取隶属的订单费用 ID
        public string ParentOrderCostID { get => m_ParentOrderCostID;
            private set => m_ParentOrderCostID = value; }
        // 获取隶属的订单费用
        public OrderCost ParentOrderCost { get => m_ParentOrderCost;
            private set => m_ParentOrderCost = value; }
        // 获取费用类型
        public OrderCostType CostType { get => m_CostType;
            private set => m_CostType = value; }
        // 获取费用的定义
        public string Description { get => m_Description;
            private set => m_Description = value; }
        // 获取费用值
        public double Cost { get => m_Cost;private set => m_Cost = value; }
        // 创建副本
        public override ValueObject Clone()
        {
            OrderCostItem orderCostItem =
                new OrderCostItem(ParentOrderCost, CostType, Description,
Cost);
            return orderCostItem;
        }
        // 获取属性的枚举器
        protected override IEnumerable<object> GetPropertyValues()
        {
            yield return ParentOrderCostID;
            yield return CostType;
            yield return Description;
            yield return Cost;
        }
    }
```

订单费用项除了用于定义费用的值和费用的说明外，还有一个用于定义费用类型的属性 CostType。这个属性的类型是 OrderCostType，是一个枚举类型。代码如下：

```
// 定义订单的费用类型
public enum OrderCostType
{
    // 总价
    TotalPrice,
    // 价格优惠
    PriceConcessions,
    // 标准运费
    TransportCost,
    // 运费优惠
    TransportCostConcessions
}
```

在 OrderCostType 里定义了 4 种费用类型。其中,TotalPrice 和 TransportCost 分别用于标识优惠前的商品总价和运费。因为订单费用对象维持着一个订单费用项列表,在进行优惠计算时可能需要获取优惠前的商品总价和运费,所以使用这两个标识可以在计算时轻易地获取这些数据。这也意味着订单费用对象在初始化订单费用项列表时必须把原始的总价和运费添加到列表中。

订单费用项类型实现以后,要实现订单费用类型。订单费用对象在上一章中已经提到过,它是一种特殊的对象,把它作为实体对象和值对象都可以。其实在设计时完全可以把这个对象去掉,把它的属性和方法放在订单对象中。订单费用对象更像订单对象的一个代理,它代理订单对象,管理订单费用。只是如果不用订单费用对象的话,订单对象会因为增加这些方法而膨胀。

订单费用对象的主要职责是维持一个订单费用项列表。列表里记录了订单的商品总价和标准运费等原始数据及各种优惠条件计算出来的优惠折扣项。表 7.1 是一个完整的订单费用项列表示例。

表 7.1　订单费用项列表示例

费　用　类　型	金　　　额	说　　　明
TotalPrice	100	商品价格（初始化）
TransportCost	10	运费（初始化）
PriceConcessions	−10	优惠（动态添加）
PriceConcessions	−5	优惠（动态添加）
...		优惠（动态添加）
TransportCostConcessions	−10	运费减免（动态添加）

在订单费用项列表里,商品价格和运费列表作为特殊费用必须在初始化列表时添加进去。订单费用对象也提供了添加其他费用项的方法,这些方法用于在计算优惠条件时把计算结果加入列表。订单的总费用就是这些费用项的累加。因为订单费用是一个动态计算过程,有时一个优惠项必须依据前一次优惠后的结果,所以订单费用对象必须提供获取当前优惠后总价的方法。清楚了这些需求后,就可以实现订单费用对象,代码如下:

```
// 设置订单的费用
   public class OrderCost
   {
       private string m_PrentOrderID = string.Empty;
       private Order m_ParentOrder = null;
       private List<OrderCostItem> m_CostItems = new List<OrderCostItem>();
       private OrderCost()
       {
       }
       public OrderCost(Order order,double totalPrice,double transportCosts)
       {
           m_ParentOrder = order;
           m_PrentOrderID = order == null ? string.Empty : order.ID;
           OrderCostItem itemPirce =
        new OrderCostItem(this, OrderCostType.TotalPrice, "总价", totalPrice);
           OrderCostItem itemTransport =
        new OrderCostItem(this, OrderCostType.TransportCost, "运费", transportCosts);
           m_CostItems.Add(itemPirce);
           m_CostItems.Add(itemTransport);
       }

       // 获取隶属的订单 ID
       public string PrentOrderID { get => m_PrentOrderID;
           private set => m_PrentOrderID = value; }
       // 获取隶属的订单
       public Order ParentOrder { get => m_ParentOrder;
           private set => m_ParentOrder = value; }
       // 获取费用项的集合
       public IReadOnlyCollection<OrderCostItem> CostItems { get =>
m_CostItems; }

       // 获取订单总费用
       public double GetTotalCost()
       {
           double cost = 0;
           // 遍历费用项，累加总费用
           foreach(OrderCostItem item in CostItems)
           {
               cost += item.Cost;
           }
           return cost;
       }
       // 获取商品总价
       public double GetTotalPrice()
       {
           // 遍历费用项，查找费用类型为 TotalPrice 的项
           foreach (OrderCostItem item in m_CostItems)
           {
               if (item.CostType == OrderCostType.TotalPrice)
               {
                   return item.Cost;
               }
           }
           return double.NaN;
```

```
        }
        // 获取优惠后的价格
        public double GetDiscountPrice()
        {
            double value = 0;
            // 遍历费用项，累加费用类型为 TotalPrice 或 PriceConcessions 的项
            foreach (OrderCostItem item in m_CostItems)
            {
                if (item.CostType == OrderCostType.TotalPrice
                    || item.CostType == OrderCostType.PriceConcessions)
                {
                    value += item.Cost;
                }
            }
            return value; ;
        }
        // 获取运费
        public double GetTransportCost()
        {
            // 遍历费用项，查找费用类型为 TransportCost 的项
            foreach (OrderCostItem item in m_CostItems)
            {
                if (item.CostType == OrderCostType.TransportCost)
                {
                    return item.Cost;
                }
            }
            return double.NaN;
        }
        // 添加费用项
        internal void AddCostItem(OrderCostItem item)
        {
            // 总价和运费在初始化时添加，这是不允许添加的总价和运费
            if (item.CostType == OrderCostType.TotalPrice
                || item.CostType == OrderCostType.TransportCost)
            {
                throw new Exception("内部错误");
            }
            m_CostItems.Add(item);
        }
    }
```

在完成订单项对象和订单费用对象后，接下来实现订单聚合的根对象-订单对象 Order。订单对象作为聚合的根对象的首要任务是连续跟踪订单的状态。前面已经介绍过订单状态的变化情况，订单状态的改变不是直接给订单对象的状态赋值，而是一系列的方法驱动着订单状态发生了变化。

这些方法有些由 UI 界面驱动，如结算订单和取消订单。这些方法的执行依赖于订单的状态。在定义订单状态时有很多种方法，最简单的是使用枚举。为了能跟踪订单状态的变化过程，按位运算的枚举类型是一个不错的选择。订单状态的定义代码如下：

```
// 定义订单的状态
[Flags]
public enum OrderStatus
{
    // 无状态
    None = 0,
    // 创建
    Created = 1,
    // 结算完成
    Settlemented = 2,
    // 支付完成
    PaymentCompleted = 4,
    // 已发货
    Shipped = 8,
    // 已交付
    Delivered = 16
}
```

要使枚举支持按位运算，除了处理在类型上使用 **Flags** 特性标注外，还要保证每个枚举项的取值是 2 的 N 次方。除了定义这个状态的枚举外，为了更方便地使用这个枚举类型，我们还定义了针对这个枚举的静态方法。代码如下：

```
// 为 OrderStatus 提供扩展方法
public static class OrderStatusExtended
{
    //添加状态标志
    public static OrderStatus AddStatusFlag(this OrderStatus source,
        OrderStatus flag)
    {
        OrderStatus result = source;
        result = source | flag;
        return result;
    }
    //清除状态标志
    public static OrderStatus ClearStatusFlag(this OrderStatus source,
     OrderStatus flag)
    {
        OrderStatus result = source;
        if (VerifyStatusFlag(source, flag))
        {
            result = (OrderStatus)(source - flag);
        }
        return result;
    }
    //验证标志位
    public static bool VerifyStatusFlag(this OrderStatus source,
        OrderStatus flag)
    {
        return ((source & flag) == flag);
    }
}
```

这些扩展方法会在订单对象中使用，也可以用于判断订单是否完成了某项动作。有些动作由其他上下文的事件驱动。例如，财务上下文的付款完成事件会驱动订单的付款方法，进而驱动订单状态变成"付款完成"状态。订单对象要响应这些事件，需要使用在上一章中介绍的事件处理器接口 **IDomainEventHandler**。

订单对象也会发布事件，在第 9 章中会详细介绍。在订单聚合里，需要实现订单的结算事件，它是订单聚合发布的事件。订单结算领域事件的定义代码如下：

```
// 订单结算领域事件
public class OrderSettlementedEvent : IDomainEvent<string>
    {
        public OrderSettlementedEvent(Order sourceObject)
        {
            EventID = new Guid().ToString();
            EventSourceID = sourceObject == null ?
                string.Empty : sourceObject.ID;
            EventSourceType = sourceObject == null ?
                string.Empty : sourceObject.GetType().FullName;
            Timestamp = DateTime.Now;
        }
        // 获取事件 ID
        public string EventID { get; private set; }
        // 获取引发事件的订单 ID
        public string EventSourceID { get; private set; }
        //  获取事件源类型
        public string EventSourceType { get; private set; }
        // 获取时间戳
        public DateTime Timestamp { get; private set; }
    }
```

订单结算领域事件的定义很简单，只需设置订单的编号即可。在代码中直接实现了 **IDomainEvent** 接口，使用接口中用于描述事件源 ID 的 EventSourceID 属性来描述订单 ID。定义好订单结算事件以后，将在订单阶段的领域服务中使用这个对象来发布订单结算完成事件。现在先尝试实现订单对象。订单对象是聚合的根对象，需要把前面实现的对象聚合到内部，然后提供操作这个聚合对象的接口方法。代码如下：

```
//描述订单
    public class Order : EntityObject<string>, IAggregationRoot<string>
    {
        ...
        private Order()
        {

        }
        ...
        // 设置交付地址
        public void SetDeliveryAddress(Address address)
        {
            DeliverySpec = new DeliverySpecification(null, address);
        }
        // 设置发货地址
```

```
public void SetShipAddress(Address address)
{
    DeliverySpec = DeliverySpec.ChangeFromAddress(address);
}
// 获取结算总价
public void SettlementOrder(Commodity[] commodities, double
transpoerCost,
    OrderCostDiscountBase[] orderCostCalculators)
{
    //  通过状态验证订单是否已经结算
    if(Status.VerifyStatusFlag(OrderStatus.Settlemented))
    {
        throw new Exception("订单已经结算");
    }
    // 初始化订单费用对象
    m_Cost =
      new OrderCost(this, GetTotalPricet(commodities), transpoerCost);
    foreach (OrderCostDiscountBase item in orderCostCalculators)
    {
        item.CalculatOrderCost(this);
    }
    m_SettlementTimeStamp = DateTime.Now;
    // 在状态中增加阶段标志
    Status.AddStatusFlag(OrderStatus.Settlemented);
}
// 添加费用项
internal void AddCostItem(OrderCostItem item)
{
    if(item == null)
    {
        throw new ArgumentNullException(nameof(item));
    }
    if (m_Cost == null)
    {
        throw new Exception("内部错误");
    }
    m_Cost.AddCostItem(item);
}
// 获取商品总价——按当前时间结算
private double GetTotalPricet(Commodity[] commodities)
{
    DateTime timeStamp = DateTime.Now;
    double totalPrice = 0;
    foreach (OrderItem item in m_OrderItems)
    {
        /// 从商品集合中检索订单项引用的商品
        Commodity commodity = commodities.SelectInID(item.Commodity
Info.ID);
        if (commodity == null)
        {
```

```
                    throw new Exception("内部错误");
                }
                item.SettlementPrice(commodity, timeStamp);
                totalPrice += item.GetSettlementedTotalPrice();
            }
            return totalPrice;
        }
        // 支付订单费用
        public void PayOrder(string paymentID)
        {
            // 验证订单是否已经支付
            if (Status.VerifyStatusFlag(OrderStatus.PaymentCompleted))
            {
                throw new Exception("订单已经支付");
            }
            // 验证订单时已经结算
            if(!Status.VerifyStatusFlag(OrderStatus.Settlemented))
            {
                throw new Exception("订单没有结算");
            }
            PaymentID = paymentID;
            // 在状态为中增加支付标志
            Status = Status.AddStatusFlag(OrderStatus.PaymentCompleted);
        }
        // 订单发货
        public void ShipOrder(string expressNumber)
        {
            ...
        }
        // 订单交付
        public void Delivery()
        {
            ...
        }
    }
```

在上述代码中，为了节约篇幅隐藏了部分代码，而只列出了几个重要的方法。SetDelivery-Address()方法用于设置交付地址，在订单结算前必须调用这个方法。选择完发货的仓储后，会调用 SetShipAddress()方法，这个方法会根据以前的交付地址和传入的发货地址创建一个新的交付要求对象。

用于结算订单的是 SettlementOrder()方法，该方法需要传入订单使用的商品对象和优惠条件对象的集合。该方法由订单结算领域服务调用，领域服务会获取订单关联的商品对象和优惠条件对象 OrderCostDiscountBase，再把对象的集合作为参数传入订单对象的 SettlementOrder()方法中，在订单的 SettlementOrder()方法中使用商品对象获取商品的时效价格，然后遍历优惠条件对象计算优惠条件，最终计算订单的总费用。GetTotalPricet()方法用于获取商品的时效价格。

SettlementOrder()方法中的参数类型 OrderCostDiscountBase 是描述优惠条件的基类，可以通过继承 SettlementOrder()方法来实现各种优惠条件。在费用结算的方法中可以看到，优惠条件的计算方法和上一章中并不完全一致。在新的实现方法中会遍历优惠条件对象实例的列表，在每一次计算时，优惠条件对象都会在订单费用里加入一条费用项。因此订单对象提供了 AddCostItem()方法，以方便优惠条件对象在计算优惠条件时被调用。

在订单对象中同时还提供了用于改变状态的方法，如 PayOrder、ShipOrder 和 Delivery()方法，这些方法定义了订单对象对不同事件的响应。也就是说，系统运行时客户端代码并不直接调用这些方法，而是由不同的事件来调用这些方法。为了能够在事件发生时及时响应并同时调用这些方法，必须提供对应的事件处理器。

事件处理器针对不同的事件定义，使用事件总线 IEventBus 的订阅方法把事件处理器和指定类型的事件绑定在一起。以财务上下文的"支付完成事件"为例，介绍怎么实现事件处理器。代码如下：

```
// 订单支持完成事件
public class OrderPaymentedEvent : IDomainEvent<string>
{
    ...
    // 获取支持的订单 ID
    public string OrderID { get; private set; }
    // 获取支付编号
    public string PaymentID { get; private set; }
    ...
}
// 处理订单支付事件
public class OrderPaymentCompletedEventHandler : DomainEventHandlerBase<string>
{
    private readonly IOrderRepository m_OrderRepository = null;

    public OrderPaymentCompletedEventHandler(IOrderRepository orderRepository)
    {
        m_OrderRepository = orderRepository;
    }

    protected override Task<bool> PerformerHandleEvent<TEvent>(
        TEvent eventObject,
        CancellationToken cancellationToken)
    {
        // 转换领域事件
        OrderPaymentedEvent paymentedEvent = eventObject as OrderPaymentedEvent;
        if (paymentedEvent == null)
```

```
        {
            return Task.FromResult(false);
        }
        // 从仓储中获取订单对象
        Order order = m_OrderRepository.GetObjectInID(paymentedEvent.
    OrderID);
        if(order == null)
        {
            return Task.FromResult(false);
        }
        // 执行订单对象的支付方法
        order.PayOrder(paymentedEvent.PaymentID);
        // 保存对订单的更改
        IUnitOfWork unitOfWork = m_OrderRepository.GetUnitOfWork();
        unitOfWork.SaveChangesAsync();
        return Task.FromResult(true);
    }
}
```

类型 OrderPaymentedEvent 是用于描述用户支付完成的领域事件对象。除了正常实现 IDomainEvent 接口以外，增加了两个属性，用于定义支付的目标订单的 ID 和支付编号。类型 OrderPaymentCompletedEventHandler 是这个领域事件的处理器。在处理事件时它需要通过订单的仓储对象来获取订单对象。

在响应不同的事件时需要不同的事件处理器。订单对象除了需要响应"支付完成"事件外，还需要响应"发货完成"和"交付完成"事件。这些事件处理器的实现方法和 OrderPaymentCompletedEventHandler 类似，读者可以自行完成。

聚合的仓储接口很简单，没有多余的特殊方法，只要继承 IEntityObjectRepository 就可以。至此，订单聚合模型已经全部实现，要实现订单费用对象的计算，还需要实现另一个聚合——优惠条件聚合。

7.2.3　订单优惠聚合的实现

优惠条件对象是为了支持订单优惠条件计算的对象。为了增强竞争力，商城的运营者经常会推出各种优惠政策，因此设计人员必须提供优惠条件的管理接口，以方便运营者动态地增加和删除优惠条件。

在实现这些优惠条件时，必须考虑现实中优惠政策的复杂性，尤其是怎么定义优惠条件应该认真考虑。同时，支持多个优惠条件也是在实现优惠条件对象时必须要考虑的问题。为此，在优惠条件的模型中增加了一个能描述这些数据的计算参数项对象，使用"键-值"对的方式保存优惠条件对象中的条件和优惠值。

有了计算参数项对象以后，在每个优惠条件对象中都会维持一个计算参数项的列表。通过这个列表可以使用"键-值"对的方式存储和获取参数。优惠条件聚合模型如图 7.16 所示。

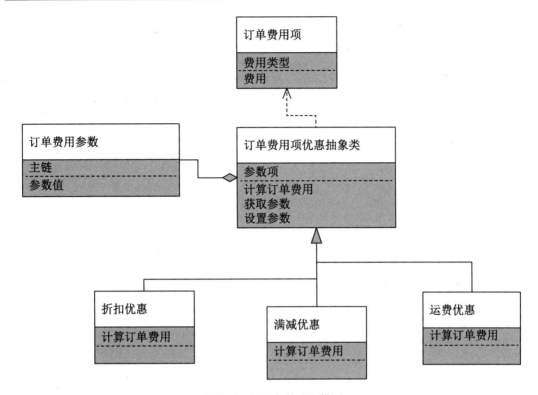

图 7.16　优惠条件聚合模型

在优惠条件聚合模型中，订单费用参数项是一个标准的值对象。它的实现很简单，除了定义键和值的属性之外，和其他的值对象的实现方式一样。代码如下：

```
// 为优惠条件提供优惠参数项
public class CalculatorParameterItem : ValueObject
{
    private string m_Key = string.Empty;
    private double m_Value = 0;

    public CalculatorParameterItem(string key,double value)
    {
        m_Key = key;
        m_Value = value;
    }
    // 获取参数的键
    public string Key { get => m_Key; set => m_Key = value; }
    // 获取参数的值
    public double Value { get => m_Value; set => m_Value = value; }
    ...
}
```

订单优惠条件对象是聚合的根对象，同时也是抽象类，所有的优惠条件必须继承这个类。这种使用抽象类作为聚合根的方式在实现仓储对象时有特殊的配置，在第 8 章中会具体介绍。订单优惠条件作为抽象类，实现了对对象优惠参数的存储。实现代码如下。

```csharp
// 为订单费用计算提供基础实现方法
public abstract class OrderCostDiscountBase :
        EntityObject<string>, IAggregationRoot<string>
{
    private int m_SortOrder = 0;
    private List<CalculatorParameterItem> m_ParameterItems =
            new List<CalculatorParameterItem>();
    public OrderCostDiscountBase()
    {
    }
    public OrderCostDiscountBase(string id) : base(id)
    {
    }
    // 获取计算项的计算顺序
    public int SortOrder { get => m_SortOrder;
        protected set => m_SortOrder = value; }
    // 获取参数项
    public IReadOnlyCollection<CalculatorParameterItem> ParameterItems
        { get => m_ParameterItems; }
    // 计算订单费用
    public abstract void CalculatOrderCost(Order order);
    // 获取指定键的计算参数值
    protected  double GetCalculatorParameter(string key)
    {
        if (string.IsNullOrEmpty(key)) return double.NaN;
        // 遍历参数项，搜索匹配指定键的参数
        foreach(CalculatorParameterItem item in ParameterItems)
        {
            if (item.Key.Equals(key)) return item.Value;
        }
        return double.NaN;
    }
    // 使用键和数值设置计算参数
    protected void SetCalculatorParameter(string key,double value)
    {
        if (string.IsNullOrEmpty(key)) return;
        // 遍历参数项，删除匹配键的参数项
        foreach (CalculatorParameterItem item in ParameterItems)
        {
            if (item.Key.Equals(key))
            {
                // 删除后立即退出循环
                m_ParameterItems.Remove(item);
                break;
            }
        }
        // 创建一个新的参数项并将其添加到参数集合中
        CalculatorParameterItem itemNew =
            new CalculatorParameterItem(key, value);
        m_ParameterItems.Add(itemNew);
    }
}
```

　　在优惠条件对象中定义了一个抽象方法 CalculatOrderCost()，用于在不同优惠条件的实现类里定义优惠条件的计算方法。优惠条件类里还定义了两个属性。其中，SortOrder 用于标注优惠条件的计算顺序，而 ParameterItems 就是前面所说的提供存储条件和优惠值的列表。

　　在优惠条件对象里有两个重要的方法。其中，SetCalculatorParameter()方法用于把条件或优惠的值存储在列表中，GetCalculatorParameter()方法则提供像属性一样的方式访问这些值的方法。可以从优惠条件的实现类里看到怎么使用这些方法。

　　OrderPriceMoneyOff 是实现了满减优惠的优惠条件实例。在满减优惠中，有两个参数分别记录满足优惠条件的商品总价和满足条件以后可以优惠的金额。代码如下：

```
// 满减优惠计算器
   public class OrderPriceMoneyOff : OrderCostDiscountBase
   {
       private const string Key_TermOfDiscount = "TermOfDiscount";
       private const string Key_OffValue = "OffValue";

       private OrderPriceMoneyOff()
       {
       }

       public OrderPriceMoneyOff(string id, double term, double offValue) :
base(id)
       {
           TermOfDsicount = term;
           OffValue = offValue;
       }
       // 计算订单费用项
       public override void CalculatOrderCost(Order order)
       {
           if (order == null)
           {
               throw new Exception("");
           }
           // 检查计算参数是否合法
           if (TermOfDsicount == double.NaN || OffValue == double.MaxValue)
           {
               return;
           }
           // 获取已经优惠的价格
           double total = order.Cost.GetDiscountPrice();
           // 计算是否满足优惠条件
           if (total < TermOfDsicount) return;
           // 计算优惠值
           double value = OffValue * -1;
           // 创建满减优惠项
           OrderCostItem item =
  new OrderCostItem(order.Cost, OrderCostType.PriceConcessions, "满减", value);
           // 把优惠项添加到订单中
           order.AddCostItem(item);
```

```
    }
    // 获取优惠起点
    private double TermOfDsicount
    {
        get => GetCalculatorParameter(Key_TermOfDiscount);
        set => SetCalculatorParameter(Key_TermOfDiscount, value);
    }
    // 获取满减值
    private double OffValue
    {
        get => GetCalculatorParameter(Key_OffValue);
        set => SetCalculatorParameter(Key_OffValue, value);
    }
}
```

在满减优惠对象里首先定义了两个属性 TermOfDiscount 和 OffValue，分别表示满减优惠的条件和金额。在实现属性的 Get 访问器时，使用了优惠条件对象（OrderCostDiscountBase）中定义的 GetCalculatorParameter()方法，而在 Set 访问器中使用了 SetCalculatorParameter()方法，在这两个方法中都需要指定订单费用参数项的键。

TermOfDiscount 和 OffValue 这两个属性类似于虚拟属性，它们封装了对 GetCalculatorParameter()和 SetCalculatorParameter()方法的调用。这两个属性不是对真实字段的封装，因此在数据层定义对象映射时必须忽略这两个属性，相关代码会在第 8 章中介绍。

在满减优惠对象中，优惠条件的计算是通过重写 CalculatOrderCost()方法实现的。在该方法中，通过调用订单对象的 GetDiscountPrice()方法获取已经优惠的价格，这些价格将作为是否满足满减优惠的依据。

当获取已优惠的价格后，满减优惠对象会在此基础上继续计算优惠的价格，并根据优惠的价格创建一条订单费用项。创建费用项时会选择合适的优惠类型 OrderCostType。创建好费用项以后，再将调用订单对象的 AddCostItem()方法计算的结果添加到费用项集合中。当然，费用项的金额是负数。其他优惠条件的实现方式基本一致，不再赘述。

在根据优惠条件的逻辑重写 CalculatOrderCost()方法时，比较特殊的是运费优惠项（TransportCostExempt），需要先获取计算出的运费，再根据优惠政策减免运费。运费减免的实现代码如下：

```
// 计算订单费用
    public override void CalculatOrderCost(Order order)
    {
        if (order == null)
        {
            throw new Exception("");
        }
        // 检查计算参数是否合法
        if (TermOfDsicount == double.NaN)
        {
            return;
        }
    }
```

```
            // 获取原始总价
            double total = order.Cost.GetTotalCost();
            // 计算是否满足优惠条件
            if (total < TermOfDsicount) return;
            // 计算优惠值
            double value = order.Cost.GetTransportCost() * -1;
            // 创建运费免除项
            OrderCostItem item = new OrderCostItem(order.Cost,
              OrderCostType.TransportCostConcessions, "运费免除", value);
            // 把优惠项添加到订单中
            order.Cost.AddCostItem(item);
        }
```

在运费减免优惠对象中，首先要获取的是计算出的运费。在前面实现订单费用模型时已经添加了对这个需求的支持。可以通过费用类型从费用列表中获取运费的金额。获取运费金额后，后面的减免项的计算方式大致相同，不再赘述。除了满减优惠和运费减免优惠外，还可以根据需要再添加其他的优惠对象。这些优惠对象都继承自 OrderCostDiscountBase 并且重写在 CalculatOrderCost() 方法中，然后按照计算的优惠金额创建一个新的费用项并添加到费用项集合中即可。

7.2.4　订单费用计算服务的实现

到目前为止，我们已经实现了订单上下文的 3 个聚合对象。但是订单费用的结算仅靠 3 个聚合对象是无法完成的。一个完整的订单结算流程要集成不同的上下文。

首先，需要从商品目录上下文中获取商品对象，从而取得当前商品的时效价格。取得时效价格以后，还要从库存上下文中选择能够提供这些商品的仓库，同时需要通过路径上下文计算运费。获取这些数据以后，还要从优惠对象仓储中获取有效的优惠条件对象，这样才可以计算优惠金额，完成订单的结算。

完成订单的结算后，还要通知财务上下文订单结算已完成。通知财务上下文会使用领域事件来实现解耦。同时订单上下文也要提供用于响应其他上下文发布的领域事件处理器。前面我们已经实现了响应财务上下文的"订单支付完成"事件处理器，为了能够完成整个订购流程，还需要提供响应"发货事件"和"交付完成事件"的事件响应器。这两个处理器的实现方式和支付完成事件处理器（OrderPaymentCompletedEventHandler）类似。

事件处理器的完成并不意味着就可以订阅事件了，只有在事件总线（EventBus）中明确注册后，处理器才能正确地响应事件。注册事件的方法将在第 9 章介绍。事件总线的定义和抽象实现已经在上一章中介绍过。下面介绍通过 RabbitMQ 实现事件总线的完整流程。现在让我们将目光停留在领域层，尝试实现订单结算的完整流程。

根据上面的介绍可以看出，订单结算流程涉及不同的上下文和对象，如图 7.17 所示。

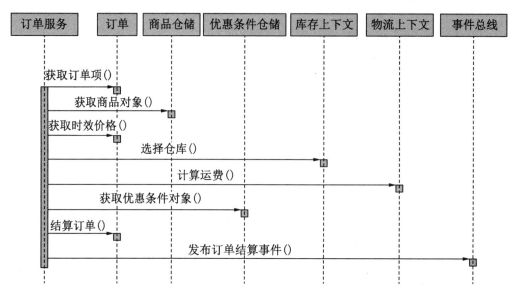

图 7.17　订单结算流程

订单的结算涉及多个不同上下文对象。很显然，订单结算方法不会隶属于任何对象。在模型中，我们用领域服务实现订单结算的方法，当然使用应用层服务也是一个选择。一个服务方法属于领域服务还是应用服务，这是经常困扰设计人员的问题。一个区分领域服务和应用服务的方法是，判断这个方法是否只涉及对象调用的编排。

为了防止业务逻辑渗入应用层，应用服务只允许涉及对象调用的顺序。如果调用过程中涉及业务逻辑，那么它就是领域服务。订单的结算除了涉及对象调用的顺序之外，还涉及不同上下文对象之间的转化，因此使用领域服务来实现订单结算是比较合理的方式。

前面提到过，订单结算涉及不同的仓储对象和领域服务对象，针对这些对象，仍然需要使用依赖注入的方式。订单费用结算服务的代码如下：

```
// 提供计算订单费用的服务
    public class OrderCostCalculationService
    {
        private readonly ICommodityRepository m_CommodityRepository = null;
        private readonly IOrderCostCalculatorRepository m_Calculator
Repository = null;
        private readonly InventoryCalculatService m_InventoryCalculat
Service = null;
        private  readonly  WayCalculatorService  m_WayCalculatorService  =
null;
        private readonly IDomainEventBus<string> m_EventBus = null;

        public OrderCostCalculationService(ICommodityRepository repository,
            IOrderCostCalculatorRepository calculatorRepository,
            InventoryCalculatService  inventoryCalculatService,
            WayCalculatorService wayCalculatorService,
            IDomainEventBus<string> eventBus)
```

```
    {
        m_CommodityRepository = repository;
        m_CalculatorRepository = calculatorRepository;
        m_InventoryCalculatService = inventoryCalculatService;
        m_WayCalculatorService = wayCalculatorService;
        m_EventBus = eventBus;
    }
    // 结算订单
    public void SettlementOrder(Order order)
    {
        // 验证参数
        if(order == null)
        {
            throw new ArgumentNullException(nameof(order));
        }
        if(order.DeliverySpec == null || order.DeliverySpec.To == null)
        {
            throw new Exception("没有设置收货地址");
        }
        // 定义商品列表
        List<Commodity> commodities = new List<Commodity>();
        // 定义货物需求列表
        List<CargoRequest> cargoRequests = new List<CargoRequest>();
        // 遍历订单项，获取引用的商品对象，同时创建货物需求
        foreach(OrderItem item in order.OrderItems)
        {
            // 根据订单项中的商品信息获取商品对象
            Commodity commodity =
                m_CommodityRepository.GetObjectInID(item.CommodityInfo.ID);
            commodities.Add(commodity);
            // 根据订单项中的商品信息创建货物需求对象
            CargoRequest request =
                new CargoRequest(item.CommodityInfo.ID, item.Quantity);
            cargoRequests.Add(request);
        }
        // 使用库存服务获取能发货的最近的仓库
        Storehouse storehouse =
            m_InventoryCalculatService.SelecteNestStorehouse(
                cargoRequests.ToArray(),
            order.DeliverySpec.To);
        //  从路由服务中获取运费
        double transportCost =
            m_WayCalculatorService.GetTransportCosts(storehouse.Address,
            order.DeliverySpec.To);
        // 设置仓库的地址为订单发货地址
        order.SetShipAddress(storehouse.Address);
        // 结算订单
        order.SettlementOrder(commodities.ToArray(),
            transportCost,m_CalculatorRepository.GetOrderCost
Calculators());
        // 发布订单结算事件
        m_EventBus.PublishEvent<OrderSettlementedEvent>(
            new OrderSettlementedEvent(order));
```

```
        }
    }
```

在订单费用的计算服务中只提供了用于订单费用计算的 SettlementOrder()方法，在该方法中所使用的对象全部通过容器依赖注入的方式注入构造方法中。

7.3　小　　结

本章通过商品目录上下文和订单上下文实例，介绍了怎么使用领域驱动设计的各种工具，从而合理地设计和实现领域模型。在商品目录上下文的实现中，着重介绍了在实现领域模型时怎么应对 OMR 对领域模型代码的侵入。在订单上下文中介绍了怎么处理聚合对象的引用和聚合对象的关系，怎么保持聚合对象之间的关系，以及如何简化聚合对象之间的引用，这些都是在实际开发过程中不可避免的问题。合理地简化聚合对象之间的关系，是领域模型设计成功与否的重要因素。

限界上下文是领域模型设计的基石，而聚合又是限界上下文设计的基石。本章的内容也是围绕这两个工具展开的。只有掌握了这两个领域驱动设计的工具，才能真正有效地设计和实现领域模型。限于篇幅关系，本章不可能实现 iShopping 的全部上下文。通过上一章和本章的学习，读者可以自己尝试实现其余的上下文。

第 8 章　基础设施层的实现

基础设施层是整个系统的支撑部分，为整个系统提供数据访问、文件读写和邮件收发等基础功能。在基础设施层中，为了实现这些基础功能，一般会引用大量的第三方框架和类库。这些框架和类库在实际项目中被广泛使用，并且是经过实践验证的。其中最重要的框架是对象关系映射（ORM）框架和事件"发布-订阅"框架，这也是本章学习的重点。本章的主要内容如下：

- 基础设施层的概念和作用；
- 对象关系映射的概念和作用；
- 常用的 ORM 框架；
- 使用 ORM 框架实现数据仓储对象；
- 通过事件"发布-订阅"框架实现事件总线；
- 第三方 WebAPI 的使用方法。

8.1　基础设施层的创建

基础设施层就是早期的三层架构里的数据访问层，用于为系统提供基础设施服务。就像经济活动离不开基础设施一样，系统运行也离不开基础设施提供的数据访问、文件读取和邮件收发等基础功能。把这些基础功能从领域模型中剥离，可以使领域层更关注于业务逻辑的转化。

把领域层和数据访问层分离显然会为系统集成带来负面影响，但这种负面影响可以通过依赖注入消除一部分。使用依赖注入后，可以避免领域模型对基础设施层的引用，但仍然需要在领域模型层中定义对基础设施调用的接口。事实上，不只是在领域模型中定义了这些接口，而且在应用层中也会定义这种调用基础设施的接口，而基础设施层则是实现这些接口的地方。

和领域模型一样，基础设施层也被封装在一个单独的项目中，但在选择项目模板时，基础设施层与领域模型层并不一样。在实现领域层时，为了保持领域模型的隔离状态和简洁性，选择了.NET Standard 类库作为项目模板，并且没有引用其他任何类库。

在.NET 体系中，.NET Standard 是.NET Framework 和.NET Core 两大基础框架的接口集合，这样可以使领域模型只依赖标准接口，而不是具体的实现，从而保持高度的独立性和隔离状态。

　　在创建基层设施层时，因为要引用各种实现类库，所以只定义接口的.NET Standard 项目就不合适了。因为 iShopping 是基于 ASP.NET Core 开发的，所以在创建基层设施层项目时使用了.NET Core 类库模板，如图 8.1 所示。

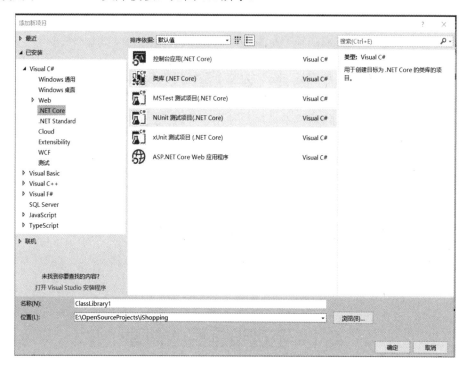

图 8.1　创建基层设施层项目

注意：在解决方案里添加项目时，把项目添加在解决方案的 src 文件夹中是一个良好的习惯。

8.2　数 据 存 储

　　领域对象的仓储是基础设施层中的重要组成部分，尤其是企业应用程序，几乎都是围绕着数据展开的。对于使用程序的企业或组织来说，数据是企业的重要资产。企业运行的各种系统每天都会产生和收集大量的数据。一般而言，这些数据都会存储在关系型数据库中，如 SQL Server、MySQL、Oracle 和 IBM 的 DB 等。

　　关系型数据库使用关系模型来组织和存储数据，数据按照行（Row）和列（Column）的方式存储。一行存储一条完整的数据记录，而列用于定义这条数据记录中所需的字段。

这些行和列组成一个二维表，这个二维表就是数据库中的数据表。

　　一个数据表用于存储一种类型的数据，将记录多个类型的多个数据表组织起来就形成了数据库（DataBase）。这些数据表之间通过外键定义修改数据记录的约束，数据库通过这些约束可以保持数据记录的完整性。例如，通过订单表和订单项表的外键约束，可以避免在没有删除订单数据时直接删除订单项数据，如图 8.2 所示。

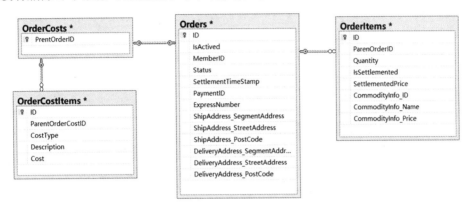

图 8.2　订单聚合的数据库模型

　　在图 8.2 中共有 4 个数据表，存储着订单、订单项、订单费用和订单费用项的数据。每张表中都有一个主键约束，主键和领域模型中的实体对象标识的概念类似。每张表中的主键都是这条记录的唯一标识，并且在一张表中主键不能重复，也不能为空，同时这几张表之间都建立了外键约束。不同的是订单费用表 OrderCosts 与订单表 Orders 建立的是一对一的外键约束关系，而其他的外键约束都是一对多的关系。

　　图 8.2 是在数据库中建立的外键约束，但这并不是必要的。在设计 iShopping 系统的数据库时，其实没有为数据库创建任何外键约束。因为在 Entity Framework（EF）Core 中，完全可以使用 Fluent API 来设置这种外键约束，这样做更符合以领域对象为核心的思考方式。

注意：在设计数据库的实现方法时，尽量不要使用触发器等方式实现领域逻辑。

8.2.1　数据库设计范式

　　数据库的概念很容易理解，但是设计一个好的数据库并不是一件容易的事。在实际设计中，由于惯性思维和快速、直接解决问题的迫切需求，设计人员会不自觉地在数据库的设计中使用了不良的设计方式。而随着这些不良设计方式的加入，系统会慢慢地走向崩溃的边缘。为了避免这种不良倾向的发生，数据库设计领域引入了范式（Normal Form）的概念。

　　范式是一种设计规范,它定义了在设计数据库关系时需要遵守的约束。关系数据库的范式目前有 6 种:第一范式(1NF)、第二范式(2NF)、第三范式(3NF)、巴斯-科德范式(BCNF)、第四范式(4NF)和第五范式(5NF,又称完美范式)。

　　这些范式是有等级的,第一范式的约束最宽松,后续的范式一级比一级要求严格。满足这些规范的数据库是简洁且结构明晰的。当然,一般来说,数据库只需满足第三范式(3NF)就行了。在实际开发过程中,有时为了满足性能和便利性方面的需求,设计人员会在次要方面做一些违背范式的设计。

　　简单地说,第一范式(1NF)就是每一列都要保持原子性。也就是说,每一列的数据都具有单独的意义,并且是不可拆分的。例如,设计一个数据表用于保存人员信息,表的结构和数据如图 8.3 所示。

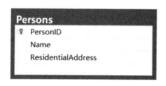

图 8.3　人员数据表结构和数据

　　在表 Persons 中定义了 3 个字段,分别用于记录人员编号、姓名和家庭地址的信息。在这个设计中,在通常情况下认为 ResidentialAddress 字段不符合第一范式。这个字段用于存储人员的家庭住址,而地址是一个复合概念,包含省、市、区的概念。应该把地址拆分成几个字段,分别记录省、市、区和街道地址的数据,数据表的定义和数据如图 8.4 所示。

图 8.4　符合第一范式的人员数据表结构和数据

　　第一范式的概念很容易理解,但是在实际设计中,还是有许多细节值得注意。上面的示例在通常情况是不满足第一范式的。这就有一个疑问,什么是原子对象?如果系统需要区分地址里的省、市、区,那么图 8.3 中的示例就不是一个原子对象。如果系统只需要打印和显示地址,则意味着地址对于系统来说就是一段字符串,那么 ResidentialAddress 字段就是一个原子对象。

　　同样，在 iShopping 系统中，很多地方需要设置金额，如商品价格和订单费用等。在设计领域模型时，这些金额都用 double 类型的属性来定义，在为领域模型设计数据库时，映射到这些属性的字段也是 double 类型。这样的设计当然没有问题，其数据库也不违反第一范式。但是，如果深入思考，比如 iShopping 需要支持国外的商品时，那么金额的属性就会发生改变，金额不仅仅是一个 double 类型的数字，而是一个数值和货币单位组合的复合属性。这时如果还用一个字段，就不能完整地定义金额，显然违背了第一范式。

　　第二范式（2NF）定义在第一范式的基础上，非码属性必须完全依赖候选码。非码和候选码都是数据库中的专业术语。非码就是不能作为主键的字段，而候选码就是可以作为主键的字段。简单地说，第二范式就是要确保数据表中的每一列都与主键有关系。

　　第二范式建立在第一范式的基础上，用于消除表中冗余的字段。第二范式要求数据表中的非主键字段必须依赖主键的字段，如果表中存在不依赖主键的字段或者不能由主键唯一识别的字段，那么就不符合第二范式。

　　在第二范式的定义中需要注意的是，主键的含义指的是全部主键。在数据库设计中，很多数据表中具有实际意义的主键是由多个字段共同组成的。例如，在 iShopping 中，记录锁定的货物数据表的主键是由货物 ID 和订单 ID 共同组成的联合主键。这时数据表中包含记录货物名称的字段，如图 8.5 所示。

　　因为货物名称（CargoName）列依赖货物 ID，而货物 ID 只是主键的一部分，它和表中的另一个主键（OrderID）没有任何关系，所以图 8.5 中的数据表违反了第二范式。一般情况下，当一个数据表满足了第一范式后，要通过拆分表移除不满足第二范式的数据列。这时候正确的做法是把货物名称（CargoName）列移到另一个记录货物的单独的表中，如图 8.6 所示。

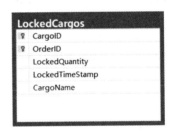

图 8.5　违反第二范式的锁定货物数据表

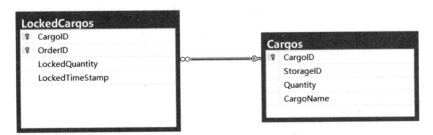

图 8.6　符合第二范式的锁定货物数据表

　　第三范式（3NF）的定义是，每一个非码既不能部分依赖候选码，也不能通过传递函数依赖候选码。也就是说，数据表中的所有列不但要完全依赖主键，而且这种依赖关系是直接的，不能通过别的列传递。

从定义可以看出，第三范式在第二范式的基础上进一步消除了表中不直接依赖主键的列。例如，在订单对象中，必须保持对订单用户的记录。根据这个需求，在设计订单表时可以加入描述用户 ID 和用户名的列。订单表的结构如图 8.7 所示。

在订单表中，假设该表已经符合第一范式和第二范式，则表中的用户 ID（UserID）和用户名（UserName）都依赖于订单的主键。但是两个字段的依赖是不一样的，用户 ID 直接依赖订单的主键，而用户名则通过用户 ID 的传递依赖主键，这就违反了第三范式，因此在设计时必须把这个列移除。

在一般的系统设计中，只要满足三个范式就可以保证数据库的设计质量。三个范式的名字也暗示着数据库设计的步骤，先用第一范式分解列，再用第二范式移除冗余的列，最

图 8.7　违反第三范式的订单表

后使用第三范式移除不直接依赖主键的列。当然，移除列也意味着数据表的拆分。

三大范式作为数据库设计的约束和规范，在设计中是要遵守的。但是过多地拆分表会带来查询性能上的损失。在实际设计过程中，有时为了提高查询性能，偶尔会做一些违反三大范式的设计。例如，在上面的订单表实例中，如果有根据用户姓名查询订单的需求，并且订单的数据量很大，通过多表的内联查询会很耗时，这时可以在订单表中加入用户名的缓存列，用于提高查询效率。

🔔 **注意**：在设计数据库模型时要遵守三大范式。在设计物理数据时为了查询性能的提升，可以在非重要的方面违背三大范式。

8.2.2　事务

事务在整个软件开发中是很重要的。可以说，任何使用数据库的系统都绕不开事务。事务表示一组动作，这一组动作执行时必须保持原子性，即要么全部执行完，要么全部都不执行。例如，在银行里，A 用户正在向 B 用户转账 100 元，如图 8.8 所示。

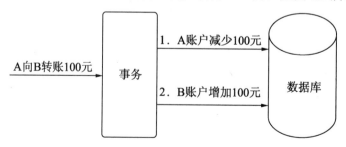

图 8.8　转账事务示意图

在图 8.8 中，A 向 B 转账就是一个事务，这个事务包含两个动作，分别是减少 A 的账户金额和增加 B 的账户金额。不管对银行来说，还是对用户来说，这两个动作必须同时执行。如果只执行其中的一个，则会对数据的一致性造成严重的破坏。

一个系统中可能会有很多批量动作需要执行，但并不是所有的批量动作都符合事务的要求。要满足事务的要求，必须符合事务的特征，即原子性、一致性、隔离性和持久性（ACID）。

- 原子性（Atomicity）：指执行事务作为一个整体具有不可分割性。也就是说，事务中的动作必须全部执行或者全部不执行，不允许只执行部分动作。
- 一致性（Consistency）：指事务执行时，应确保执行对象的状态从一个一致状态转变为另一个一致状态。一致状态的含义是，数据库中的数据应满足完整性约束。在图 8.8 的示例中，如果只执行一个动作，将会破坏账户数据一致性的约束。
- 隔离性（Isolation）：指一个事务的执行不能被其他事务干扰。也就是说，在 A 向 B 转账时，如果同时有其他账户向 A 转账，那么另外一个转账事务不能干扰 A 向 B 的转账事务，必须等这个事务执行完成后，才能执行下一个事务。
- 持久性（Durability）：指一个事务一旦提交，它对数据库中数据的改变就应该是永久性的。也就是说，在上述示例中，如果事务执行完毕后提交了事务，那么数据应该永久被保存到数据库中。

事务的概念很重要，在框架层面（.NET Framework）和数据库层面都提供了对事务的支持，可以满足从分布式的两阶段提交到数据库事务的不同需求。对于类似于 iShopping 这样的企业应用程序，对事务的需求更多地体现在数据一致性的约束上。因此实现针对数据库的事务是更迫切的要求。要实现针对数据库的要求，需要先定义一个通用的事务接口，代码如下：

```
// 定义在 EF Core 中处理的事务
public interface IEFCoreTransaction
    {
        // 判断当前事务是否开启
        bool GetTransactionIsActived();
        // 开启一个新事务
        void BeginTransaction();
        // 提交事务
        void CommitTransaction();
        // 回滚事务
        void RollbackTransaction();
    }
```

接口 IEFCoreTransaction 很简单，只是定义了开启事务、提交事务和回滚事务的方法。在调用接口时，必须通过接口中的 GetTransactionIsActived()方法判断是否已经开启了事务。事务开启后，要通过异常捕获的语句块检测是否有异常。如果没有异常则调用 CommitTransaction()方法提交事务，至此一个事务执行完毕，所有数据也会被永久存储到数据库中。如果有异常发生，则需要调用 RollbackTransaction()方法回滚事务。回滚会把数据返回到开启事务之前的状态（实际上在数据库中什么也没执行）。

当然这只是通过接口定义了事务的调用流程。在后面的章节中会在 Entity Framework Core 的 DbContext 中实现事务操作，但是对于事务流程的控制操作，不会放在基础设施层中进行，也不会放在领域模型中。领域模型不应该感受到事务的存在。通常情况下，事务的控制操作应该放在应用服务或领域服务中。

8.2.3　NoSQL 数据库

从 20 世纪 80 年代开始，关系型数据库取代了层次数据库成为主流，并沿用至今。随着大数据时代的到来，面对超大规模数据和高并发的需求，传统的关系型数据库有些"力不从心"了。面对新的需求，非关系型数据库进入了设计人员的视野，如 NoSQL 数据库。

NoSQL 可以理解为 No-Relational，即不使用关系模型（Relational Model）组织数据的数据库。其更准确的定义是 Not Only SQL，按照这种定义，NoSQL 是对关系型数据库的补充。

由于 NoSQL 数据库抛弃了关系模型，因此具有很强的灵活性和可扩展性，但同时也造成了数据库种类繁多的现状。目前主流的 NoSQL 数据库大致分为 4 类，分别是键值存储数据库、列存储数据库、文档数据库和图形数据库。这几种 NoSQL 数据库的特点如表 8.1 所示。

表 8.1　NoSQL数据库的特点

类　　型	数据存储类型	优　　点	缺　　点	应用场景	代表数据库
键值存储数据库	以键-值的方式存储数据，类似于哈希表的存储方式	存储和查询速度非常快	值只能以字符串和二进制方式存储，不支持结构化	主要用于大容量数据和高并发数据的存储	Redis Voldemort
列存储数据库	以列方式存储数据，同样的列存储在一起	数据查询速度快，扩展方便	功能比较有限	主要用于分布式数据的存储	Cassandra HBase Riak
文档数据库	同样以键-值方式存储数据，但值可以结构化，可以存储对象	值的数据结构化，支持对象存储	查询速度慢	主要用于对象数据的存储	Coherence MongoDB
图形数据库	使用图形的结构存储数据	集成图形技术的方法	数据结构单一，速度较慢	主要用于需要图像分析的场合	Neo4J

在 NoSQL 数据库中，MongoDB 数据库比较特殊，它是一个基于分布式文件存储的数据库，由 C++语言编写。MongoDB 数据库使用十分松散的类似于 JSON 的方式来存储文档，这意味着它可以直接存储对象。在后面的章节中我们会使用 MongoDB 和 Entity Framework Core 两种方式实现领域对象的仓储对象。

8.3 对象关系映射

自从面向对象语言流行以来，使用对象解决问题一直是软件开发的主流思想。使用面向对象的设计方式，可以在系统中把领域问题分解成一个个对象和方法，并且可以高效解决企业应用中复杂的领域问题。

另一方面，企业应用程序运行时会产生大量的数据，这些数据有的是每个对象的状态数据，有的是对象执行方法后产生的记录，而且这些数据都必须保存下来。企业应用程序中对象的生命周期和程序并不同步，甚至超过了程序本身的生命周期（当进行实际的项目开发时就会发现，很多项目要使用原来系统遗留的数据）。系统运行时会有大量的操作，可能会不停地从数据库中读取需要的对象，当动作执行完成后，再把对象的状态保存到数据库中，直到下一次使用时再激活。

如何把对象保存到数据库中并进行读取一直是设计人员头痛的问题。除非是设计一个以数据为中心的程序。设计这样的程序并不需要包含业务逻辑的领域模型，事实上也没办法使用领域模型，而是使用以数据为中心的模型。数据模型的主要作用是封装从数据库中读取的数据，然后在 UI 层和数据访问层之间互相传递。

很多语言的框架对以数据为中心的程序开发都提供了快捷支持。在.NET 中通过窗体控件的拖放就能把数据库中的数据显示在 UI 中，几乎不需要代码就能实现对数据库的增、删、改、查。但是这种以数据为中心的开发方式很难用于企业应用程序开发中，因为企业应用程序必须以对象为中心才能应对复杂的领域逻辑。

不同于以数据为中心的程序可以按照数据库的存储方式来设计模型，以对象为中心的程序，其对象是立体的，而数据是平面的，很难保证对象和数据库之间的映射关系是正确的。而领域模型在与数据库集成时，需要解决的是对象到数据库映射的问题。

8.3.1 对象-数据库阻抗失配

一个应用程序一般都离不开对象和数据记录，对象和数据记录还需要频繁地交互转换，对象迟早要保存为数据记录，而数据记录也会被转换成对象。但是对象和数据库中的记录就像是来自两个完全不同世界的人，都按照自己的思维方式思考和解决问题。

面向对象的程序设计是以对象为中心，考虑的是继承、多态、引用和聚合等问题，这是面向对象的思维方式。利用这些概念，大量的对象组合在一起，共同实现领域模型。而数据的思考模式基于关系模型，数据被记录在一个个二维表中，由行和列组成。数据记录更关注它们之间的关系，这是关系模型的思考方式。数据库通过二维表的列定义数据记录的内容，通过主键和外键约束定义这些数据记录的关系。

对象和数据记录的思考方式不一致，决定了二者在互相转换的过程中不能建立简单的一一对应关系。在数据库中没有继承一说，意味着在数据库中很难描述继承关系，同样，对象没有主键和外键一说。但是在数据库中必须用主键和外键的约束来表现对象的引用和聚合等，这就产生了所谓的"阻抗失配"问题。在任何一个方向执行转换都必须要建立映射关系，而这个映射关系无疑是复杂的，这正是面向对象设计中一直困扰设计人员的问题。

为了解决对象-数据库的"阻抗失配"问题，设计人员可以尝试多种方式，其中比较有效的方式是使用对象数据库和对象关系映射技术。

8.3.2　对象关系映射的困难

如果说对象-数据库匹配阻抗是一直困扰设计人员的问题，那么对象关系映射（ORM）就是为解决这个问题而产生的。简单来说，对象关系映射就是使用元数据来表示对象和数据库之间的映射关系，实现对象和数据记录的自动映射。

当然，在 ORM 实现对象到数据的转换前，首先要创建映射的元数据。这些元数据包括对象映射到哪张数据表、属性映射到数据表中的哪个列等简单映射，以及继承怎么映射、集合属性映射等复杂的映射关系。

实现这些映射的元数据是极其复杂的，市面上提供了大量的 ORM 商用产品，这些 ORM 中间件都提供了配置对象到数据库的映射工具。通过这些工具可以让设计人员配置从简单到复杂的映射关系。常用的配置方法有 XML 文件和特性，以及使用代码配置等。

还有一种隐式的配置方式：代码约定。代码约定就是 ORM 规定了一些类型和方法的命名规范，符合这些约定的代码可以实现自动配置映射关系。例如，上一章在实现领域对象的实体类里提供了名称为 ID 的属性，这就是代码约定。在映射时，ORM 会把这个属性自动映射成数据表的主键。

在实现仓储对象时，ORM 起的是中间件的作用。仓储对象定义了获取和保存领域对象的接口方法。仓储对象在实现这些方法时最终要与数据库交互。ORM 是仓储对象与数据库交互时的中间件，负责领域对象和数据库记录的双向转换。ORM 的作用如图 8.9 所示。

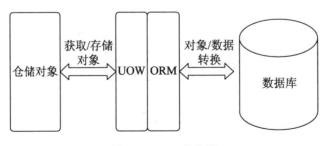

图 8.9　ORM 的作用

在图 8.9 中，ORM 与仓储对象之间的 UOW 就是工作单元（Unit Of Work）。上一章已经介绍过，工作单元的一种模式是跟踪对象的变化状态，大大简化了仓储对象的实现方式，使仓储对象能够以集合的方式存储和提供对象。事实上，很多商用的 ORM 工具都实现了工作单元模式，提供了对对象变化状态的跟踪。

目前流行的 ORM 工具有 Hibernate，被移植到.NET 的 NHibernate，.NET 原生的 Entity Framework Core，以及第三方工具 Dapper 等。在后面的章节中我们将使用两种方式实现仓储对象。一种是利用 MongoDB 对象存储的特性直接实现仓储对象，这种方式因为对象可以直接存储，因此不需要使用工作单元和 ORM。另一种是使用传统的关系型数据库 SQL Server，ORM 使用原生的 Entity Framework Core。Entity Framework Core 除了具有原生性的特点外，在框架内部已经实现了工作单元，这也是选择它的理由。

不管使用对象数据库方式还是任何一种 ORM 工具，在进行对象到数据记录的双向转换时，这些工具和框架内部都要实现复杂的类型映射。为了实现这些类型映射，ORM 会对类型中的属性和方法做一些特殊的要求，这就是使用 ROM 带来的代码侵入问题。这些代码侵入或多或少会破坏领域模型的设计原则，这是使用 ORM 的代价。另外一个代价是ORM 不可能完全填补对象和数据库"阻抗失配"，对于一些复杂的映射，ORM 不能完全准确地实现，这时不得不在领域模型中做出"牺牲"。

尽管如此，ORM 工具仍然值得设计人员使用，因为自己实现 ORM 是十分困难的。如果放弃对象数据库映射，自己编写 SQL 语句来实现仓储对象，对于普通的映射来说难度并不大，但真正的难度在于实现工作单元模式上，设计一个可以在内存中跟踪所有对象变化状态的系统是一件极其复杂的事。

8.3.3　传统的数据访问技术 ADO.NET

从第一个版本的.NET 开始，ADO.NET 就是的.NET 中用于数据访问技术的核心组件。ADO.NET 的名称来源于 COM 组件时代的技术 ADO（ActiveX Data Objects）。正如其名称所暗示的那样，ADO.NET 并没有重写数据访问的基础代码，而是用.NET 重新封装了 ADO组件。

ADO.NET 自从发行以来就以高效、易用的特点在.NET 社区享有很高的声誉，并被广泛应用于桌面程序及 Web 程序中。ADO.NET 提供数据库直接访问技术。通过 ADO.NET可以直接对数据库执行增、删、改、查操作，ADO.NET 为这些操作提供了一套标准、简洁的接口，这些接口自从 ADO.NET 发布以来就没有改动过，足见其接口的适用性很强。

ADO.NET 通过几个组件提供对数据库的完整访问能力。其中，对数据库的操作是通过直接执行 SQL 语句来实现的。这意味着必须自己手动编写 SQL 语句。这样做虽然略显烦琐，但是执行效率非常高。

ADO.NET 因为推出较早，没有集成 ORM 功能。虽然目前微软的目标是使用 Entity Framework Core 来代替 ADO.NET 作为数据访问技术，但是 Entity Framework Core 的底层实现仍然借助 ADO.NET 来实现。可以说 ADO.NET 是其他 ORM 工具的基础。ORM 负责对象到数据库的映射，ADO.NET 负责数据库的访问。ADO.NET 的功能如图 8.10 所示。

从图 8.10 中可以看到，ADO.NET 有 5 个对象，分别是 Connection、Command、DataReader、DataAdapte 和 DataSet。其中，除了 DataSet 对象以外，其他 4 个对象都在虚线框内，这 4 个对象在一起组成了数据提供程序。图 8.10 中展示的对象是数据提供程序的接口，是由抽象类形式提供的。

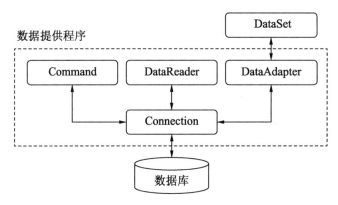

图 8.10　ADO.NET 的功能图

ADO.NET 针对不同的数据库（如 Access 和 SQL Server 等）提供了各自的数据提供程序。不同的数据提供的程序都实现了这 4 个抽象类。DataSet 是一个通用对象，用于在内存中模拟关系型数据库。也就是说，使用物理数据库同样可以在 DataSet 中插入表和数据，同时也可以把物理数据库中的数据映射到 DataSet 中。

在使用 ADO.NET 访问数据库时，需要先使用连接字符串创建 Connection 对象并用它来连接数据库。除此以外，Connection 对象还用于对数据库事务流程的管理，可以通过 Connection 对象提交或回滚事务，使用 ADO.NET 建立数据库连接并执行事务管理。代码如下：

```
string connectionString = "";
// 创建一个数据连接对象
DbConnection connection = new SqlConnection(connectionString);
DbTransaction transaction = null;
try
{
    // 打开与数据库的连接
    connection.Open();
    // 开始一个数据库事务
    transaction = connection.BeginTransaction();

    // 执行 SQL 命令
    ...

    // 执行完毕，提交数据库事务
    transaction.Commit();
}
catch
```

```
    {
        if(transaction != null)
        {
            // 回滚事务
            transaction.Rollback();
        }
    }
    finally
    {
        if(connection.State == ConnectionState.Open)
        {
            // 关闭数据库连接
            connection.Close();
        }
    }
```

注意：使用 ADO.NET 完成连接后，一定要关闭连接。

Command 对象用于执行 SQL 语句或数据库的存储过程（Store Procedure），它必须建立在 Connection 对象之上。如果执行的 SQL 语句返回的是查询结果，可以通过 Command 对象的 ExecuteReader()方法获取 DataReader 对象，DataReader 对象可以通过游标遍历所有的查询结果。使用 Command 对象执行 SQL 语句和使用 DataReader 对象读取查询结果的示例代码如下：

```
string connectionString = "";
// 创建一个数据连接对象
DbConnection connection = new SqlConnection(connectionString);
try
{
    // 打开与数据库的连接
    connection.Open();
    // 创建 DbCommand 对象
    DbCommand command = new SqlCommand();
    // 设置 DbCommand 对象的 DbConnection 对象
    command.Connection = connection;
    // 设置 DbCommand 对象的 Connection 属性
    command.CommandText = "";
    // 执行 SQL 语句（非查询语句）
    command.ExecuteNonQuery();

    // 执行查询 SQL 语句，并用 DbDataReader 对象读取结果
    // 从 DbCommand 对象中获取 DbDataReader 对象
    DbDataReader reader = command.ExecuteReader();
    // 循环读取，直到读完所有记录
    while(reader.Read())
    {
        // 从记录中获取指定列的值
        int a = reader.GetInt32(0);
```

```
            // 读取其他列
            ...
        }
        reader.Close();
    }
    catch
    {
        throw new Exception();
    }
    finally
    {
        if(connection.State == ConnectionState.Open)
        {
            // 关闭数据库连接
            connection.Close();
        }
    }
```

DataAdapter 是比较特殊的对象，也需要建立在 Connection 对象之上。正如其名字所暗示的那样，DataAdapter 对象是物理数据库和 DataSet 之间的适配器。DataAdapter 对象可以把物理数据库的数据填充到 DataSet 中，也可以把 DataSet 中的数据更新到物理数据库中。DataAdapter 对象和 DataSet 对象配合可以用于需要断开连接的场合。也就是说，在读取并填充数据到 DataSet 后，完全可以和物理数据库断开连接，客户端可以直接操作 DataSet 中的数据，需要更新时再连接物理数据库执行更新。使用 DataAdapter 对象和 DataSet 对象填充和更新数据的示例代码如下：

```
// 数据库中的表名称
string tableName=" ";
// 创建用于查询的 Command 对象
SqlCommand command = ...
// 创建 DataAdapter 对象
DataAdapter ada = new SqlDataAdapter();
// 为 DataAdapter 的 SelectCommand 属性赋值
ada.SelectCommand = command;
// 执行查询语句并把结果填充到 DataSet 中
ada.Fill(result, tableNames);

// 执行更新 DataSet
...

// 在需要把 DataSet 更新到数据库时执行
// 为 DataAdapter 对象的 UpdateCommand 属性赋值
ada.UpdateCommand = command;
// 使用 DataAdapter 把 DataSet 的数据更新到数据库中
ada.Update(dataSet);
```

注意：尽量不要在仓储对象中使用数据适配器。

8.4 Entity Framework Core 框架

Entity Framework Core 是微软的数据库访问技术，用于为 ASP.NET Core 提供数据库访问支持。它是在 Entity Framework 上发展而来的轻量级 ORM 框架，同时也实现了工作单元模式。从 Entity Framework Core 2.0 开始，它在支持领域驱动设计（DDD）上有了很大的进步，体现在对值对象和对领域模型的支持方面。

对领域模型的支持的进步，可以使设计人员在使用 Entity Framework Core 时大幅减少映射的配置和对领域模型的代码侵入。当然，最大的好处是 Entity Framework Core 可以直接映射大部分不太复杂的领域模型，而且不需要使用数据模型。

在以前的版本中，由于对领域模型的支持不好，稍微复杂一些的领域模型都不能直接映射，而必须创建 Entity Framework Core 更容易理解的数据模型。数据库只能和数据模型建立映射，完成映射转换后，还需要手动执行数据模型到领域模型的双向转换，整个过程如图 8.11 所示。

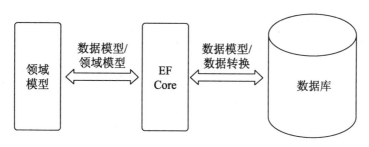

图 8.11 使用数据模型的转换过程

从图 8.11 中可以看出，使用早期版本的 Entity Framework Core，由于不能很好地映射领域对象和数据库，必须先创建更符合 Entity Framework Core 要求的数据模型（实体对象）。而在新版本中，大部分的领域模型可以直接映射数据库，但是对一些特殊的领域对象还是没办法映射。对于这些领域对象，使用创建数据模型作为转换中介的方式也是一个有效的解决办法。

8.4.1 Entity Framework Core 的引用

在创建.NET Core 项目时并没有自动引用 Entity Framework Core。也就是说，要想在项目中使用 Entity Framework Core，必须手动引用。在 Visual Studio 中，对大部分类库和框架的引用都是通过 NuGet 管理的。在 Visual Studio 中使用 NuGet 引用扩展类库十分方便，可以使用多种方法，其中最简单的方法是在"程序包管理控制台"中直接输入引用命令，如图 8.12 所示。

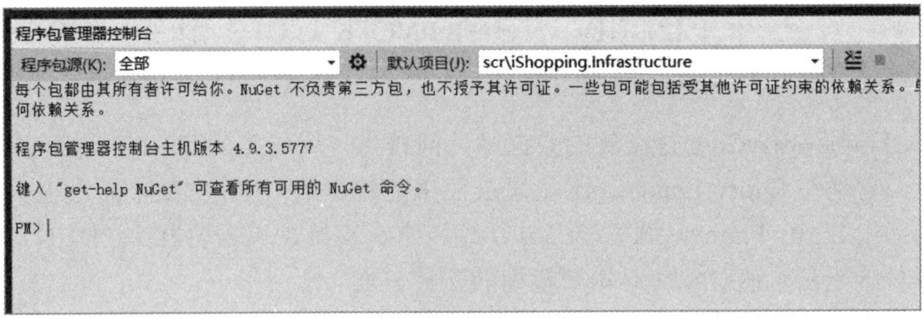

程序包管理控制台

每个包都由其所有者许可给你。NuGet 不负责第三方包，也不授予其许可证。一些包可能包括受其他许可证约束的依赖关系。单何依赖关系。

程序包管理器控制台主机版本 4.9.3.5777

键入 "get-help NuGet" 可查看所有可用的 NuGet 命令。

PM>|

图 8.12　程序包管理控制台

🔔**注意**：仅在 Visual Studio 2013 及以后的版本中才支持 NuGet。

　　如果你的 Visual Studio 中没有显示"程序包管理控制台"，可以单击菜单栏中的"工具"|"NetGet 包管理器"|"程序包管理控制台"命令，打开程序包管理器控制台窗口，在其中输入以下命令就可以引用 Entity Framework Core。

```
Install-Package Microsoft.EntityFrameworkCore -Version 2.2.6
```

　　在上述命令中，引用的是 Entity Framework Core 2.2.6。执行命令后，NuGet 会下载命令中指定版本的类库和其依赖的类库。在本书写作期间，Entity Framework Core 的最新版本是 3.14。

　　虽然新版本更稳定和高效，但是有一个细节一定要注意：系统的主程序是用 ASP.NET Core 模板创建的，在 ASP.NET Core 程序中会自动引用 Microsoft.AspNetCore.App 类库，而 Microsoft.AspNetCore.App 类库已经引用了 Entity Framework Core，为了避免版本冲突，在基础设施层引用的 Entity Framework Core 一定要和主程序引用的版本一致。主程序引用的 Entity Framework Core 版本如图 8.13 所示。

图 8.13　ASP.NET Core 引用的 Entity Framework Core 版本

因为本书配套的实例项目使用的是 ASP.NET Core 2.2 版本，所引用的 Entity Framework Core 是 2.2.6 版，所以在基础设施层中引用的也是 2.2.6 版本。

Entity Framework Core 是建立在传统 ADO.NET 上的 ORM 框架集合。得益于 ADO.NET 类库，Entity Framework Core 同时也支持多个数据库。在引用 Entity Framework Core 时，必须增加对相应数据库类库的引用。除此以外，要想利用 Entity Framework Core 提供的数据迁移功能，还必须添加相应的类库引用。为基础设施层继续引用其他支持类库的代码如下：

```
Install-Package Microsoft.EntityFrameworkCore.SqlServer -Version 2.2.6
Install-Package Microsoft.EntityFrameworkCore.Tools -Version 2.2.6
```

在程序包管理控制台窗口中执行上述命令，可以成功引用 Entity Framework Core 的完整包。执行完这些命令后，在 Visual Studio 中可以看到如图 8.14 所示的引用效果。

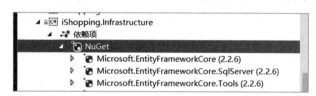

图 8.14　已经正确地完成了对 Entity Framework Core 及相关包的引用

此外，Visual Studio 的 NuGet 扩展还提供了多种引用 NuGet 包的方式，这些方式都可以达到同样的效果。

⌂注意：引用 Entity Framework Core 包时一定要和 ASP.NET Core 的版本一致。

8.4.2　Entity Framework Core 简介

在 Entity Framework Core 中，如果要列举出最重要的类型，DbContext 肯定是其中之一。它在 Entity Framework Core 中是实体对象和数据库转换之间的桥梁，并且负责与数据库交互。DbContext 在 Entity Framework Core 框架中的作用如图 8.15 所示。

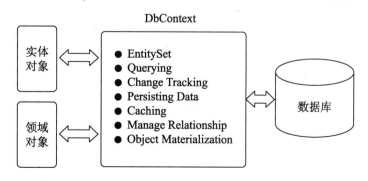

图 8.15　DbContext 在 Entity Framework Core 框架中的作用

这里的实体对象并不是指领域模型中的实体对象，而是指 Entity Framework Core 中的数据模型。为了避免和领域对象中的实体对象混淆，在后面的章节中统一将实体对象称为数据模型。

数据模型类似于前面的章节中提到的数据保持器，它由一系列的属性组成，不需要包含逻辑代码，主要用于把读取的数据记录建模成对象。事实上，随着 Entity Framework Core 的不断改进，实现了很多场景的自动映射，很多领域模型都可以直接和数据库实现映射。数据模型在不是太复杂的领域模型映射中已经没有必要使用了。

虽然 Entity Framework Core 的入门很快，但是了解 DbContext 的内部运行原理，有助于更好地使用 DbContext 实现仓储对象。

EntitySet 是包含所有从数据库表中被映射出来的数据模型对象的集合。通过这个属性可以直接执行对象查询任务，而且这种查询没必要使用 SQL 语句。在使用 DbContext 时一般不会直接使用，而是使用一个自定义数据上下文类型，并且这个自定义数据上下文类型需要从 DbContext 中继承，同时需要添加自定义的映射集合，类似于下面的代码：

```
public class CommodityCatalogDbContext : DbContext
{
    public DbSet<CommodityCategory> Categortys { get; }
    public DbSet<Commodity> Commodities { get; }
    ...
}
```

上述代码中使用自定义数据上下文时增加了两个 DbSet<T>泛型类型的属性，泛型的类型是商品目录上下文中两个聚合的类型。DbSet<T>是 Entity Framework Core 中查询和保存对象实例的对象，可以看作是数据模型对象的集合。DbSet<T>支持 LINQ 查询，并会把 LINQ 的查询条件转换成 SQL 语句。

Manage Relationship 指在 DbContext 中管理对象数据库的映射关系。在 Entity Framework Core 中存在 3 种配置映射关系的编程方式，分别是 Data First、Model First 和 Code First，优先选择的是 Code First。在 Code First 中又存在两种配置映射的方式：数据注释方式和 Fluent API。其中，数据注释方式是在数据模型中使用特性标注的方式来配置映射的，类似下面的代码：

```
[Table("blogs")]
public class Blog
    {
        public int BlogId { get; set; }
        [Column(TypeName = "varchar(200)")]
        public string Url { get; set; }
        [Column(TypeName = "decimal(5, 2)")]
        public decimal Rating { get; set; }
    }
```

在上述代码中，使用特性标注了这个类型存储的数据表和每一个属性映射的列。这些标注的特性是在 Entity Framework Core 中定义的，使用前必须引用 Entity Framework Core

类库。显式的数据注释方式只适用于数据模型，因为对 ORM 的依赖不适合领域模型。

　　Fluent API 是指流式接口，是一系列包含扩展方法的接口。通过 Fluent API 可以在 DbContext 的 OnModelCreating()方法中配置映射关系，这种方式可以和模型彻底解耦，因此很适合领域模型。下面的示例代码使用 Fluent API 的方式达到了和使用数据注释方式同样的配置效果。

```
public class MyContext : DbContext
{
    ...
    protected override void OnModelCreating(ModelBuilder modelBuilder)
    {
        modelBuilder.Entity<Blog>()
        .Property(b => b.BlogId)
        .HasColumnName("blog_id");
    }
}
```

　　DbContext 的另一个功能是实现工作单元模式。它会跟踪加载或新建的数据模型状态。在 Entity Framework Core 中使用枚举 EntityState 来标识数据模型对象的状态。其中，状态共分为 5 种，分别是 Detached、Unchanged、Added、Deleted 和 Modified。5 种状态的含义如表 8.2 所示。

表 8.2　Entity Framework Core的 5 种状态

状　　态	状　态　含　义
Detached	新创建的对象，对象没有被DbContext跟踪
Unchanged	DbContext跟踪对象，标识对象的状态没有改变
Added	DbContext跟踪对象，需要执行插入操作
Deleted	DbContext跟踪对象，需要执行删除操作
Modified	DbContext跟踪对象，需要执行更新操作

　　以上 5 种状态都是 DbContext 在执行一些方法时自动更新的。当调用 DbContext 的 SaveChanged()方法时，DbContext 会根据跟踪对象的状态把这些对象写入数据库。DbContext 还提供了一系列方法用于对象的添加、修改、删除和查询，这些方法的使用将会在实现对象仓储时介绍。

　　要想 DBContext 能正确地工作，必须在底层依赖于 ADO.NET 提供的数据库访问组件，因此 DbContext 也需要 Connection 对象连接到数据库。DbContext 会在内部创建 Connection 对象，但是在创建 Connection 对象时需要指定使用的数据提供程序和连接字符串。在 DbContext 里这些连接数据库的配置是用 DbContextOptions 对象定义的，因此在 DbContext 类型里提供了一个使用 DbContextOptions 初始化的构造方法。在实现自定义数据上下文的时候，也可以调用这个构造方法来初始化配置选项。代码如下：

```
// 实现自定义数据上下文的抽象基类
public abstract class EntityFrameworkCoreDbContext : DbContext
```

```
{
    // 使用 DbContextOptions 对象初始化数据上下文
    public EntityFrameworkCoreDbContext(DbContextOptions options)
            :base(options)
    {
    }
    ...
}
```

在 DbContextOptions 中不但可以配置数据提供程序和连接字符串，还可以配置行为选项，如配置 Entity Framework Core 执行查询时是否需要跟踪对象状态等。这些选项都可以在 DbContext 的 OnConfiguring()方法里进行手动配置，例如下面的代码：

```
public abstract class EntityFrameworkCoreDbContext : DbContext
{
    ...
    protected override void OnConfiguring(DbContextOptionsBuilder options
Builder)
    {
        // 配置使用 SQL Server 及连接字符串，并配置命令超时为 25s
        // 配置不跟踪查询的对象
        optionsBuilder.UseSqlServer("连接字符串",
                provider=>provider.CommandTimeout(25))
        .UseQueryTrackingBehavior(QueryTrackingBehavior.NoTracking);
        base.OnConfiguring(optionsBuilder);
    }
}
```

在 DbContext 中配置 DbContextOptions 确实很方便，但这不是最佳的选择。配置应该放在系统层，在系统初始化时通过读取配置文件或手动创建 DbContextOptions 对象，使用依赖注入把 DbContextOptions 对象注入自定义数据上下文中。事实上对于使用自定义数据上下文的对象仓储来说，上下文对象也是被注入的，而对象仓储同样也是被注入领域服务或应用服务的构造方法中的。

8.4.3　实现自定义数据上下文

使用 Entity Framework Core 实现领域对象仓储的核心是自定义数据上下文的实现，也就是实现一个继承自 DbContext 的适用于仓储对象的类型。

前面已经介绍过，对象的仓储必须实现工作单元模式，即要实现前面章节中定义的工作单元接口。而 DbContext 本身就实现了工作单元模式，因此在自定义数据上下文中实现工作单元接口，只要调用 DbContext 相关的方法就可以。

实现了工作单元模式以后，自定义数据上下文还需要事务管理接口。和工作单元模式一样，DbContext 也实现了事务管理，在接口的实现方法中只要调用 DbContext 中相应的方法即可。自定义数据上下文的实现代码如下：

```
// 实现自定义数据上下文，继承自 DbContext
public abstract class EntityFrameworkCoreDbContext :
```

```
                        DbContext, IUnitOfWork,IEFCoreTransaction
{
    private IDbContextTransaction m_CurrentTransaction;

    public EntityFrameworkCoreDbContext(DbContextOptions options)
        :base(options)
    {

    }
    int IUnitOfWork.SaveChanges()
    {
        // 调用基类（DbContext）的 SaveChanges()方法
        // 实现将状态变化的对象保存到数据库
        return base.SaveChanges();
    }
    Task<int> IUnitOfWork.SaveChangesAsync(CancellationToken cancellation
Token)
    {
        // 调用基类（DbContext）的 SaveChangesAsync()方法
        // 实现将状态变化的对象保存到数据库
        Task<int> result = base.SaveChangesAsync(cancellationToken);
        return result;
    }
    // 判断当前事务是否开启
    public bool GetTransactionIsActived()
    {
        return m_CurrentTransaction != null;
    }
    // 获取当前启动的事务
    public IDbContextTransaction GetContextTransaction()
    {
        return m_CurrentTransaction;
    }
    // 开启一个新事务
    public void BeginTransaction()
    {
        if (m_CurrentTransaction != null)
        {
            throw new Exception("事务已经启动，或没完成");
        }
        m_CurrentTransaction = Database.BeginTransaction();
    }
    // 提交事务
    public void CommitTransaction()
    {
        if (m_CurrentTransaction  == null)
        {
            throw new Exception("事务没启动");
        }
        try
        {
            // 将当前所有的变更都保存到数据库中
            ((IUnitOfWork)this).SaveChanges();
```

```
                m_CurrentTransaction.Commit();
            }
            catch
            {
                // 如果出现异常，则回滚事务
                RollbackTransaction();
                throw;
            }
            finally
            {
                if (m_CurrentTransaction != null)
                {
                    // 最终需要释放当前事务并且置为空
                    // 这样就可以多次开启事务和提交事务
                    m_CurrentTransaction.Dispose();
                    m_CurrentTransaction = null;
                }
            }
        }
        // 回滚事务
        public void RollbackTransaction()
        {
            try
            {
                if (m_CurrentTransaction == null) return;
                m_CurrentTransaction.Rollback();
            }
            finally
            {
                if (m_CurrentTransaction != null)
                {
                    // 最终需要释放当前事务并且置为空
                    // 这样就可以多次开启事务和提交事务
                    m_CurrentTransaction.Dispose();
                    m_CurrentTransaction = null;
                }
            }

        }
    }
```

　　EntityFrameworkCoreDbContext 表示自定义数据上下文，它直接是从 DbContext 类继承而来的，同时实现了 IUnitOfWork 和 IEFCoreTransaction 接口。当然，所有的接口实现都依赖于 DbContext 方法。

　　定义好自定义数据上下文以后，剩下的工作就简单多了。当然还需要定义自定义上下文的实现类，在实现类里实现从领域对象到数据库的配置，具体的实现方法会在后面介绍。现在回到对象仓储的抽象实现中。因为要为不同的聚合对象提供它们自己的对象仓储，而对基于 Entity Framework Core 的对象仓储，在实现时都需要数据上下文的支持，因此有必要创建一个基于 Entity Framework Core 的对象仓储的抽象父类，把对数据上下文的引用封装在这个抽象类中。

数据上下文有两种实现方式。第一种方式是整个系统使用一个数据上下文，这种方式适合模型比较简单的系统或者单体应用。因为单体应用的数据库一般都是集中式数据库，也就是说系统只使用一个数据库，使用一个数据上下文完全可以应对，并且使用同一个数据上下文，可以很容易通过本地事务，从而实现数据的一致性。但是这种方式很难用于微服务架构，因为微服务架构中的每个服务（对应领域模型的限界上下文）都使用自己的数据库。为了使 iShopping 可以快速地升级到微服务架构，在实现数据上下文时使用了第二种方式，即为每一个限界上下文使用单独的数据上下文。

确定好为每一个限界上下文使用单独的数据上下文后，对象仓储和数据上下文都有自己的继承关系，如图 8.16 所示。

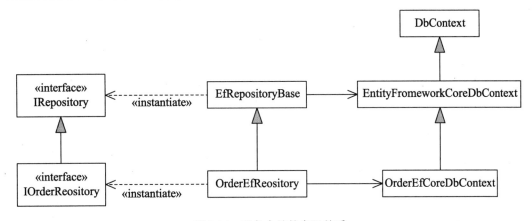

图 8.16 对象仓储的实现关系

在图 8.16 中，有两个接口是在领域模型中定义的。IRepository 定义了对象仓储的通用接口方法，IOrderReository 继承了 IRepository 接口，定义了订单仓储的接口方法。EntityFrameworkCoreDbContext 是数据上下文的抽象父类，它直接继承自 Entity Framework Core 的 DbContext，在前面已经实现了。而 OrderEfCoreDbContext 是用于订单限界上下文的数据上下文，实现了与订单聚合相关的数据库映射。

EfRepositoryBase 是基于 Entity Framework Core 的对象仓储的抽象父类，EfRepository-Base 中保持了对 EntityFrameworkCoreDbContext 或其子类的引用，在 EfRepositoryBase 中会实现对象仓储的大部分方法。OrderEfReository 是订单聚合的仓储，在 OrderEfReository 内部使用订单限界上下文的数据上下文 OrderEfCoreDbContext 来代替 EntityFramework-CoreDbContext 对象。

在实现 EfRepositoryBase 时，要实现在领域模型中定义对象仓储的泛型接口 IEntity-ObjectRepository<TEntity,TKey>，接口中的两个泛型类型分别表示聚合根对象的类型和它的标识类型。EfRepositoryBase 还要保持对 EntityFrameworkCoreDbContext 的引用，因为不同的限界上下文要使用不同的数据上下文，所以要在 EfRepositoryBase 中增加一个泛型类型，用于指定数据上下文的类型。EfRepositoryBase 的类型定义和构造方法的代码如下：

```
// 基于 Entity Framework Core 的仓储对象的基础实现
   public abstract class EFCoreRepositoryBase<TEntity,TKey, TContext>
      : IEntityObjectRepository<TEntity,TKey>
      where TEntity : EntityObject<TKey>, IAggregationRoot<TKey>
      where TContext : EntityFrameworkCoreDbContext
{
   private TContext m_DbContext = null;

    // 使用 EntityFrameworkCoreDbContext 构造方法
   public EFCoreRepositoryBase(TContext context)
   {
      DbContext = context;
   }
    // 获取数据上下文
   protected TContext DbContext { get => m_DbContext;
       private set => m_DbContext = value; }
   // 获取工作单元
   public IUnitOfWork GetUnitOfWork()
   {
      return DbContext;
   }
   // 获取事务流程控制
   public ITransaction GetTransaction()
   {
      return DbContext;
   }
   ...

}
```

在 EfRepositoryBase 的构造方法中使用了 TContext 类型的参数，这个类型是在 EfRepositoryBase 类型定义中指定的泛型类型。同时，泛型的定义还限制了 TContext 对象必须是 EntityFrameworkCoreDbContext 的子类型。在仓储对象的实现代码中必须指定使用的数据上下文类型。例如订单仓储的定义代码如下：

```
//定义订单仓储对象
   public class OrderCostEFCoreRepository :
      EFCoreRepositoryBase<Order, string, OrderDbContext>,
      IOrdeRepository
   {
      public OrderEFCoreRepository(OrderDbContext context) : base(context)
      {
      }
       ...

   }
```

在 EfRepositoryBase 中，使用 DbContext 属性封装了从构造方法传入的数据上下文，从而实现在仓储中管理对象的方法。除此以外还提供了两个方法 GetUnitOfWork()和 Get-Transaction()，用于获取动作单元的接口和事务控制的接口。因为在抽象类型 Entity-FrameworkCoreDbContext 中已经实现了两个接口，所以直接返回自定义数据上下文就可以了。

在使用 DbContext 实现对象仓储的过程中，大部分对象的插入、更改和删除工作大致相同。有了这个基础，可以把对象仓储的这些方法都封装在 EfRepositoryBase 类型中。插入对象的操作直接调用 DbContext 中的 Add 方法即可。在 DbContext 中调用 Add 方法会把对象的状态更改为 Added，并开始维持对对象的跟踪。插入对象的实现代码如下：

```
// 基于 Entity Framework Core 的仓储对象的基础实现
public abstract class EFCoreRepositoryBase<TEntity,TKey, TContext>
    : IEntityObjectRepository<TEntity,TKey>
    where TEntity : EntityObject<TKey>, IAggregationRoot<TKey>
    where TContext : EntityFrameworkCoreDbContext
{
    // 获取数据上下文
    protected TContext DbContext { get => m_DbContext;
        private set => m_DbContext = value; }
    ...
    //添加一个实体对象
    public virtual TEntity AddObject(TEntity entity)
    {
        return DbContext.Add(entity).Entity;
    }
    //使用异步方式添加一个实体对象
    public virtual Task<TEntity> AddObjectAsync(TEntity entity,
        CancellationToken cancellationToken = default)
    {
        return Task.FromResult(AddObject(entity));
    }
    ...
}
```

在 EFCoreRepositoryBase 中实现插入对象时提供了两个方法，分别是同步插入的 AddObject()方法和异步插入的 AddObjectAsync()方法。在实现异步插入方法时直接调用的是同步方法而没有调用 DbContext 的 AddAsync()方法。

同样，实现更新对象的方法也很简单，只需要调用 DbContext 的 Update 方法即可，DbContext 会把跟踪的对象更新为新传入的对象。更新对象的代码如下：

```
// 基于 Entity Framework Core 的仓储对象的基础实现
public abstract class EFCoreRepositoryBase<TEntity,TKey, TContext>
    : IEntityObjectRepository<TEntity,TKey>
    where TEntity : EntityObject<TKey>, IAggregationRoot<TKey>
    where TContext : EntityFrameworkCoreDbContext
{
    // 获取数据上下文
    protected TContext DbContext { get => m_DbContext;
        private set => m_DbContext = value; }
    ...
    //更新对象
    public virtual TEntity UpdateObject(TEntity entity)
    {
        return DbContext.Update(entity).Entity;
```

```
        }
        //使用异步方式更新对象
        public virtual  Task<TEntity> UpdateObjectAsync(TEntity entity,
            CancellationToken cancellationToken = default)
        {
            return Task.FromResult(UpdateObject(entity));
        }
        ...
    }
```

　　删除对象的情况有一点特殊。很多企业应用对对象或数据的删除都很敏感，如果贸然删除有些对象，会造成系统数据的不一致，甚至引发异常。因此对象仓储中提供了两种删除方式，一种是直接删除，另一种是在实体对象上增加一个标志，删除对象仅仅是把这个标志位置删除，而不是真正地删除对象。要增加这种方式，必须要在实体对象的父类里增加标识删除的标志位。代码如下：

```
// 定义使用泛型 T 作为标识的实体对象的抽象类
    public abstract class EntityObject<T>
    {
        private bool m_IsActived = false;
        ...
        // 获取对象是否活动，指示对象是否被假删除
        public bool IsActived { get => m_IsActived;
            private set => m_IsActived = value; }

        // 禁用对象，用于假删除
        public void DisableObject()
        {
            IsActived = false;
        }
        ...
    }
```

　　给实体对象增加了标识删除的标志位后，对象仓储的删除方法的实现代码如下：

```
// 基于 Entity Framework Core 的仓储对象的基础实现
    public abstract class EFCoreRepositoryBase<TEntity,TKey, TContext>
        : IEntityObjectRepository<TEntity,TKey>
        where TEntity : EntityObject<TKey>, IAggregationRoot<TKey>
        where TContext : EntityFrameworkCoreDbContext
    {
        // 获取数据上下文
        protected TContext DbContext { get => m_DbContext;
            private set => m_DbContext = value; }
        ...
        // 删除对象（假删除）
        public virtual TEntity DeleteObject(TEntity entity)
        {
            if (entity == null) return entity;
            //禁用对象，用于假删除
            entity.DisableObject();
            return DbContext.Update(entity).Entity;
```

```
    }
    //使用异步的方式删除对象（假删除）
    public virtual Task<TEntity> DeleteObjectAsync(TEntity entity,
        CancellationToken cancellationToken = default)
    {
        return Task.FromResult(DeleteObject(entity));
    }
    //移除数据（彻底删除）
    public virtual TEntity RemoveObject(TEntity entity)
    {
        return DbContext.Remove(entity).Entity;
    }
    //使用异步的方式移除数据（彻底删除）
    public virtual Task<TEntity> RemoveObjectAsync(TEntity entity,
        CancellationToken cancellationToken = default)
    {
        return Task.FromResult(RemoveObject(entity));
    }
    ...
}
```

在对象仓储中实现了对象的插入、更新和删除方法后，还需要一个获取对象的方法才能组成对象仓储的完整方法链。获取对象的方法是指通过标识获取对象。当数据上下文接收到获取对象的请求后，会先从跟踪的对象中查询并返回匹配的对象。如果没有匹配的对象，数据上下文会通过映射关系从数据库中查找、转换并返回对象，同时开始跟踪这个对象。如果仍然没有找到，则会返回 null。获取对象的实现代码如下：

```
// 基于 Entity Framework Core 的仓储对象的基础实现
public abstract class EFCoreRepositoryBase<TEntity,TKey, TContext>
    : IEntityObjectRepository<TEntity,TKey>
    where TEntity : EntityObject<TKey>, IAggregationRoot<TKey>
    where TContext : EntityFrameworkCoreDbContext
{
    // 获取数据上下文
    protected TContext DbContext { get => m_DbContext;
        private set => m_DbContext = value; }
    ...
    //使用标识获取对象
    public virtual TEntity GetObjectInID(TKey id)
    {
        return DbContext.Find<TEntity>(id);
    }
    //使用异步的方式获取对象
    public Task<TEntity> GetObjectInIDAsync(TKey id,
        CancellationToken cancellationToken = default)
    {
        return Task.FromResult(GetObjectInID(id));
    }
    ...
}
```

对于一个对象仓储来说，上面的几个方法是其基本方法。对于使用仓储的对象来说，

"创建对象-插入对象""获取对象-更新对象""获取对象-删除对象"是使用仓储的基本方法，这也是对象仓储的价值所在。对于仓储的客户端代码来说，仓储就是对象仓库，除了创建新对象以外，其他对象都要从这个仓库中获取，避免了一个对象对应多个副本的情况。

在 Entity Framework Core 中，DbContext 在内存中跟踪对象，对象插入、更新和删除后不会立刻保存到数据库中。只有调用 DbContext 的 SaveChanges()方法，才能把跟踪的对象的变化状态保存到数据库中。对于关系型数据库的对象仓储来说，虽然也在仓储中提供了 SaveChanged()方法，但是执行保存数据的最佳方法是工作单元接口的 SaveChanges()方法或事物管理接口的 CommitTransaction()方法。示例代码如下：

```
// 使用工作单元
public void UnitOfWorkDemo()
{
    // 创建订单限界上下文的数据上下文
    OrderDbContext context = new OrderDbContext(m_Fixture.Options);
    // 创建订单仓储
    OrderEFCoreRepository repository = new OrderEFCoreRepository(context);
    // 从仓储中获取订单对象
    Order order = repository.GetObjectInID("001");

    // 修改订单对象
    ...

    // 修改完订单对象
    // 更新到仓储
    repository.Update(order);

    // 获取工作单元接口
    // 调用工作单元 SaveChanges，并把对象保存到数据库中
    IUnitOfWork unitOfWork = repository.GetUnitOfWork();
    int value = unitOfWork.SaveChanges();

}
// 使用事务控制
public void TransactionDemo()
{
    // 创建订单限界上下文的数据上下文
    OrderDbContext context = new OrderDbContext(m_Fixture.Options);
    // 创建订单仓储
    OrderEFCoreRepository repository = new OrderEFCoreRepository(context);
    // 获取事务控制接口
    ITransaction transaction = repository.GetTransaction();

    // 从仓储中获取订单对象
    Order order = repository.GetObjectInID("001");

    try
    {
        // 开始一个新事务
        transaction.BeginTransaction();
```

```
        // 修改订单对象
        ...

        // 修改完订单对象
        // 更新到仓储
        repository.Update(order);


        // 提交事务
        transaction.CommitTransaction();
    }
    catch
    {
        // 回滚事务
        transaction.RollbackTransaction();
    }
}
```

有了工作单元接口和事务控制接口，客户端代码可以根据实际需要调用相应的接口方法。

在实现仓储的抽象父类时，客户端代码有时需要根据条件查询对象。这种查询和前面实现的获取对象不一样。例如，查询结果的用途不同，获取对象是为了调用对象的方法，有可能改变对象的状态，因此需要跟踪对象，而查询对象仅仅为了显示。对于这种情况，不需要消耗大量的内存去跟踪对象的状态，而只需要在修改或删除实体对象时把对象加入跟踪范围即可。

对于查询方法，可以在数据上下文中使用 DbSet<T>类型的映射属性来实现。这种方式可以支持 LINQ 查询，它提供了很便利的查询实现方式。关于如何使用 DbSet<T>类型实现查询将在下一节中介绍。虽然使用 DbSet<T>查询很方便，但是对于有些数据或需要延迟加载的场景，基于性能考虑，使用 ADO.NET 的原生查询也是一个不错的选择。为了支持 ADO.NET 的原生查询，我们在仓储的抽象类里增加了可以提供 Connection 对象的属性。代码如下：

```
// 基于 Entity Framework Core 的仓储对象的基础实现
   public abstract class EFCoreRepositoryBase<TEntity,TKey, TContext>
       : IEntityObjectRepository<TEntity,TKey>
       where TEntity : EntityObject<TKey>, IAggregationRoot<TKey>
       where TContext : EntityFrameworkCoreDbContext
   {
       ...
       // 获取数据连接对象
       public virtual DbConnection Connection
       {
           get
           {
               var connection = DbContext.Database.GetDbConnection();
               if (connection.State != ConnectionState.Open)
               {
```

```
                    connection.Open();
                }
                return connection;
            }
        }
    ...
    }
```

Connection 属性用于返回数据上下文的连接对象，返回的连接对象直接从 DbContext 对象中获取。有了数据连接对象以后，就可以使用 SQL 语句创建用于 DataReader 的原生态 SQL 查询语句。需要注意的是，使用这种方法，必须在 DataReader 读取数据的方法中手动创建对象，虽然略显烦琐，但是执行效率很高。

为了方便支持 SQL 原生态查询，需要增加几个辅助类型。首先要增加一个描述查询条件的 QueryParameter 类型，用于定义在 Command 对象上执行的命令参数和类型。代码定义如下：

```
//定义用于在 IDbCommand 上执行查询的参数
    public class QueryParameter
    {
        private List<DbParameter> m_Parameters = new List<DbParameter>();
        //初始化 <see cref="QueryParameter"/> 的新实例
        public QueryParameter(string commandText, CommandType commandType,
            int timeout, params DbParameter[] parameters)
        {
            CommandText = commandText;
            CommandText = commandType;
            CommandTimeout = timeout;
            if (parameters != null)
            {
                m_Parameters.AddRange(parameters);
            }
        }
        //获取或设置针对数据源运行的文本命令
        public string CommandText{get;set;}
        //指示或指定如何解释 CommandText 属性
        public CommandType CommandType{get;set;}
        //获取或设置在尝试终止执行命令并生成错误之前的等待时间
        public int CommandTimeout{get;set;}
        //获取 SQL 语句的参数集合
        public DbParameter[] Parameters
        {
            get { return m_Parameters.ToArray(); }
        }
    }
```

需要注意的是，QueryParameter 类型里的 DbParameter 参数用于设置 SQL 语句。DbParameter 本身是一个抽象类，不同的数据源会有不同的实现方法。创建 DbParameter 对象需要使用对应数据源 Command 对象的 CreateParameter()方法，这是一个标准的工厂方法（Factory Method）模式。也就是说，Command 必须使用 DbParameter 的一个子类型，但尴尬的是，Command 不知道使用哪个子类型。作为解决方法，Command 对象提供了一

个抽象方法 CreateParameter，在 Command 的子类里实现这个方法可以创建一个
DbParameter 的子类型对象。为了方便地使用这个工厂方法，我们把创建 DbParameter 的
方法封装在一个扩展方法中。代码如下：

```
public static DbParameter CreateParameter(this DbCommand command,
        string parameterName,object value)
    {
        // 使用 Command 的工厂方法创建 DbParameter 对象
        DbParameter parameter = command.CreateParameter();
        // 设置 DbParameter 对象的属性
        parameter.ParameterName = parameterName;
        parameter.Value = value;
        return parameter;
    }
```

除此之外，还需要把 DataReader 读取数据的流程也封装到扩展方法中。代码如下：

```
public static TResult ExecuteReader<TEntity,TKey, TContext,TResult>(
        this EFCoreRepositoryBase<TEntity,TKey, TContext> repository,
        QueryParameter query, ReaderHandler<TResult> hander)
        where TEntity : EntityObject<TKey>, IAggregationRoot<TKey>
        where TContext : EntityFrameworkCoreDbContext
        where TResult : class
    {
        // 防御型检查
        if (repository == null)
        {
            throw new ArgumentNullException(nameof(repository));
        }
        // using 语句块，对象连接完毕自动关闭
        using (DbConnection con = repository.Connection)
        {
            // 创建 DbCommand 对象
            DbCommand command = PrepareCommand(con, query);
            con.Open();
            // 获取 DataReader 对象，用于读取数据
            IDataReader reader = command.ExecuteReader();
            // 执行委托，读取数据对象并返回委托方法的返回值
            return hander(reader);
        }
    }
```

在扩展方法 ExecuteReader()中使用 using 语句块调用仓储的 Connection 属性获取
Connection 对象，这样可以在语句块执行完毕后，自动调用 Connection 对象的 Close()方法
关闭与数据库的连接。

在 using 语句块中，打开连接后使用 Command 对象的 ExecuteReader()方法获取
DataReader 对象，然后把获取的 DataReader 对象作为参数传入委托 ReaderHandler 指向的
方法。委托 ReaderHandler 用于指向一个方法，这个方法就是从查询结果中获取数据并转

换成对象的方法。最后把委托指向的方法的返回值作为 ExecuteReader()方法的返回值。
ReaderHandler 的定义如下：

```
//使用 IDateReader 读取数据库中的数据，并创建返回对象的方法
public delegate T ReaderHandler<T>(IDataReader reader) where T : class;
```

定义好这些类型和扩展方法以后，就可以在对象仓储的实现类中定义读取对象的方法，并用原生的 SQL 语句查询对象。示例代码如下：

```
public void ADOQueryTest()
    {
        // 创建订单仓储
        OrderDbContext context = new OrderDbContext(m_Fixture.Options);
        OrderEFCoreRepository repository = new OrderEFCoreRepository
(context);
        // 创建查询对象
        QueryParameter query = new QueryParameter("Select * From Orders");
        // 创建委托，指向读取数据并返回订单集合的方法
        ReaderHandler<Order[]> handler = ReadOrderFromDataReader;
        // 执行原生态查询
        Order[] orders = repository.ExecuteReader(query, handler);
    }
 //读取数据并返回订单集合的方法
 private Order[] ReadOrderFromDataReader(IDataReader reader)
    {
        List<Order> orders = new List<Order>();
        // 循环读取数据，直到最后一条数据
        while(reader.Read())
        {
            // 读取数据中的列
            string id = reader.GetString(0);
            string name = reader.IsDBNull(1) ? string.Empty : reader.
GetString(1);
            ...
            // 根据数据创建订单对象
            Order order = new Order(id);
            ...
            // 把创建的订单对象加入集合
            orders.Add(order);
        }
        // 返回集合
        return orders.ToArray();
    }
```

使用 DataReader()读取数据时一定要保持数据库的连接，但这个要求会造成一个程序漏洞。因为使用 DataReader 的是客户端，这就意味着客户端代码如果不关闭数据库连接，那么系统会一直保持着数据库连接，从而会造成资源的浪费。这种依赖于客户端代码自律

的方式很难保证客户端是否真的会把连接关闭。

在用 DataReader() 实现原生态查询时使用了模板方式，把使用 DataReader() 的流程封装在 ExecuteReader() 方法内部。这个流程包含打开连接和使用完关闭连接的步骤，这样就可以避免客户端忘记关闭连接。

通过前面的学习可以知道，要实现聚合的仓储，必须先实现限界上下文的数据上下文对象，并在数据上下文中通过 Fluent API 配置对象数据库的映射关系。下面以订单上下文为例来展示如何实现数据映射关系的映射。

首先定义实现订单限界上下文的数据上下文。定义一个数据上下文并不复杂，首先要确定限界上下文中聚合的数量。对于订单上下文来说有 3 个聚合，分别是购物车聚合、订单聚合和优惠条件聚合。在创建数据上下文时要为这 3 个聚合创建 DbSet<T> 类型的属性。订单聚合的数据上下文定义的代码如下：

```
//订单聚合的数据上下文
   public class OrderDbContext : EntityFrameworkCoreDbContext
   {
       // 购物车聚合的映射对象集合
       public DbSet<ShoppingCart> ShoppingCarts { get; }
       // 订单聚合的映射对象集合
       public DbSet<Order> Orders { get; }
       // 优惠条件-聚合的映射对象集合
       public DbSet<OrderCostDiscountBase> OrderCostCalculatorBases { get; }

       public OrderDbContext(DbContextOptions options) : base(options)
       {
       }
       protected override void OnModelCreating(ModelBuilder modelBuilder)
       {
           ...
           base.OnModelCreating(modelBuilder);
       }
   }

   }
```

所有限界上下文的数据上下文都继承自前面已经实现的 EntityFrameworkCoreDb-Context。在数据上下文中还需要使用 DbSet<T> 注册映射的对象。注册时使用了注册类型名的复数形式作为属性名，也就是和数据库中映射的数据表名称保持一致。DbSet<T> 标识指定类型的所有对象的集合，除了用于注册对象以外，还经常用于按条件查询对象。

在订单数据上下文中重写了 OnModelCreating() 方法。通过 Fluent API 配置对象数据库映射关系的方法就是在这个方法中实现和调用的。Entity Framework Core 支持两种使用 Fluent API 的方法，一种是把配置关系直接写在 OnModelCreating() 方法中，另一种是针对每个需要映射的对象实现一个配置类，这个配置类要实现 IEntityTypeConfiguration 接口，然后在 OnModelCreating() 方法中应用配置类。

在 OnModelCreating() 方法中直接配置，是指在该方法中直接调用 Fluent API 的扩展方法。示例代码如下：

```
protected override void OnModelCreating(ModelBuilder modelBuilder)
{
    ...
    // 配置 ShoppingCart 对象映射的数据表
    // 配置 ShoppingCart 的主键
    modelBuilder.Entity<ShoppingCart>()
        .ToTable("ShoppingCarts").HasKey(c=>c.ID);
    ...
    base.OnModelCreating(modelBuilder);
}
```

在上面的示例代码中，配置了购物车对象映射的主键。通过这段配置代码，当 Entity Framework Core 在执行映射时，会把购物车对象的数据保存在数据库 ShoppingCarts 里。值得注意的是，虽然在配置中设置了主键，但并不意味着数据库中一定有对应的主键。这里，主键的含义和实体对象的标识很相似，用于 Entity Framework Core 在内存中跟踪对象。

要达到同样的配置效果，也可以使用另外一种方式。在这种方式中，配置将写在一个单独的类型中，代码如下：

```
// 配置 ShoppingCart 对象映射
public class ShoppingCartConfiguration
        : IEntityTypeConfiguration<ShoppingCart>
{
    public ShoppingCartConfiguration()
    {
    }

    // 配置 ShoppingCart 对象映射
    public void Configure(EntityTypeBuilder<ShoppingCart> builder)
    {
        // 设置映射表名称和主键
        builder.ToTable("ShoppingCarts");
        builder.HasKey(c => c.ID);
    }
}
```

前面已经介绍过，这种映射配置类型必须实现 IEntityTypeConfiguration<T>泛型接口，当实现接口时，指定的泛型就是需要映射的对象类型。这意味着每一个配置类型只能为一种对象提供映射配置。定义好映射配置类型后，还需要在数据上下文中重写的 OnModel-Creating()中应用这个映射配置类型。代码如下：

```
protected override void OnModelCreating(ModelBuilder modelBuilder)
{
    ...
    // 应用 ShoppingCartConfiguration 类型定义的配置
    modelBuilder.ApplyConfiguration(new ShoppingCartConfiguration());
    ...
    base.OnModelCreating(modelBuilder);
}
```

使用两种方式都可以利用 Fluent API 完成对象数据库映射的配置。使用单独配置类型的方式虽然代码略显烦琐，但是配置分别写在不同的类型中，结构上比较清晰。而在数据层上下文的 OnModelCreating() 实现方法中，代码比较集中，不利于管理，尤其是对于大量需要映射的对象而言，代码很臃肿。在实际设计中，可以根据项目的规模和个人喜好灵活选择。在 iShopping 系统中，我们使用的是单独类型配置的方式。

Entity Framework Core 提供了大量的 Fluent API 用于配置对象数据库的映射关系，这些 API 被定义在不同的类型中，有的是通过类型方法提供的，有的是通过扩展方法提供的。对于一般的系统设计来说，常用的 Fluent API 方法可以分成两类，一类是对象属性配置，另一类是对象关系配置。

对于对象属性配置的 Fluent API，需要把对象的属性映射到数据表的列中，以定义映射的列的属性和主键等。常用的 Fluent API 方法如表 8.3 所示。

表 8.3　常用的 Fluent API 方法

Fluent API方法	用　　途
HasIndex	为对象建立索引
HasKey	为对象设置主键
Ignore	设置对象的属性不需要映射数据库
ToTable	设置对象映射的数据表名称
HasColumnOrder	设置属性映射的数据列的排列顺序
HasColumnType	设置属性映射的数据列的数据类型
HasColumnName	设置属性映射的数据列的名称
HasDatabaseGeneratedOption	设置属性映射的数据列为种子列
IsRequired	设置属性映射的数据列不能为空

对于 Entity Framework Core 来说，无须为每一个对象的属性配置映射关系。Entity Framework Core 会根据一些默认规则自动为符合条件的对象属性配置映射关系。例如，Entity Framework Core 会自动为对象的属性搜索名称一致的数据列，然后为它们自动配置。当然，在使用 Fluent API 配置以后，会忽略这些默认的映射关系。

对象关系在 Entity Framework Core 中称为导航属性。这个名称是基于 Entity Framework Core 中的实体对象的角度考虑的，意思是如果一个对象保持对另一个对象的引用，那么从这个对象就可以导航到另一个对象。而在数据库中，则通过关系模型来描述对象之间的引用关系。

和前面章节中讲的对象关系一样，导航属性有一对一、一对多和多对多的关系。在 Entity Framework Core 描述对象关系时还有一个比较特殊的导航属性：从属关系。在应用从属导航关系时会把两个或多个实体对象映射到一个表中。从属关系导航也特别适合领域模型中值对象的映射。常用的配置导航属性的 Fluent API 方法如表 8.4 所示。

表 8.4　常见的配置导航属性的 Fluent API 方法

Fluent API 方法	用　途
HasForeignKey	配置外键关系
HasOne	配置对另一个对象的单独引用
WithOne	配置一个对象的父对象
WithMany	配置对另一个对象的集合引用

加载配置了导航属性的对象后，有一点需要特别注意，Entity Framework Core 只会加载对象的本体，而并不会主动加载导航属性。Entity Framework Core 提供了几种 Fluent API，用于控制对象加载时同步加载导航属性。

对于导航属性的加载，尤其是集合导航属性的加载，最具诱惑的应该是使用延迟加载的方式。延迟加载也叫惰性加载，是指在加载对象时对关联对象的数据并不会真正加载，只有在访问时才会执行加载。在加载大量对象或者对象的聚合庞大时，延迟加载是提高性能的好方法。

在 Entity Framework Core 中使用延迟加载技术有两种方式，一种是使用 Proxies 类库，另一种是修改领域模型，使用 ILazyLoader service 实现延迟加载，但必须首先使用 NuGet 把 Proxies 类库引用到项目中。引用代码如下：

```
install-package Microsoft.EntityFrameworkCore.Proxies
```

引用 Proxies 类库以后，应该在数据上下文的配置方法中启用延迟加载，这样 Entity Framework Core 会在编译时自动修改模型中的导航属性（Property）的代码，因此需要把延迟加载的导航属性（Property）标注为 virtual。配置延迟加载的代码如下：

```
//订单数据上下文
public class OrderDbContext : EntityFrameworkCoreDbContext
    {
    ...
     protected override void OnConfiguring(DbContextOptionsBuilder
optionsBuilder)
     {
        // 配置启用延时加载
        optionsBuilder.UseLazyLoadingProxies();
        base.OnConfiguring(optionsBuilder);
     }
    }
```

在使用 ILazyLoader service 方式延迟加载时，因为要在领域模型层中引入 ILazyLoader 类型，所以必须引用 Entity Framework Core，这样就造成了过多的引用，因此一般不推荐在领域驱动开发中直接使用这种方式。

如果一定要使用 ILazyLoader service 方式，最好是只在领域模型中把需要延迟加载的属性标注成 virtual，然后在基础设施层中创建这个领域对象的继承类，在继承类中使用 ILazyLoader 对属性延迟加载。在通过仓储获取这个领域对象时，实际上获取的是一个代理对象，也就是继承对象，而这一点对于使用仓储的客户端来说并不知道，就像使用真正的领域对象一样。定义代理类和代理类型中使用 LazyLoader 的方法如下：

```
//ShoppingCart 代理类
    public class ShoppingCartProxy:ShoppingCart
    {
        private List<ShoppingCartItem> m_ShoppingCartItems =
            new List<ShoppingCartItem>();
        private ILazyLoader LazyLoader { get; set; }

        // 构造方法传入 ILazyLoader
        public Post(ILazyLoader lazyLoader)
        {
            LazyLoader = lazyLoader;
        }

        public ICollection<ShoppingCartItem> ShoppingCartItems
        {
            // 延迟加载
            get => LazyLoader?.Load(this, ref m_ShoppingCartItems);
            set => m_ShoppingCartItems = value;
        }
    }
```

除了延迟加载以外，Entity Framework Core 还提供了两种同步加载方式，分别是贪婪加载（Eager Loading）和明确加载（Explicit Loading）。

贪婪加载是指使用 Include 方法指定在查询结果中要包含的相关数据。使用贪婪加载可以减少数据访问的延迟，在对数据库的访问中一次性返回所有的数据。但是一次性读取所有相关的数据可能导致加载过多的无用数据，从而导致读取数据的速度变慢，效率变低。上述示例中使用贪婪加载的示例代码如下：

```
// ShoppingCrat 对象的仓储
    public class ShoppingCartEFCoreRepository :
        EFCoreRepositoryBase<ShoppingCart, string, OrderDbContext>,
        IShoppingCartRepository
    {
        ...
        // 重写方法：根据编号获取对象
        public override ShoppingCart GetObjectInID(string id)
        {
            // 使用贪婪加载方式加载购物车子项
            return DbContext.ShoppingCarts
                .Include(c => c.ShoppingCartItems)
                .SingleOrDefault(c => c.ID == id);

        }
    }
```

明确加载是指使用 Load 方式明确要加载的数据。它不同于贪婪加载的地方是，每次调用 Load 方法时都会打开与数据库的连接，以检索相关信息。使用明确加载方式的示例代码如下：

```
// ShoppingCrat 对象的仓储
    public class ShoppingCartEFCoreRepository :
        EFCoreRepositoryBase<ShoppingCart, string, OrderDbContext>,
        IShoppingCartRepository
{
    public ShoppingCartEFCoreRepository(OrderDbContext context)
        : base(context)
    {
    }

    // 重写方法：根据编号获取对象
    public override ShoppingCart GetObjectInID(string id)
    {
        // 根据编号获取 ShoppingCrat 对象
        ShoppingCart cart = DbContext.Find<ShoppingCart>(id);
        // 如果返回 null，则返回 null
        if (cart == null) return null;
        // 使用明确加载的方式加载 ShoppingCartItems 属性
        //DbContext.Entry<ShoppingCart>(cart)
          .Collection("ShoppingCartItems").Load();
        return cart;
    }
}
```

和延迟加载不同，使用贪婪加载和明确加载的代码都写在 DbContext 的客户端中，而对于领域驱动设计来说，写在对象仓储中。

8.4.4　实现对象仓储

有了前面介绍的知识铺垫后，就可以着手实现具体的对象聚合了。本节以订单上下文中的 3 个聚合的仓储为例，介绍怎么综合运用 Fluent API 实现基于 Entity Framework Core 的对象聚合。在这 3 个聚合中，基本的属性映射几乎没有区别。购物车聚合要解决一对多的导航属性和从属导航属性问题。订单聚合中的一对多的导航实现方式和购物车相似，同时也需要解决一对一的导航属性。对于优惠条件来说，最主要的是继承映射的问题，在实现时需要把几种不同的优惠条件类型映射到一张数据表中。

订单上下文中虽然只有 3 个聚合，但是覆盖了大多数对象仓储的应用场景。在了解了如何实现订单上下文中的对象仓储以后，就可以自己实现一般的对象仓储。订单上下文的仓储中并没有涉及多对多的导航属性。多对多的模式其实应该在系统设计中尽量避免。在进行系统设计时，一般都会把多对多的模式转换成两个一对多的模式。

购物车聚合是一个比较简单的聚合，在实现对象仓储以前，首先看一下数据表的设计。购物车聚合一共要设计两个表，一个用于存储购物车对象的数据，另一个用于存储购物车项的数据。数据表如图 8.17 所示。

图 8.17　购物车聚合的数据表

　　购物车聚合的数据表很简单，因为是根据领域模型设计的数据表，其数据列的名称可以和领域模型的属性完全一致，这样的设计可以使 Entity Framework Core 自动匹配属性的映射关系。当然，在配置映射关系时，重点要解决购物车的两个导航属性问题。

　　购物车和购物车子项是一个典型的一对多关系，也就是说，购物车有一个一对多的导航属性指向购物车子项。对于购物车子项来说，必须有一个引用能导航到它所隶属的购物车。同时，购物车子项必须有一个购物车标识的引用，用于建立外键关系。这也就是在实现购物车子项的领域模型中增加对购物车和购物车标识引用属性的原因。

　　对于购物车聚合的领域模型来说，无须保持购物车子项到购物车的引用。购物车聚合不允许外部对象保持对购物车子项的引用，所有对购物车子项的引用必须经过购物车对象的接口方法来操作。购物车子项的代码如下：

```
// 为购物车子项建模
public class ShoppingCartItem : EntityObject<string>
    {
        private CommodityInfo m_Commodity = null;
        private ShoppingCart m_ParentCart = null;

        public ShoppingCartItem(ShoppingCart cart,
            CommodityInfo commodity,int quantity)
            :base(commodity == null?string.Empty:commodity.ID)
        {
            ...
            ParentCart = cart;
            ParentCartID = cart == null ? string.Empty : cart.ID;
        }
        ...
        // 获取隶属的购物车 ID
        public string ParentCartID { get => m_ShoppingCartID;
            private  set => m_ShoppingCartID = value; }
        // 获取隶属的购物车
        public ShoppingCart ParentCart { get => m_ParentCart;
            private  set => m_ParentCart = value; }
        ...
    }
```

　　但是对于 Entity Framework Core 来说，购物车和购物车对象都是实体，要通过双向引用为它们配置一对多的导航属性，因此在购物车子项的领域模型实现代码中增加了对购物车和购物车标识的引用属性。

在配置导航属性前，要先实现每个类型的配置类型，在配置类型中，实现对象属性的映射关系。在这种方式中，映射几张数据表就需要定义几个配置类型。对于购物车上下文来说，需要配置的只有购物车和购物车子项。映射属性的代码如下：

```
// 配置 ShoppingCart 对象映射
public class ShoppingCartConfiguration : IEntityTypeConfiguration
<ShoppingCart>
    {
        public ShoppingCartConfiguration()
        {
        }

        // 配置 ShoppingCart 对象映射
        public void Configure(EntityTypeBuilder<ShoppingCart> builder)
        {
            // 设置映射表的名称和主键
            builder.ToTable("ShoppingCarts");
            builder.HasKey(c => c.ID);
        }
    }
// 配置 ShoppingCartItem 对象映射
public class ShoppingCartItemConfiguration : IEntityTypeConfiguration
<ShoppingCartItem>
    {
        public ShoppingCartItemConfiguration()
        {
        }
        // 配置 ShoppingCartItem 对象映射
        public void Configure(EntityTypeBuilder<ShoppingCartItem> builder)
        {
            // 设置映射表的名称和主键
            builder.ToTable("ShoppingCartItems");
            builder.HasKey(c => c.ID);
        }
    }
```

上述代码中定义了两个配置类型，分别用于购物车和购物车子项的映射配置。对象属性的配置类型要继承自泛型接口 IEntityTypeConfiguration<T>。在接口的实现方法 Configure()中，使用的参数是 EntityTypeBuilder<T>对象，使用这个参数可以利用 Fluent API 来配置对象映射表的数据表名称和主键。

在上述代码中并没有为对象的属性配置映射关系，因为在进行数据库设计时，列的名称和类型保持了和对象属性的一致性，Entity Framework Core 能够自动识别和配置这种映射。如果列的名称和属性名称不一致，可以通过下面的代码进行配置。

```
//把属性映射到列名中
builder.Property(c => c.属性).HasColumnName("列名");
```

对于对象中不需要映射到数据库中的属性，可以使用 Fluent API 的方法 Ignore()忽略属性。示例代码如下：

```
// 通知 Entity Framework Core 忽略属性
builder.Ignore(c => c.IsActived);
```

商品信息对象不适用于单独的数据表，它和购物车子项映射到同一张表中，因此不需要提供单独的配置类型。在 Entity Framework Core 中，这是从属关系。如果要实现商品信息对象的属性自动映射到数据列中，Entity Framework Core 有特殊的规范要求，列名必须为"从属属性名_子属性名"，在购物车子项表中的 CommodityInfo_ID、CommodityInfo_Name 和 CommodityInfo_Price 列就是存储商品信息对象的属性值。

除了列名称要符合规范以外，如果想要使用其他列名称，就必须使用 Fluent API 来配置映射关系。例如，数据中使用列名 C_ID 来存储商品信息对象的 ID 属性，可以使用以下代码配置：

```
// 将配置商品信息对象的 ID 属性映射到列 C_ID
builder.Property(c => c.CommodityInfo.ID).HasColumnName("C_ID");
```

在完成对象属性的配置类型以后，还需要在订单数据上下文中的 OnModelCreating() 方法中应用这些配置类。同时还应该在订单数据上下文中加入购物车聚合的映射对象的集合，以用于对象的获取和插入。代码如下：

```
//订单数据上下文
public class OrderDbContext : EntityFrameworkCoreDbContext
    {
        // 购物车聚合的映射对象集合
        public DbSet<ShoppingCart> ShoppingCarts { get; set;}
        ...
        public OrderDbContext(DbContextOptions options) : base(options)
        {
        }
        protected override void OnModelCreating(ModelBuilder modelBuilder)
        {
            // 应用购物车映射配置类型
            modelBuilder.ApplyConfiguration(new ShoppingCartConfiguration());
            // 应用购物车子项映射配置类型
            modelBuilder.ApplyConfiguration(new ShoppingCartItemConfiguration());
            ...
            base.OnModelCreating(modelBuilder);
        }
    }
```

通过以上代码，完成了购物车和购物车子项属性的映射配置。当属性映射配置完以后，就可以配置对象关系，也就是导航属性。在购物车聚合中存在两个导航属性，一个是购物车子项和商品对象的从属关系，另一个是购物车和购物车子项的一对多关系。配置这些关系都要用到前面介绍的导航属性的 Fluent API，同样还要把这些 Fluent API 写在订单数据上下文的 OnModelCreating() 方法中。代码如下：

```
//订单数据上下文
    public class OrderDbContext : EntityFrameworkCoreDbContext
```

```
    {
        // 购物车聚合的映射对象集合
        public DbSet<ShoppingCart> ShoppingCarts { get; set;}

        public OrderDbContext(DbContextOptions options) : base(options)
        {
        }

        protected override void OnModelCreating(ModelBuilder modelBuilder)
        {
            ...
            // 设置购物车聚合对象映射
            // 设置购物车子项和购物车的一对多关系
            modelBuilder.Entity<ShoppingCartItem>()
                .HasOne(p => p.ParentCart)
                .WithMany(c => c.ShoppingCartItems)
                .HasForeignKey(p => p.ParentCartID)
                .IsRequired();
            // 为购物车子项和商品信息建立从属关系
            modelBuilder.Entity<ShoppingCartItem>().OwnsOne(p => p.CommodityInfo);
            ...
            base.OnModelCreating(modelBuilder);
        }

    }
```

在配置购物车和购物车子项的一对多的导航属性时，配置发起的类型是购物车子项，当使用 ModelBuilder 配置导航属性时，需要用泛型方法 ModelBuilder.Entity<T>指定导航发起的类型。Entity<T>方法返回一个泛型类型 EntityTypeBuilder<T>，也就是前面定义的单独配置类型中实现的接口方法 Configure 的参数类型。有了 EntityTypeBuilder<T>对象以后，就可以针对对象的属性配置导航属性了。

对于购物车子项，使用 HasOne()方法标注了它隶属于一个父对象，也就是购物车对象。HasOne()方法返回一个 ReferenceNavigationBuilder<TEntity，TRelatedEntity>类型的对象用于创建导航属性。这个对象的类型使用两个泛型类型，分别指定购物车子项 ShoppingCartItem 和创建关系的类型购物车 ShoppingCart。

在通过 HasOne()方法获取了 ReferenceNavigationBuilder<TEntity, TRelatedEntity>对象以后，就调用它的 WithMany()方法配置购物车对象中有一个或多个实例的购物车子项的属性。WithMany()方法返回的同样是一个泛型对象 ReferenceCollectionBuilder<TRelatedEntity, TEntity>。紧接着就调用这个对象的 HasForeignKey()方法，为购物车和购物车子项建立外键关系，最后通过 IsRequired()方法配置外键不能空。

通过上面的一系列配置，购物车和购物车子项的一对多导航属性已经配置完成。对于购物车子项和商品信息对象的从属关系，同样通过 Entity<T>方法获取 EntityTypeBuilder<T>对象，当获取对象后，通过 EntityTypeBuilder<T>的 OwnsOne()方法可以建立从属导航关系。自此，有关购物车的映射配置已经完成。借助完成的购物车映射配置的订单数据上下文，就可以实现购物车聚合的仓储。

定义购物车聚合的仓储并不复杂，只要继承前面已经实现的基于 Entity Framework Core 的对象仓储的抽象类即可。定义代码如下：

```
// ShoppingCrat 对象的仓储
public class ShoppingCartEFCoreRepository :
    EFCoreRepositoryBase<ShoppingCart, string, OrderDbContext>,
    IShoppingCartRepository
{
    public ShoppingCartEFCoreRepository(OrderDbContext context)
        : base(context)
    {
    }
    ...
}
```

在 Entity Framework Core 中，默认的对象加载方式是不主动加载导航属性，也就是说只会加载本体对象。对于购物车仓储来说，调用 GetObjectInID() 方法只会获取购物车对象，它所引用的购物车子项的集合为空。这种方式不适合领域模型，对于聚合对象来说，必须把对象全部加载，才能保证聚合对象的数据完整性，才能使聚合对象的操作有意义。

为了保障聚合对象的数据完整性，可以通过延迟加载或同步加载的方式，确保当使用聚合内部对象时，它可以被正确地加载。考虑到 Entity Framework Core 延迟加载的性能并不理想，同时在 iShopping 中很少会加载大量的购物车对象，因此在实现购物车仓储时选择同步加载的方式。因为在对象仓储的抽象父类 EFCoreRepositoryBase 中，使用了默认方式实现对象的获取，所以为了实现同步加载，在购物车仓储中必须重写获取对象的方法。代码如下：

```
// ShoppingCrat 对象的仓储
public class ShoppingCartEFCoreRepository :
    EFCoreRepositoryBase<ShoppingCart, string, OrderDbContext>,
    IShoppingCartRepository
{
    public ShoppingCartEFCoreRepository(OrderDbContext context)
        : base(context)
    {
    }

    // 重写方法：根据编号获取对象
    public override ShoppingCart GetObjectInID(string id)
    {
        // 使用贪婪加载方式加载购物车子项
        return DbContext.ShoppingCarts
            .Include(c => c.ShoppingCartItems)
            .SingleOrDefault(c => c.ID == id);
    }
}
```

从上述代码中可以看到，在购物车仓储的实现代码中，使用了贪婪加载的方式同步加载了购物车子项的数据。在实现仓储时，具体选择什么方式实现导航属性的加载，要根据加载的数据量和应用场景慎重选择，但一定要实现一种加载方式，否则只会加载对象本体。

这并不是聚合对象想要的结果。

创建了购物车聚合的仓储对象以后，创建订单聚合仓储对象就没什么难度了。在创建订单聚合仓储时，属性映射的实现方式和购物车仓储一样。但是订单聚合仓储多了一个一对一的导航属性。

一对一的导航属性是一种特殊关系，不同于在购物车仓储中实现的从属属性，它是把属性映射到另外一张单独的表中。在数据库设计时使用一对一的关系并不是一个好方法，但是对于领域模型来说，一对一的关系更像是一种使用值对象实现实体对象的方法。

在领域模型设计时，为了简化系统，把现实中的引用对象设计成值对象是一种常用的方法。不同于从属关系中的值对象，这里的值对象会有一个隐藏的标识。这个隐藏的标识或许对于领域模型来说意义不大，但是在映射到数据库中时，必须要以明确的主键来标识数据。

在订单聚合中，订单费用就是这个特殊的对象。订单费用有一个隐藏的标识，就是订单的标识。对于领域模型来说，订单费用是订单对象保持的一个单例引用，没有被订单引用的订单费用对象是无意义的。因此，在领域模型中也可以把订单费用看作值对象。同样，把订单费用映射到一个单独的数据表中，也需要一个主键来区分是哪一个订单的费用对象。在解决这个问题之前，首先来看订单聚合的数据库设计。数据表的定义如图 8.18 所示。

图 8.18　订单聚合的数据表定义

从数据表的定义中可以看到，订单费用（OrderCosts）的数据表确实意义不大，数据表中只有一个数据列，用于和订单表建立外键关系。但是在领域模型中，订单费用的意义不仅在于表现订单与费用的关系，而且还包含订单费用的计算逻辑。因此，保留订单费用对象是有意义的。

配置一对一的导航属性和配置多对多的导航属性的流程大致相同，只是需要把WithMany()方法替换成 WithOne()，标识订单对象有一个对订单费用对象实例的引用，其余的属性映射配置和一对多的导航属性配置与购物车的配置方式一致。订单数据上下文的实现代码如下：

```
//订单数据上下文
    public class OrderDbContext : EntityFrameworkCoreDbContext
```

```
{
    // 订单聚合的映射对象集合
    public DbSet<Order> Orders { get; set;}

    public OrderDbContext(DbContextOptions options) : base(options)
    {
    }

    protected override void OnModelCreating(ModelBuilder modelBuilder)
    {
        modelBuilder.ApplyConfiguration(new OrderConfiguration());
        modelBuilder.ApplyConfiguration(new OrderItemConfiguration());
        modelBuilder.ApplyConfiguration(new OrderCostItemConfiguration());

        // 设置订单聚合对象映射
        // 设置订单费用和订单费用项的一对多的关系
        modelBuilder.Entity<OrderCostItem>()
            .HasOne(p => p.ParentOrderCost)
            .WithMany(c => c.CostItems)
            .HasForeignKey(p => p.ParentOrderCostID)
            .IsRequired();

        // 设置订单费用和订单的一对一关系
        modelBuilder.Entity<OrderCost>()
            .HasKey(c => c.PrentOrderID);
        modelBuilder.Entity<OrderCost>()
            .HasOne(c => c.ParentOrder)
            .WithOne(p => p.Cost)
            .HasForeignKey<OrderCost>(c => c.PrentOrderID)
            .IsRequired();

        // 设置订单项和订单的一对多的关系
        modelBuilder.Entity<OrderItem>()
            .HasOne(p => p.ParenOrder)
            .WithMany(c => c.OrderItems)
            .HasForeignKey(p => p.ParenOrderID)
            .IsRequired();

        // 为订单项和交付地址建立从属关系
        modelBuilder.Entity<Order>().OwnsOne(p => p.ShipAddress);
        // 为订单项和发货读者建立从属关系
        modelBuilder.Entity<Order>().OwnsOne(p => p.DeliveryAddress);

        // 为订单项和商品信息建立从属关系
        modelBuilder.Entity<OrderItem>().OwnsOne(p => p.CommodityInfo);

        base.OnModelCreating(modelBuilder);
    }

}
```

使用上述代码完成订单数据上下文后，就可以实现订单聚合的仓储了。实现方式与购物车聚合一致，也需要在实现的仓储中重写 GetObjectInID()方法，从而实现订单聚合导航数据的加载。

购物车仓储对象和订单仓储对象的业务逻辑覆盖了仓储对象的大部分场景。实现这两个仓储对象和其对应的数据上下文的方法，可以应用于大部分仓储对象中。除此之外还有一个比较特殊的关系没有涉及，那就是实体的继承映射。

优惠条件聚合的仓储对象的实现比较特殊。在领域模型中，定义的优惠条件聚合的根对象并不是一个可以实例化的类型，而是一个抽象类。同时，在抽象类中定义了对计算参数对象的一对多的引用属性，也就是上面实现的一对多的导航属性。

在设计数据库时，对于数据对象的继承实现方式有两种，一种是将所有继承的数据对象映射到一种数据表中。也就是说，在 iShopping 中有三种优惠条件，它们会存储在一张数据表中。另一种方式是将每一种继承的数据对象存储到一个单独的数据表中。由于第二种方式每增加一种继承的数据对象就要增加一张数据表，不利于系统的扩展，因此大部分都选择第一种方式，这也是 Entity Framework Core 默认的实现方式。根据这种方式定义的数据表如图 8.19 所示。

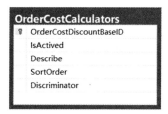
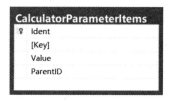

图 8.19　优惠条件聚合数据表定义

在数据表的定义中，CalculatorParameterItems 用于仓储优惠条件的参数对象，而优惠条件存储在 OrderCostCalculators 表中。在存储优惠条件的表中有一个特殊的数据列 Discriminator，这个数据列用于存储各种优惠条件实现类的类型。Discriminator 是 Entity Framework Core 的默认名称，也可以使用一个自定义的名称，但是需要配置类型的映射。使用 Discriminator 数据列，在映射时可以加入对象的类型数据来区分对象的类型。

为了支持数据模型继承的映射，需要首先描述数据模型的集成关系。在优惠条件聚合中，所有的优惠条件都是从 OrderCostDiscountBase 继承而来，并且在 OrderCostDiscount-Base 中已经定义了对计算项参数 CalculatorParameterItem 集合的引用，也就是一对多的导航属性。在使用 Fluent API 定义好继承关系后，这种在父类中定义的导航属性的映射关系也会被子类继承。因此在配置映射关系时，首先要为每个优惠条件配置继承的映射，然后再配置父类的导航属性映射。代码如下：

```
//订单数据上下文
public class OrderDbContext : EntityFrameworkCoreDbContext
    {
        // 优惠条件：聚合的映射对象集合
        public DbSet<OrderCostDiscountBase> OrderCostCalculatorBases { get;
set; }
```

```
public OrderDbContext(DbContextOptions options) : base(options)
{
}

protected override void OnModelCreating(ModelBuilder modelBuilder)
{
    ...
    // 应用优惠条件配置
    modelBuilder.ApplyConfiguration(new
OrderCostDiscountConfiguration());
    // 应用计算参数配置
    modelBuilder.ApplyConfiguration(new
CalculatorParameterItemConfiguration());
    ...
    // 设置优惠条件聚合对象的继承映射
    modelBuilder.Entity<OrdePriceDiscount>()
        .HasBaseType<OrderCostDiscountBase>();
    modelBuilder.Entity<OrderPriceMoneyOff>()
        .HasBaseType<OrderCostDiscountBase>();
    modelBuilder.Entity<TransportCostExempt>()
        .HasBaseType<OrderCostDiscountBase>();
    // 忽略基类的计算参数项映射
    modelBuilder.Entity<OrderCostDiscountBase>()
        .Ignore(c => c.ParameterItems);

    //设置优惠条件与计算参数的一对多的关系
    modelBuilder.Entity<CalculatorParameterItem>()
        .HasOne(p => p.Parent)
        .WithMany(c => c.ParameterItems)
        .HasForeignKey(p => p.ParentID)
        .IsRequired();
    base.OnModelCreating(modelBuilder);
}
}
```

在 Fluent API 中，用于配置继承映射的是 HasBaseType()方法。在 iShopping 中一共有三种优惠条件，在代码中分别为这三种优惠条件配置了集成映射。对于优惠条件与计算参数的一对多的导航属性而言，其配置的方法和前面使用的方法几乎一样，只是为了避免对优惠条件父类 OrderCostDiscountBase 映射属性，在代码中把 OrderCostDiscountBase-ParameterItems 属性使用 Ignore 方法忽略掉。

在订单数据上下文中实现优惠条件聚合的映射配置后，实现优惠条件的仓储方式和前面实现的订单仓储及购物车仓储的方式一样。对于 iShopping 来说，获取的优惠条件具体是什么类型并不重要，只要是从 OrderCostDiscountBase 中继承的类型即可。因此，对于优惠条件仓储来说，在获取对象时可以统一返回 OrderCostDiscountBase 类型的对象。代码如下：

```
// 定义优惠条件仓储
    public class OrderCostDiscountEFCoreRepository :
        EFCoreRepositoryBase<OrderCostDiscountBase, string, OrderDbContext>,
        IOrderCostCalculatorRepository
    {
```

```
        public OrderCostDiscountEFCoreRepository(OrderDbContext context) :
base(context)
        {
        }

        // 重写方法：根据编号获取对象
        public override OrderCostDiscountBase GetObjectInID(string id)
        {
            // 使用贪婪加载方式加载计算参数集合
            return DbContext.OrderCostCalculatorBases
                .Include(c => c.ParameterItems)
                .SingleOrDefault(c => c.ID == id);
        }
        // 获取有效的优惠对象的集合
        public OrderCostDiscountBase[] GetOrderCostCalculators()
        {
            // 使用贪婪加载方式加载计算参数集合
            OrderCostDiscountBase[] result = DbContext.OrderCostCalculator
Bases
                .Include(c => c.ParameterItems)
                .ToArray();
            return result;
        }
    }
```

在实现了优惠条件聚合的仓储以后，订单上下文的所有仓储都已经完成。通过以上的示例可以看出，在实现基于 Entity Framework Core 的仓储时，核心内容是实现限界上下文的数据上下文对象，而实现数据上下文的核心又是配置对象和数据库的映射关系，这是 ORM 的核心功能。

在上述示例中配置映射关系时，只进行了很少量的必要配置。这得益于两个方面：一方面是因为 Entity Framework Core 功能强大，能够实现大部分自动配置；另一方面是因为 iShopping 的数据库设计是完全根据领域模型来设计的，减少了很多不必要的对象数据库之间的阻抗。

Entity Framework Core 提供了几种设计模式，可以根据需要选择模型优先或数据优先的模式。对于领域驱动设计，毫无疑问应该选择模型优先的模式。对于模型优先的模式，Entity Framework Core 提供了便利的支持工具，其中最重要的工具就是数据库迁移工具。

数据库迁移有一系列工具，它支持根据模型自动生成数据库的创建脚本。在开发或升级时，当领域模型或数据模型发生改变时，可以自动升级数据库。

8.5　MongoDB 应用

在上一节中我们使用 Entity Framework Core 实现了订单上下文中的仓储，用的是一种传统且主流的实现方式，很好地解决了领域模型与传统的关系数据库之间的"阻抗失配"

问题。随着 Entity Framework Core 版本的不断演进，对象和数据库映射的配置也会越来越简化，但是这种简化是以 Entity Framework Core 的复杂性为代价的。

同样，对于其他的 ORM 工具也面临着相似的问题。不管 ORM 工具怎么智能，领域对象和关系型数据库之间的鸿沟都是存在的。ORM 工具只是实现了两者的映射，并且在实现映射时会牺牲很多，如性能和对领域模型的代码侵入。

随着 NoSQL 数据库的兴起，可以针对不同场景进行选择的数据库越来越多。其中，MongoDB 在实现对象仓储方面的优势也引起了众多程序员的关注。MongoDB 是文档数据库，使用键-值对存储数据，值的存储采用结构化的数据方式，这就为存储对象提供了很大的便利性。对象可以直接序列化成一段结构化的字符串，然后作为值保存到 MongoDB 中。

直接存储对象是一种对象数据库（OODBS）的方式，在数据库中可以存储对象的数据及对象的关系。使用这种方式，数据库本身就是一个对象仓储，因此不再需要对象到存储数据之间的映射，而存储的数据本身就可以与对象无缝转换，对于 MongoDB 数据库来说也就没必要使用 ORM 工具。这是使用 MongoDB 实现对象仓储的一大优势。本节主要介绍如何用 MongoDB 实现对象的仓储。

8.5.1 MongoDB 数据库

MongoDB 是一个基于分布式文件存储的数据库，旨在为 Web 应用提供可扩展的高性能数据存储解决方案。在使用前需要安装和配置 MongoDB 服务器和图像化管理工具 MongoDB Compass。安装完毕后，就可以使用 MongoDB Compass 连接和管理 MongoDB 数据库了。MongoDB Compass 的界面如图 8.20 所示。

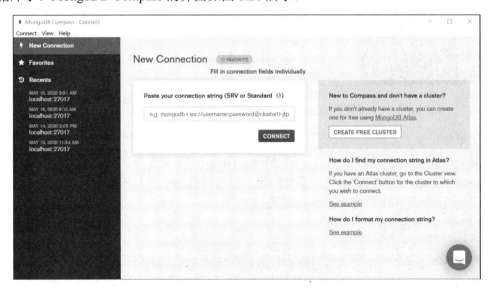

图 8.20　MongoDB Compass 的界面

在如图 8.20 所示的界面中单击 CONNECT 按钮，就可以连接到 MongoDB 服务器。如果不能连接或者连接的过程中出现异常，可能是 MongoDB 服务没有启动，需要在服务管理器中检查 MongoDB 的服务状态，以确保 MongoDB 服务已经启动。MongoDB 服务的状态如图 8.21 所示。

图 8.21　MongoDB 服务的状态

按照默认方式安装 MongoDB 后，默认服务是不启动的，需要手动启动服务。启动 MongoDB 服务后，就可以在 MongoDB Compass 中连接服务器了。连接完服务器，MongoDB Compass 会显示服务器中已经创建的数据库，如图 8.22 所示。

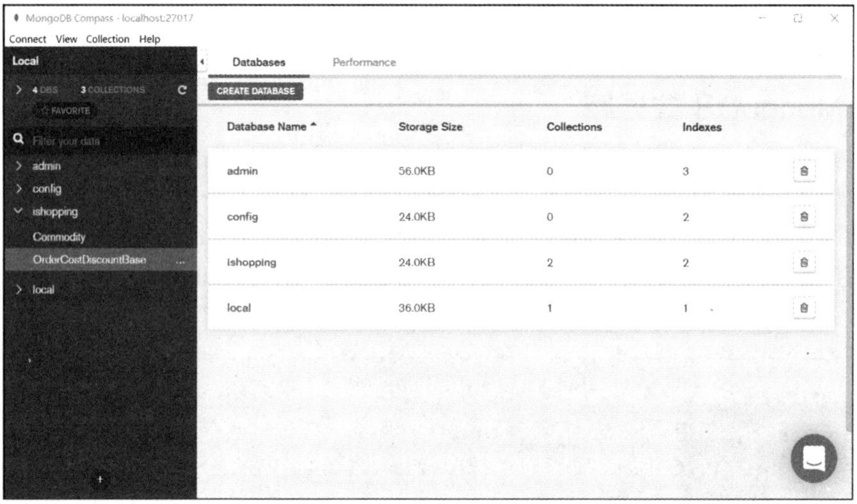

图 8.22　MongoDB Compass 中已经创建的数据库

如果能正确显示如图 8.22 所示的界面，表示 MongoDB 已经能正常工作了，这时就可以创建 iShopping 使用的数据库了。在 MongoDB 中创建数据库的方式有两种：可以通过 MongoDB Compass 使用图形化的界面创建，也可以使用命令行的方式用 Use 命令创建。Use 命令执行时使用数据库名称作为参数：

```
> Use iShopping
switched to db iShopping
```

虽然 MongoDB 是一种介于 NoSQL 与传统关系型数据之间的数据库，但其本质上仍然是 NoSQL 数据库，因此不能使用传统的数据库访问技术（如 ADO.NET）访问。MongoDB 是使用 C++实现的，要在项目中访问 MongoDB，必须安装 MongoDB 驱动程序。驱动程序在 NuGet 中提供，安装命令如下：

```
Install-Package MongoDB.Driver -Version 2.11.0-beta1
```

在 MongoDB 中，描述对象的文档格式是 BSON。BSON（Binary JSON）是一种类似于 JSON 的二进制形式的存储格式。它可以作为网络数据交换的一种存储形式，具有轻量级、可遍历、高效等特点。在通过 NuGet 安装 MongoDB 驱动时，会同步安装 BSON 的支持包。

8.5.2　使用 MongoDB 实现对象仓储

在实现了集成设施层以后，因为使用的是依赖注入的方式，所以除了应用程序（UI 层）以外，其他层均不需要引用基础设施层，而是引用集成设施层的功能接口。应用程序更像是各层的装配工厂，在这个工厂里通过配置依赖注入的容器来决定采用哪种实现方式。基于 MongoDB 的对象仓储就是仓储定义的另一种实现。为了能够与基于 Entity Framework Core 的仓储实现互换，两种仓储都需要实现同一个仓储接口。

在使用 MongoDB 实现对象仓储时，首先需要创建一个基于 MongoDB 仓储的抽象父类，把对 MongoDB 操作的基本方法和通用方法封装在该类中。在这个抽象父类中，首先要解决的是 MongoDB 服务器连接的问题。MongoDB 服务器的连接比 SQL Server 稍微复杂一些，需要使用一个 MongoClientSettings 类型的对象来设置登录服务器所需要的数据。

MongoClientSettings 提供了很多属性，用于配置连接的参数和 MongoDB 服务器，其中比较重要的几个属性是 Credential 和 Server。其中，Credential 用于设置连接服务器所需要的凭证，而 Server 用于设置服务器的地址。为了简化登录时 MongoClientSettings 对象的创建过程，我们创建了一个工厂用于创建 MongoClientSettings 对象。代码如下：

```
// 用于创建 MongoClientSettings 对象的工厂
    public static class MongoSettingFactory
    {
        // 创建用于连接 MongoDB 服务器的客户端设置
        public static MongoClientSettings CreateString(string host,
            string username,string password,
            string mongoDbAuthMechanism = "SCRAM-SHA-1")
        {
        // 创建 MongoDB 的身份认证标识
        MongoInternalIdentity internalIdentity =
                new MongoInternalIdentity("admin", username);
        // 创建 MongoDB 的密码证明
        PasswordEvidence passwordEvidence = new PasswordEvidence(password);
        // 创建 MongoDB 的登录凭证
        MongoCredential mongoCredential =
            new MongoCredential(mongoDbAuthMechanism,
                internalIdentity, passwordEvidence);
        MongoClientSettings settings = new MongoClientSettings();
```

```
            // 设置 MongoClientSettings 的凭证属性
            settings.Credential = mongoCredential;
            // 设置需要连接的 MongoDB 主机地址
            String mongoHost = host;
            MongoServerAddress address = new MongoServerAddress(mongoHost);
            settings.Server = address;
            return settings;
        }
    }
```

在工厂的创建方法中定义了 4 个常用的参数。前 3 个是常规参数，分别指定 MongoDB 服务器主机地址和登录的用户名与密码。参数 mongoDbAuthMechanism 用于指定服务器连接的认证方式，这个方式一定要和服务器的设置一样。在 CreateString 方法中为服务器认证方式提供了默认值 SCRAM-SHA-1。

在定义基于 MongoDB 仓储的抽象类里，会使用创建好的 MongoClientSettings 对象。很显然，在使用 MongoDB 仓储的地方，MongoClientSettings 对象也会使用依赖注入的方式被传入仓储的构造方法。抽象仓储的定义如下：

```
// 使用 MongoDB 实现仓储对象的抽象实现
    public abstract class MongoRepositoryBase<TEntity, TKey>
        : IEntityObjectRepository<TEntity, TKey>
        where TEntity : EntityObject<TKey>, IAggregationRoot<TKey>
    {
        private IMongoDatabase m_Database = null;

        public  MongoRepositoryBase(MongoClientSettings  settings,string
dataBaseName)
        {
            IMongoClient clinet = new MongoClient(settings);
            m_Database = clinet.GetDatabase(dataBaseName);
        }

        // 定义 MongoDB 中的 Collection 的对象
        public abstract IMongoCollection<TEntity> Objects
        {
            get
            {
                return
m_Database.GetCollection<TEntity>(typeof(TEntity).Name);
            }
        }
        ...
    }
```

在基于 MongoDB 的仓储抽象类的定义中，通过构造方法传入两个参数，分别是 MongoClientSettings 和需要连接的数据库名称。在方法内部，首先使用 MongoClientSettings 对象作为参数，创建一个用于访问 MongoDB 服务器的 IMongoClient 对象，然后用 IMongo-Client 对象的 GetDatabase()方法获取需要访问的数据库。如果 MongoDB 服务器在正常工作，那么这段代码会自动连接服务器。

在 MongoRepositoryBase 中还定义了一个 IMongoCollection<TEntity>类型的属性。这个属性标识一个 MongoDB 数据库的 Collection。Collection 是 MongoDB 中的概念，类似于数据库中的数据表。一个 Collection 存储着一种类型的对象，对于使用领域模型的对象来说，存储的是聚合根对象。IMongoCollection<TEntity>接口中定义了很多方法用于支持对 Collection 的增、删、改、查操作。

在 MongoDB 中的增、删、改、查操作其实与数据库类似，只是 MongoDB 使用一种非常特殊的方法来标识对象。当获取对象、修改对象和删除对象时都需要使用这个标识。

在 MongoDB 中保存的每个对象的相应数据称为一个文档，每个文档都有一个称为对象 ID 的标识。对象 ID 使用 ObjectId 类型来定义。一般情况下，MongoDB 会为文档自动创建一个 ObjectId 对象，开发者也可以自己定义 ObjectId 的内容。

在实现仓储时，我们使用了领域对象的标识作为对象 ID，使用这种方式可以用一种更加自然的方式来处理对象 ID 和对象标识匹配的问题。比如在实现 GetObjectInID()方法时，可以直接使用对象标识作为对象 ID 的过滤器。代码如下：

```
// 根据标识获取对象
public TEntity GetObjectInID(TKey id)
    {
        if (id == null) return null;
        // 定义查询过滤器
        var filter = Builders<TEntity>.Filter;
        //Find(filter)进行查询
        var doc = Objects.Find(filter.Eq("ID", id)).FirstOrDefault();
        return doc;
    }
```

在实现 GetObjectInID()方法时，为了正确地获取对象，首先创建了一个用于查询的过滤器对象。在使用 IMongoCollection<TEntity>的 Find()方法查询对象时，使用了创建的过滤器对象，并在过滤器对象中设置 ID 属性与指定的标识相等。

通过 Find()方法，MongoDB 会返回所有符合过滤器条件的对象。为了使这段代码能够返回正确的对象，必须在领域模型中做一些妥协，比如增加名称为_id 的属性，并且把这个属性和领域对象中的标识关联。代码如下：

```
// 定义使用泛型 T 作为标识的实体对象的抽象类
    public abstract class EntityObject<T>
    {
        ...
        // 获取实体对象的标识
        public T ID { get => m_ID; protected set => m_ID = value; }
        // 添加用于 MongoDB 文档 ID 的标识
        public string _id
        {
            get => ID == null?string.Empty: ID.ToString();
        }
        ...
    }
```

通过把_id 属性与领域对象的标识关联，当把对象保存到 MongoDB 文档中时，就不需要使用 MongoDB 自动生成的文档 ID 了，这时的文档 ID 就是聚合根对象的标识。把对象保存到 MongoDB 中的代码如下：

```
// 添加对象
public TEntity AddObject(TEntity entity)
{
    if(entity == null)
    {
        throw new Exception("entity");
    }
    // 把对象加入 MongoDB 的 Collection 中
    Objects.InsertOne(entity);
    return GetObjectInID(entity.ID);
}
```

解决了对象和 MongoDB 文档的匹配问题后，对象仓储剩下的方法实现就容易多了。对于修改和删除对象，首先用过滤器找到匹配的对象，然后使用 IMongoCollection<TEntity> 接口提供的对象方法执行修改和删除操作。代码如下：

```
// 使用 MongoDB 实现仓储对象的抽象实现
public abstract class MongoRepositoryBase<TEntity, TKey>
    : IEntityObjectRepository<TEntity, TKey>
    where TEntity : EntityObject<TKey>, IAggregationRoot<TKey>
{
    ...
    public TEntity DeleteObject(TEntity entity)
    {
        if (entity == null)
        {
            throw new Exception("entity");
        }
        var filter = Builders<TEntity>.Filter;
        Objects.DeleteOne(filter.Eq("ID",entity.ID));
        return entity;
    }
    public Task<TEntity> DeleteObjectAsync(TEntity entity,
        CancellationToken cancellationToken = default)
    {
        if (entity == null)
        {
            throw new Exception("entity");
        }
        var filter = Builders<TEntity>.Filter;
        Objects.DeleteOneAsync(filter.Eq("ID", entity.ID));
        return Task.FromResult(entity);
    }

    public TEntity UpdateObject(TEntity obj)
    {
        if (obj == null)
```

```
    {
        throw new Exception("entity");
    }
    var filter = Builders<TEntity>.Filter;
    Objects.ReplaceOne(filter.Eq("ID", obj.ID), obj);
    return obj;
}

public Task<TEntity> UpdateObjectAsync(TEntity entity,
    CancellationToken cancellationToken = default)
{
    if (entity == null)
    {
        throw new Exception("entity");
    }
    var filter = Builders<TEntity>.Filter;
    Objects.ReplaceOne(filter.Eq("ID", entity.ID), entity);
    return Task.FromResult(entity);
}
}
```

在使用 MongoDB 实现仓储时，所有的操作都是使用 IMongoCollection<TEntity>接口的方法。执行这些方法后，不需要再调用类似于 SaveChange()的方法，这些方法会立刻把对象更新到对应的文档中。这种方式非常类似于语言级的集合操作，也更符合仓储的定义。对于使用者来说，仓储就是一个集合，需要时从集合中获取，用完以后再放入集合中即可。

作为一个成熟的数据库，MongoDB 从 4.0 版开始提供对事务的支持。对于单一部署的数据库而言，其实对事务的需求没有那么强烈。MongoDB 对一个对象的操作本身就是原子性的。对于对象仓储来说，一个对象就是一个聚合，而仓储对事务的要求是一个聚合内要实现事务控制。也就是说，事务要控制在一个聚合对象存储的范围内。一个对象的原子存储也符合事务的要求。

使用 MongoDB 实现仓储比使用传统的关系型数据库+ORM 的方式更加简单、方便，因为它的领域对象一样，都是以对象为中心，在存储的数据和对象之间没有影响转换的"鸿沟"。MongoDB 比传统的关系型数据库更适合存储对象，因而最近几年 MongoDB 数据库的市场占有率也越来越高。

8.6　RabbitMQ 应用

在领域驱动设计中，领域事件是一个重要的概念。在前面的章节中我们已经实现了领域事件的基本类型的定义，以及事件总线的接口和抽象。和对象仓储一样，事件的注册和转发对于 iShopping 来说是基础功能，因此对于事件总线的实现也放在了基础设施层，而实现的具体方式就是前面提到的 RabbitMQ 系统。

8.6.1　RabbitMQ 的安装和配置

RabbitMQ 是目前非常流行的开源消息队列系统，是用 Erlang 语言开发的。Erlang 是由爱立信公司开发的一款编程语言，用于开发分布式集群应用程序。RabbitMQ 实现了高级消息队列协议（AMQP），这也是选择 RabbitMQ 作为事件总线的原因。

在安装 RabbitMQ 以前需要安装 Erlang 语言的运行环境。安装完 Erlang 的运行环境后，需要把安装路径加入系统的环境变量中，如图 8.23 所示。

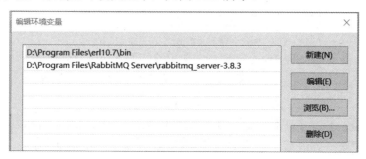

图 8.23　Erlang 的系统环境变量

如图 8.23 所示为已经给 Erlang 添加环境变量的状态。可以看出，D:\Program Files\erl10.7\bin 是 Erlang 的工具软件的运行路径。在图 8.23 中，同时还添加了下面要即将安装的 RabbitMQ 的环境变量。配置好环境变量以后，通过控制台输入 erl 命令，如果能正确返回版本号，就说明 Erlang 环境安装成功，如图 8.24 所示。

图 8.24　Erlang 运行环境测试

在安装完 Erlang 运行环境后，就可以安装 RabbitMQ 了。当安装程序全部执行完成后，还需要配置系统的环境变量，达到如图 8.23 所示的效果。配置好环境变量以后，需要启动 RabbitMQ 管理器，这需要在控制台中运行 rabbitmq-plugins enable rabbitmq_management 命令，如图 8.25 所示。

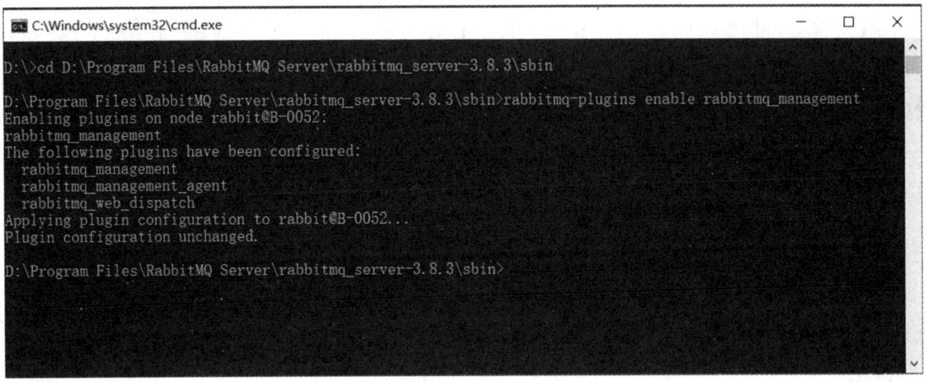

图 8.25　安装 RabbitMQ 管理器

rabbitmq_management 是 RabbitMQ 的一个插件，提供了从浏览器查看和管理 RabbitMQ 服务器的功能。安装完插件以后，还需要在命令行运行 rabbitmqctl status 查看服务器的运行状态，最后打开安装目录的 sbin 文件夹，双击 rabbitmq-server.bat 批处理文件，启动 RabbitMQ 服务。

默认安装 RabbitMQ 服务器的地址是 http://localhost:15672。如果 RabbitMQ 服务器和管理工具安装成功，在浏览器中输入服务器的地址后可以看到 RabbitMQ 的管理界面，当然，首先是登录界面，如图 8.26 所示。

图 8.26　RabbitMQ 登录界面

登录 RabbitMQ 服务器时可以使用 RabbitMQ 的默认账户和默认密码，均为 guest。通过用户名和密码验证后，就可以看到 RabbitMQ 的管理界面了，在管理界面中可以看到连接的客户端及发送的消息等，如图 8.27 所示。

当看到如图 8.27 所示的界面时，表示 RabbitMQ 已经正确安装并配置完成。目前安装的 RabbitMQ 服务器是为了测试，在实际部署的过程中，还需要根据吞吐量进行服务器的集群搭建。

进行系统测试时可以用本机安装的 RabbitMQ 服务器。在正式部署系统的时候，必须把连接的地址改成真正的 RabbitMQ 服务器的主机地址。同时，在连接部署的 RabbitMQ 服务器时，默认的 guest 用户是不能使用的，必须在 RabbitMQ 服务器上为连接创建一个正式的登录账户。

图 8.27　RabbitMQ 管理界面

🔔注意：guest 账户不能用于登录 RabbitMQ 远程服务器。

8.6.2　使用 RabbitMQ 实现事件总线

安装和配置完 RabbitMQ 以后，就可以实现基于 RabbitMQ 的事件总线。在实现事件总线前，需要先了解一些 RabbitMQ 的基本概念和工作原理。RabbitMQ 的优点之一是实现了高级消息队列协议（AMQP）。也就是说，RabbitMQ 完全是按照 AMQP 的流程实现消息转发的。在 AMQP 中针对消息队列的应用和实现，定义了一套完整的流程，其整个消息发布和订阅的流程如图 8.28 所示。

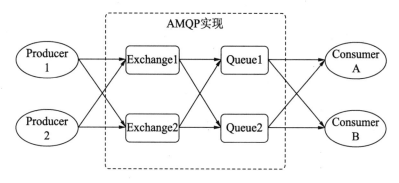

图 8.28　AMQP 消息发布和订阅流程

在 AMQP 中有几个重要的概念，理解这些概念会帮助我们更好地理解 RabbitMQ 的实现原理，以及如何使用它来实现事件总线。如图 8.28 所示的两端分别是 Producer 和 Consumer，代表着消息的产生者和消费者，也就是领域事件中的事件发布者和订阅者（事件处理器）。

消息的发布和订阅都需要先连接服务器，在 RabbitMQ 中使用 Conection 对象表示一个和服务器的连接，在一个 Conection 中又分为多个 Channel。Channel 是指一个消息通道，用于不同的应用程序或者同一个应用程序的不同线程。Conection 和 Channel 的关系就像一条公路和公路上的多个车道。

Exchange 是消息发布和订阅的交换机，也是系统与 RabbitMQ 交互的接口。而 Queue 是指消息队列，是消息的载体，每一个发布的消息都会先放入 Queue 中。Exchange 的消息发布到哪一个 Queue 上由 Binding 和 Routing Key 共同决定。Binding 定义了绑定规则，而 Routing Key 是路由关键字，Exchange 就是按照 Binding 所定义的规则和 Routing Key 中的关键字绑定到 Queue 上的。

了解了 AMQP 的基本概念后，我们对 AMQP 的消息发布和订阅流程就有了大致的了解。RabbitMQ 作为事件总线的工作流程几乎没有差异，只是发布事件时需要把领域事件转换成 JSON 格式的消息，在响应事件的时候，获取的也是 JSON 格式的消息，需要把它转换成领域事件对象。

在使用 RabbitMQ 实现事件总线前，首先要在 NuGet 中引用 RabbitMQ 的支持包，以及支持领域事件对象到 JSON 格式的消息转换支持包。引用的命令如下：

```
Install-Package RabbitMQ.Client -Version 6.0.0
Install-Package Newtonsoft.Json -Version 12.0.3
```

在使用 RabbitMQ 实现事件总线时，需要继承在前面章节中需实现的领域事件总线的抽象类 DomainEventBusBase<TEntityKey>。在类的构造方法中需要实现 RabbitMQ 服务器的连接、信息通道的创建，以及信息交换机及消息队列的创建等初始化工作。代码如下：

```
// 使用 RabbitMQ 实现事件总线
// 基于 RabbitMQ 实现事件总线
public class RabbitMQEventBus<TEntityKey> : DomainEventBusBase<TEntityKey>
    {
```

```csharp
private readonly IConnectionFactory m_ConnectionFactory;
private readonly IConnection m_Connection;
private readonly IModel m_MesssageChannel;
private readonly string m_ExchangeName = null;
private readonly string m_QueueName;

public RabbitMQEventBus(IConnectionFactory connectionFactory,
    IDomianEventExecuteContext<TEntityKey> context,
    string exchangeName,
    string queueName = null)
    : base(context)
{
    m_ConnectionFactory = connectionFactory;
    // 创建 RabbitMQ 的连接对象
    m_Connection = m_ConnectionFactory.CreateConnection();
    // 用连接对象创建信息通道
    m_MesssageChannel = m_Connection.CreateModel();
    // 设置消息交换机名称
    m_ExchangeName = exchangeName;
    m_QueueName = InitialRabbitMQ(queueName);
}
...
private string InitialRabbitMQ(string queue)
{
    // 声明和创建消息交换器
    m_MesssageChannel.ExchangeDeclare(m_ExchangeName,
            ExchangeType. Direct);
    if (!m_MesssageChannel.IsOpen)
    {
        throw new Exception("通道没打开");
    }
    string localQueueName = queue;
    if (string.IsNullOrEmpty(localQueueName))
    {
        // 如果传入的队列名称为空，则使用系统自动创建的队列名
        localQueueName = m_MesssageChannel.QueueDeclare().QueueName;
    }
    else
    {
        // 声明和创建消息队列
        m_MesssageChannel.QueueDeclare(localQueueName, true, false,
false, null);
    }
    // 启动并开始监听消息
    EventingBasicConsumer consumer =
            new EventingBasicConsumer(m_MesssageChannel);
    // 设置监听程序
    consumer.Received += async (model, eventArgument) =>
    {
        byte[] messageBody = eventArgument.Body.ToArray();
```

```
            // 获取消息内容
            var json = Encoding.UTF8.GetString(messageBody);
            // 把消息转换成领域事件
            var message =
            (IDomainEvent<TEntityKey>)JsonConvert.DeserializeObject(json,
                new JsonSerializerSettings
                    { TypeNameHandling = TypeNameHandling.All });
            try
            {
                // 使用领域事件处理器处理事件
                await EventHandlerContext.HandleEventInMatchedHandler(message);
                m_MesssageChannel.BasicAck(eventArgument.DeliveryTag,
false);
            }
            catch (Exception ex)
            {
                throw new Exception("初始化事件总线失败");
            }
        };
        m_MesssageChannel.BasicConsume(localQueueName,
            autoAck: false, consumer: consumer);
        return localQueueName;
    }
}
```

实现了 RabbitMQ 的连接和初始化以后，需要继续在事件总线 RabbitMQEventBus 中实现发布事件和订阅事件的方法。在 RabbitMQEventBus 中创建消息交换器时使用了 Direct 绑定的方式，这种方式使用安全匹配的路由键将一个队列绑定到交换器上。

当发布消息和订阅消息时都需要指定特定的路由键。为了让事件处理互不干扰，在事件总线中使用领域事件的类型名作为路由键，这样每个事件都会有一个单独的消息队列。事件发布和订阅的代码如下：

```
// 使用 RabbitMQ 实现事件总线
public class RabbitMQEventBus<TEntityKey> : DomainEventBusBase<TEntityKey>
{
    ...
    // 发布事件
    public override Task PublishEvent<TEvent>(TEvent eventObject,
        CancellationToken cancellationToken = default)
    {
        // 把领域事件对象转换成 JSON 格式的文本
        string jsonEvent = JsonConvert.SerializeObject(eventObject,
            new JsonSerializerSettings
                { TypeNameHandling = TypeNameHandling.All });
        // 设置消息主体
        byte[] eventBody = Encoding.UTF8.GetBytes(jsonEvent);
        // 使用领域对象的类型名作为路由键
        // 把领域事件作为消息进行发布
        m_MesssageChannel.BasicPublish(m_ExchangeName,
```

```
            eventObject.GetType().FullName,
            null,
            eventBody);
        return Task.CompletedTask;
    }
    //订阅事件
    public override void SubscribeEvent<TEvent, THandler>()
    {
        // 检查事件处理程序是否已经注册
        if
(!EventHandlerContext.GetHandlerIsRegistered<TEvent,THandler>())
        {
            // 绑定领域事件类型和事件处理器
            EventHandlerContext.RegisterEventHandler<TEvent,THandler>();
            // 绑定消息交换器和消息队列
            m_MesssageChannel.QueueBind(m_QueueName, m_ExchangeName,
                typeof(TEvent).FullName);
        }
    }
}
```

在了解了 RabbitMQ 的工作流程和原理后，实现事件总线就不是一件困难的事了。需要注意的是，RabbitMQ 本质上是消息队列服务。也就是说，所有的事件对象必须先转换为消息才能发布到服务器上，同时订阅者接收的也是消息，在处理事件时要把消息转换成事件对象。

在 RabbitMQ 中使用 JSON 描述消息。而 JSON 本身就是一种结构化的格式，与对象相互转化十分方便。在以上代码中，发布事件时需要先用静态方法 JsonConvert.SerializeObject() 把领域事件转换成消息文本，当监听到消息时，要用 JsonConvert.DeserializeObject()方法把消息文本转换成事件对象。

在实现了发布和订阅的方法后，就基本实现了领域事件的事件总线。通过事件总线，可以在不同的上下文之间发布事件和响应事件，通过事件实现不同上下文中的数据一致性。事件总线一般是在应用程序层中使用，使用前首先要保证事件总线的正确性。使用 RabbitMQ 类库时必须要经过严格的单元测试。通过这些测试，可以让开发者在使用这些类库时消除理解上的误差。在实际开发过程中，需要对所有不熟悉的类库进行测试。

⚠注意：在系统中使用第三方类库前必须要经过严格的测试。

由于应用层还没有实现，只能通过单元测试来测试事件总线。对事件总线进行单元测试，需要在单元测试项目中实现一个事件处理的模拟程序。代码如下：

```
// 订单结算事件模拟处理器
internal class OrderShippedEventHandlerMock : DomainEventHandlerBase<string>
    {
        public OrderShippedEventHandlerMock()
        {
        }
```

```
        // 处理事件
        protected override Task<bool> PerformerHandleEvent<TEvent>(TEvent
evtentObject,
            CancellationToken cancellationToken)
        {
            // 转换领域事件
            OrderSettlementedEvent shippedEvent = evtentObject as Order
SettlementedEvent;
            if (shippedEvent == null)
            {
                // 返回错误结果
                return Task.FromResult(false);
            }
            // 返回正确结果
            return Task.FromResult(true);
        }
    }
```

这里模拟的事件处理器和真实环境中的一样,也是从事件处理器 DomainEventHandler-Base<T>中集成,因为是为了测试事件总线能否正常工作,所以在内部处理事件的方法中不会像真实的处理器一样调用相关的领域对象。

当定义好订单结算完成事件处理器的模拟程序后,就可以用代码对事件总线进行测试。为了测试基于 RabbitMQ 的事件总线能否正常工作,在测试代码中模拟了发布和订阅事件的方法。测试代码如下:

```
public void EventBusTest()
    {
        // 创建 RabbitMQ 的连接对象工厂
        var connectionFactory = new ConnectionFactory { HostName =
"localhost" };
        EventHandlerContextMock<string> eventContext =
                new EventHandlerContextMock<string>();
        // 创建事件总线
        RabbitMQEventBus<string> eventBus =
            new RabbitMQEventBus<string>(connectionFactory,
            eventContext, "iShopping");
        // 在事件总线中订阅 OrderSettlementedEvent 事件
        eventBus.SubscribeEvent<OrderSettlementedEvent,
          OrderShippedEventHandlerMock>();
        // 在事件总线中发布 OrderSettlementedEvent 事件
        eventBus.PublishEvent<OrderSettlementedEvent>(
          new OrderSettlementedEvent("001"));
    }
```

运行这段测试代码后,通过设置断点,可以清晰地看到各个步骤运行的结果。在发布事件语句后设置断点,可以从 RabbitMQ 的监控界面中看到消息的发送情况,如图 8.29 所示。

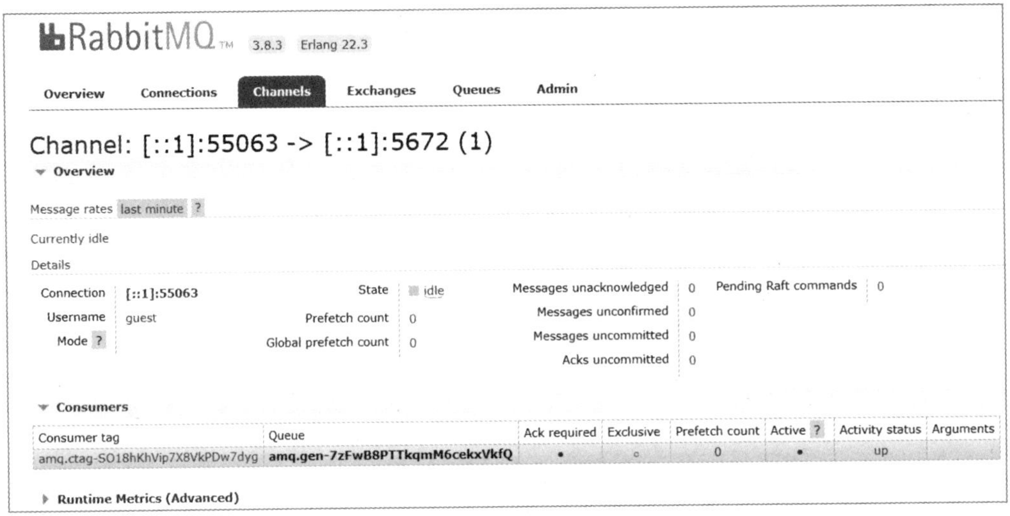

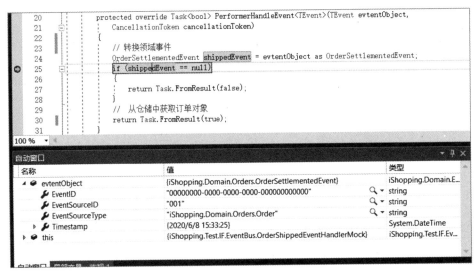

图 8.29　成功发布事件时 RabbitMQ 的管理界面

从图 8.29 中可以看出，RabbitMQ 的通信通道中已经创建了指定的消息队列（Queue），并且已经把消息存储在消息队列中。这说明事件已经成功发布。对于事件的订阅，也可以在事件处理模拟器中设置断点，观察能否接收到事件。最终的断点监控结果如图 8.30 所示。

图 8.30　事件处理器接收到发布的事件

通过监控窗口可以看到，事件处理器已经接收到 EventSourceID 为 001 的订单已经结算完成的事件。这正是在测试代码中发布的事件对象，并且该事件对象的各个属性已经被正确赋值。通过以上测试，已经初步确认基于 RabbitMQ 的事件总线能够正常工作。

8.7　使用第三方 WebAPI

基础设施层的主要任务是为系统提供基础功能的支撑，就像在上一节中已经实现的几个对象仓储一样。如果系统需要，在基础设施层中还可以提供邮件收发、文件处理等基础功能。在这些基础功能中，除了少数比较特殊的基础功能需要自己实现以外，大部分基础功能都可以使用第三方类库来实现，前面的对象仓储和事件总线都是在第三方类库的基础上实现的。

还有一些基础功能是通过服务的方式提供的。这些服务通过互联网或者局域网发布，可能是一个公司产品的基础服务，如地图提供商的导航服务，也可能是已经存在或者自己开发的微服务，如一个公司的人员认证服务。这些基础服务早期以 WebServers 的方式提供，目前则以 WebAPI 作为主流的发布方式。

WebAPI 并不是 WebServers 的替代品，它们的应用场景不同。WebAPI 基于 HTTP，而 WebServers 则基于简单对象访问协议（SOAP）。总体来说，WebAPI 是一种比 WebServers 更轻量级、使用场景更丰富的网络访问技术。这两种方式的共同点是对实现技术的封装，客户端不需要知道它们的实现技术，其好处是实现了客户端和服务器的松耦合。

8.7.1　WebAPI 访问技术

实现访问 WebAPI 的功能并不复杂。在代码中一般使用 HTTP 访问 WebAPI，这么做的好处是调用方法是一致的。一般而言，在基础设施层中需要使用多个 WebAPI，最好的方式是把对 WebAPI 的访问方法封装在一个单独的帮助类里，以实现封装调用 WebAPI 的抽象流程。

访问 WebAPI 一般都需要多个参数，这些参数需要被编码到访问的地址中，因此在实现封装类时需要提供将参数编码到 URL 中的辅助方法。代码如下：

```
//将参数编码到 URL 中
public string EncodingParameters(string url, IDictionary<string, string>
parameters)
    {
        if (string.IsNullOrEmpty(url)) return string.Empty;
        StringBuilder sb = new StringBuilder();
        sb.Append(url);
        bool isFirst = true;
        if (parameters == null || parameters.Count <= 0)
        {
            return sb.ToString();
        }
        // 如果原始 URL 中已经包含 "?"，则直接追加 "&"
        if (url.Contains("?"))
```

```
    {
        sb.Append("&");
    }
    // 如果原始 URL 中没有包含 "?"，则直接追加 "?"
    else
    {
        sb.Append("?");
    }
    // 遍历参数集合
    foreach (KeyValuePair<string, string> parameter in parameters)
    {
        string name = parameter.Key;
        string value = parameter.Value;
        if (string.IsNullOrEmpty(parameter.Key) ||
            string.IsNullOrEmpty(parameter.Value)) continue;
        ""
        // 判断是否是第一行。如果不是第一行，则在 sb 中追加字符 "&"
        if (isFirst)
        {
            isFirst = false;
        }
        else { sb.Append("&"); }
        // 追加参数名
        sb.Append(parameter.Key);
        sb.Append("=");
        // 追加参数值并替换其中的空格
        sb.Append(Uri.EscapeDataString(parameter.Value));
    }
    return sb.ToString();
}
```

　　在编码参数的 EncodingParameters()方法中有两个参数，即 url 和 parameters，分别表示 WebAPI 的 URL 和参数的键-值对集合，这样可以把访问 WebAPI 时需要的参数通过编码加入 URL 中。

　　在 EncodingParameters()方法中需要注意的是，参数编码前要判断 URL 是否已经包含字符 "?"，这个字符是参数编码的起始符号。如果原始的 URL 中包含 "?"，则意味着已经有参数了，因此在编码时要先添加一个标识分割参数的 "&" 字符。

　　在 WebAPI 的访问封装类型中，还需要从 HTTP 的响应对象中读取数据的方法。从 HttpWebResponse 读取数据，需要先获取它的流对象，有了这个流对象以后就可以创建一个流读取器来读取相应的内容。代码如下：

```
// 解析响应的字符串
private string ParseResponseString(HttpWebResponse response,
    Encoding encoding)
    {
        if (response == null)
        {
            throw new ArgumentNullException(nameof(response));
        }

        StringBuilder sb = new StringBuilder();
```

```
// 从响应对象中获取流
using (Stream stream = response.GetResponseStream())
{
    // 使用流对象创建流读取器
    StreamReader reader = new StreamReader(stream, encoding);
    // 定义读取缓存
    char[] buffer = new char[ResponseBufferSize];
    //int readBytes = 0;
    while (true)
    {
        // 每次读取指定缓存的字符，并写入字符串中
        int readCount = reader.Read(buffer, 0, buffer.Length);
        if (readCount <= 0) break;
        // 把读取的字符追加到 StringBuilder 中
        sb.Append(buffer, 0, readCount);
    }
    return sb.ToString();
}
}
```

有了前面的两个帮助方法以后，就可以方便地实现访问 WebAPI 的封装了。在基础设施层中，大部分对 WebAPI 的访问使用 GET 方法。GET 方法执行时需要使用编码过的 URL 创建一个 HTTP 请求，然后获取 HTTP 的响应对象，再从响应对象中获取返回的内容。代码如下：

```
// 执行 WebAPI 的 GET 方法
 public static string ExecuteGet(string url,
        IDictionary<string, string> parameters)
    {
        if (parameters == null || parameters.Count <= 0) return url;
        // 把参数编码到 URL 中
        url = EncodingParameters(url, parameters);
        if (string.IsNullOrEmpty(url))
        {
            throw new Exception("URL Empty");
        }
        // 使用 URL 创建 Web 请求
        HttpWebRequest request = (HttpWebRequest)WebRequest.Create(url);
        request.ServicePoint.Expect100Continue = false;
        // 设置方法类型为 GET
        request.Method = "GET";
        // 设置标识 GET 方法的 ContentType
        request.ContentType = "application/x-www-form-urlencoded;charset
=utf-8";
        request.KeepAlive = true;
        // 获取 Web 响应
        HttpWebResponse response = null;
        response = (HttpWebResponse)request.GetResponse();
        if (response == null)
        {
            throw new Exception("服务器无返回");
        }
```

```
    // 检查响应的字符集合
    if (response.CharacterSet != null)
    {
        // 使用响应的字符集合创建编码
        Encoding encoding = Encoding.GetEncoding(response.CharacterSet);
        // 获取响应的字符串
        return response.ParseResponseString(encoding);
    }
    else
    {
        return string.Empty;
    }
}
```

对于基础设施层来说，对 WebAPI 的访问一般都用 GET 方法，通过 GET 方法可以查询服务提供的数据。一般而言，服务很少提供具有破坏性的 POST 方法。通过 GET 方法访问 WebAPI 和通过 POST 方法访问 WebAPI 的步骤类似，读者可以自己尝试去实现。

8.7.2　使用 WebAPI 实现运输距离的计算

在前面实现的路径限界上下文中，有一个计算订单运费的服务。服务中的运费是根据发货仓库和收货地址的距离计算的。在之前的实现中，因为还没有实现距离计算的方法，所以使用了固定运费。本节将尝试使用第三方的 WebAPI 实现运输距离的计算，从而使运费计算更加合理。

和对象仓储一样，要想在领域层中使用基础设施层提供的功能，就需要把接口定义在领域层中。两地之间距离计算的接口很简单，只是大部分的 WebAPI 在计算两地之间的距离时会使用大地坐标作为计算参数。为了使用这些接口，首先需要定义描述大地坐标的值对象，大地坐标中需要包含经度和纬度两个数据。代码如下：

```
// 定义大地坐标
public class GeodeticCoordinates : ValueObject
{
    public GeodeticCoordinates()
    {
    }

    public GeodeticCoordinates(double longitude, double latitude)
    {
        Longitude = longitude;
        Latitude = latitude;
    }
    // 获取经度
    public double Longitude { get; private set; }
    // 获取纬度
    public double Latitude { get; private set; }

    // 创建一个副本
    public override ValueObject Clone()
```

```
    {
        GeodeticCoordinates coordinates = new GeodeticCoordinates
(Longitude, Latitude);
        return coordinates;
    }

    // 获取值的枚举
    protected override IEnumerable<object> GetPropertyValues()
    {
        yield return Longitude;
        yield return Latitude;
    }
}
```

计算两地之间距离的接口需要提供两个方法，一个用于把地址（**Address**）转换成包含经度和纬度的大地坐标，另一个用于计算两个大地坐标之间的距离。运输路径计算器接口代码如下：

```
// 提供路径计算服务
 public interface IWayRouteCalculatService
    {
        // 计算两个坐标之间的距离
        double CalculatDistance(GeodeticCoordinates from, Geodetic
Coordinates to);
        // 获取指定地址的坐标
        GeodeticCoordinates GetGeodeticCoordinates(Address address);
    }
```

上面的值对象和接口需要定义在领域层中，而接口的实现需要放在基础设施层中。在实现接口以前，首先看一下提供距离计算的 WebAPI。

市面上提供类似距离计算的 WebAPI 很多，我们选取了其中的一个，这个 WebAPI 并不是用于距离计算，而是用于货车的路线规划，在返回的结果中包含规划线路的距离。WebAPI 的 URL 如下：

https://restapi.amap.com/v4/direction/truck

同大多数 WebAPI 一样，这个 WebAPI 也需要多个参数才能正常工作，其参数列表如表 8.5 所示。

表 8.5　路径计算WebAPI的参数

参　　　数	参　数　说　明
key	使用服务必须要进行的身份认证
origin	出发点坐标，"X,Y" 采用 "," 分隔，如 "117.500244, 40.417801"
destination	目的地坐标
size	车辆大小，1表示微型车，2表示轻型车，3表示中型车，4表示重型车

除了以上必须包含的参数外，路径规划 WebAPI 还有很多可选的参数，比较常用的有驾车选择策略和途经点等，这些不同的参数决定了服务返回的结果。路径规划 WebAPI 的

返回结果是 JSON 格式的数据，包含众多的字段。为了方便获取距离数据，需要先定义返回数据的格式所对应的类型。

注意：定义 JSON 格式的类型时可以借助一些工具，通过提供 JSON 的标准文本自动产生对应格式的类型。

当定义好返回数据的类型后，就可以使用路径规划 WebAPI 实现两地之间的距离计算服务。代码如下：

```
//提供路径计算服务
public class GaodeWayRouteService : IWayRouteCalculatService
    {
        private readonly string NavigateURL = @"https://restapi.amap.com/
v4/direction/truck";

        public GaodeWayRouteService()
        {
        }
        public double CalculatDistance(GeodeticCoordinates from, Geodetic
Coordinates to)
        {
            // 创建参数集合
            Dictionary<string, string> parameters = new Dictionary<string,
string>();
            // 添加 key 参数
            parameters.Add("key", KEY);
            // 添加 origin 参数
            parameters.Add("origin", GetGeodeticCoordinatesString(from));
            // 添加 destination 参数
            parameters.Add("destination", GetGeodeticCoordinatesString(to));
            // 添加 size 参数
            parameters.Add("size", "3");
            // 使用 GET 方法调用 WebAPI 并获取返回的字符串
            string resulString = HttpService.ExecuteGet(NavigateURL, parameters);
            // 使用 JsonConvert 对象把字符串转换成对象
            RootObject obj = JsonConvert.DeserializeObject< RootObject>
(resulString);
            return int.Parse(obj.data.route.paths[0].distance);
        }
        private static string GetGeodeticCoordinatesString(GeodeticCoordinates
coordinates)
        {
            return string.Format("{0},{1}", coordinates.Longitude, coordinates.
Latitude);
        }
    }
```

注意：因为路径规划服务是公开提供的服务，使用服务时必须要用的 KEY 需要到官网自行申请。

在 GaodeWayRouteService 中使用线路规划 WebAPI 实现了两地之间的距离计算，通过这种通用的方式，可以很快实现坐标转换或将其扩展到对其他 WebAPI 的调用上。

8.8　小　　结

本章实现了基础设施层中的三个主要功能。其中，对象仓储是大部分系统都必须具备的。在实现对象仓储的过程中，通过两种不同的方式，带领读者学习了针对不同主流数据库形式实现对象仓储的方法。

在使用传统的关系型数据库的仓储中，使用 Entity Framework Core 作为 ORM，当然还有很多 ORM 可供选择，如 Dapper 和 NHibernate 等。这些 ORM 的基本原理差异不大，掌握了基于 Entity Framework Core 实现对象仓储以后，可以使用类似的方式快速地把代码迁移到其他 ORM 上。

领域事件对领域驱动设计很重要。对于不同的限界上下文，需要使用领域事件在不同的服务之间实现数据的一致性。因此，一个设计良好的事件总线对于领域模型来说至关重要。在实现事件总线时使用了 RabbitMQ 工具。市面上还有很多类似的工具可供使用。掌握实现事件总线的技术，对学习其他技术也有很大的借鉴作用。

第三方 WebAPI 的使用是本章的另一个知识点。在实际的项目设计中，不可避免地会使用很多第三方 WebAPI。本章介绍了一种访问 WebAPI 的通用方法，可以帮助开发人员使用统一、标准的方法访问 WebAPI。

第 9 章　应用程序层的实现

从架构层面来说，领域层和基础设施层的功能很明确。领域层负责定义业务逻辑，基础设施层负责存储和提供领域对象。分层架构的另一个层——UI 层的功能也很明确，主要提供用于操作的人机界面接口。而应用程序层负责哪些功能以及如何实现，是本章要解决的问题。本章的主要内容如下：

- 应用程序层的作用；
- 如何实现应用程序层和 UI 框架的交互；
- 如何实现应用程序层；
- CQRS 风格的应用服务接口；
- 如何实现查询系统。

9.1　应用程序层简介

应用程序层在系统中起着承上启下的作用。在早期的分层架构中，应用程序是 UI 层的下面一层，同时也是领域模型层的上面一层。这表明应用程序层是 UI 层和领域模型之间的桥梁。对于一些没有经过精心设计的领域模型或者贫血的领域模型，应用程序层其实很简单，这种简单体现在只要简单地提供对象获取的接口即可。UI 层需要渲染对象时通过应用程序层获取对象，此时 UI 层仅仅是获取对象的代理，它会把获取对象的任务转交给对象仓储。应用程序层在贫血模型中的作用如图 9.1 所示。

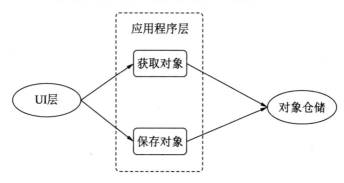

图 9.1　应用程序层在贫血模型中的作用

在这种方式中，对象（贫血模型）更像是数据保持器。应用程序层需要做的仅仅是搜索合适的对象，然后转交给 UI 层。因为传递的是包含大量属性的贫血对象，所以 UI 层可以把显示元素绑定到对象的属性中。这样 UI 层和领域模型就形成了一个紧密的双向绑定关系。对于这种方式，其实 UI 层完全可以跳过应用程序层，直接读取和保存对象。事实上，存在着大量在 MVC 控制器中直接使用 Entity Framework Core 的数据上下文（DbContext）的项目，这种做法完全抛弃了应用程序层，如图 9.2 所示。

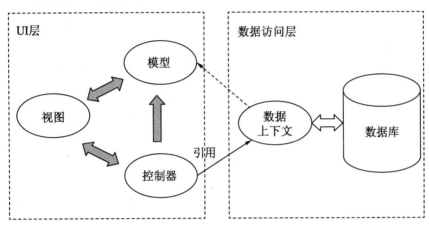

图 9.2　控制器直接访问数据层

对于业务逻辑并不复杂的项目来说，采用这种方式也是行之有效的方法，但前提是系统必须以数据为中心。

如果系统是以对象为中心的设计，则领域层由很多复杂的领域对象构成，UI 层在使用这些细粒度的对象时会面临两个问题。一个是这些细粒度的领域对象并不好用，为完成一个流程，往往需要很多对象协同工作。更好的方式是为这些领域对象提供一个门面，并为其提供一套简化的接口，这套接口是面向流程的，更易于 UI 或其他的客户理解和使用，如图 9.3 所示。

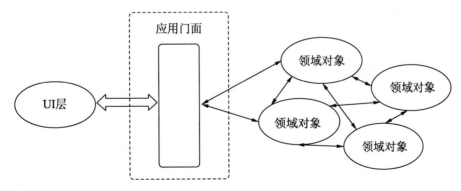

图 9.3　通过门面使用领域对象

UI 层直接使用领域对象时面临的第二个问题是业务逻辑的泄漏。UI 层在使用复杂的领域对象时，必须具备一定的业务逻辑。同时，对于一些敏感的领域对象尤其是聚合对象，我们并不希望将其直接传送到 UI 层。因为一旦聚合对象泄漏，UI 层就有可能保持对聚合内部对象的引用，而一旦对聚合内部对象直接操作，就有可能破坏聚合对象的一致性。从这个方面考虑，系统需要在 UI 层和领域模型之间建立一个隔离层。UI 层可以通过这个隔离层安全地获取对象的状态，同时又能隔离敏感的操作和数据，如图 9.4 所示。

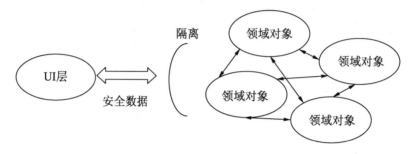

图 9.4　领域对象敏感信息的隔离

通过上述两个问题可以看到，当使用以对象为中心的领域层时，应用程序层的存在是有价值的。门面和隔离是应用程序层提供的两个基础功能。除此之外，应用程序层在实现 UI 层和领域模型之间的桥梁时还会实现其他功能。下面我们就从应用程序层的定义开始了解并实现应用程序层。

9.1.1　应用程序层和应用服务

定义软件要完成的任务，并且指挥表达领域概念的对象来解决问题，这一层的功能对于业务来说意义重大，是与系统的其他应用程序层交互的必要渠道。

应用程序层应尽量简单，不包含业务规则，为下一层的领域对象协调任务，分配工作，使它们互相协作。它没有反映业务情况的状态，但是却可以具有另外一种状态，为用户或程序显示某种任务的进度。

这是 Evans 在《领域驱动设计：软件核心复杂性应对之道》一书中关于应用程序层的描述。这段简明扼要的描述定义了应用程序层在系统中的作用。应用程序层通过合理地调用领域对象来实现某种系统性的功能。这些系统性的功能通过接口发布，而这些接口的调用者是直接使用接口的客户端代码，它可能是一个人机接口界面，也可能是另一个系统。这些系统的功能通过服务的形式发布，也就是通过前面章节提到的应用服务发布。

应用服务是应用程序层中的主要内容。服务通常都是无状态的，应用服务也不例外。在实际开发中，很多设计人员容易混淆应用服务和领域服务，这两种服务都是对对象的编排，但有着本质上的区别。领域服务蕴含的领域知识是领域模型的一部分，而应用服务仅仅是对领域模型的简单编排，不包含业务规则和领域知识。

以创建订单为例，在领域模型中，我们已经创建了订单费用计算的领域服务，订单费用的计算也是一个流程，但是计算时需要优惠条件的使用和如何计算运费等领域知识，因此它应该放在领域服务中。而对于创建订单前的用户认证和计算完订单费用后的用户确认等流程，因为不涉及独有的领域知识，所以可以放在领域服务中实现。应用服务和领域服务的关联如图 9.5 所示。

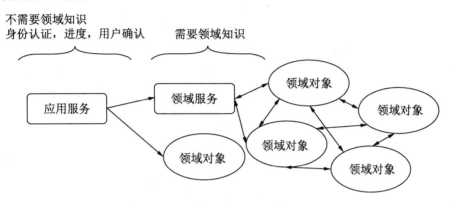

图 9.5 应用服务和领域服务的区分

和领域服务一样，应用服务也需要使用聚合的仓储对象来获取用于编排的领域对象，同时在领域对象执行完动作后，会把对象存储到仓储对象中。相较于领域服务，在应用服务中使用仓储更加合理。这意味着领域服务需要的领域对象可以作为参数传入。例如，在前面实现的订单费用计算服务中，为了获取商品对象和优惠条件对象，在实现时需要把这两个聚合的仓储对象作为参数注入构造方法中。代码如下：

```
public OrderCostCalculationService(ICommodityRepository repository,
        IOrderCostCalculatorRepository calculatorRepository,
        ...)
{
 m_CommodityRepository = repository;
 m_CalculatorRepository = calculatorRepository;
 ...
}
```

同时，在实现方法的内部通过 ICommodityRepository 和 IOrderCostCalculatorRepository 这两个仓储对象分别获取 Commodity 和 OrderCostDiscountBase 对象。代码如下：

```
// 结算订单
public void SettlementOrder(Order order)
{
...
// 定义商品列表
List<Commodity> commodities = new List<Commodity>();
// 遍历订单项，获取引用的商品对象，同时创建货物需求
foreach(OrderItem item in order.OrderItems)
{
    // 根据订单项中的商品信息获取商品对象
```

```
     Commodity commodity =
     m_CommodityRepository.GetObjectInID(item.CommodityInfo.ID);
      ...
     }

     // 结算订单
     order.SettlementOrder(commodities.ToArray(),
     transportCost,m_CalculatorRepository.GetOrderCostCalculators());
      ...
     }
```

在实现订单费用计算的领域服务时，考虑到应用服务还没有实现，并且为了方便测试，直接在领域服务中使用了仓储对象。而更好的方法是直接把领域对象作为参数传入，把获取领域对象的代码放在应用服务中。因此可以把订单费用计算的代码修改如下：

```
// 结算订单
public void SettlementOrder(Order order,
,Commodity[] commodities,
OrderCostDiscountBase[] orderCostCalculators)
{
...
// 定义货物需求列表
ist<CargoRequest> cargoRequests = new List<CargoRequest>();
// 遍历订单项，获取引用的商品对象，同时创建货物需求
foreach(OrderItem item in order.OrderItems)
{
    // 根据订单项中的商品信息创建货物需求对象
    CargoRequest request =
        new CargoRequest(item.CommodityInfo.ID, item.Quantity);
    cargoRequests.Add(request);
     ...
}

// 结算订单
order.SettlementOrder(commodities.ToArray(),
transportCost,orderCostCalculators);
 ...
}
```

在新的方法中，直接把 Commodity 对象的集合和 OrderCostDiscountBase 对象的数组作为参数传入，不再使用 ICommodityRepository 和 IOrderCostCalculatorRepository 仓储对象。这就意味着调用领域服务的客户端代码必须首先使用仓储对象获取 OrderCost-DiscountBase 对象的集合，并且要根据订单的订单项集合获取 Commodity 对象的集合，而这些工作可以在应用服务中实现。代码如下：

```
// 订单结算应用服务
public class OrderSettlementAppService
    {
        private readonly IOrderRepository m_OrderRepository = null;
        private readonly ICommodityRepository m_CommodityRepository = null;
```

```
        private readonly IOrderCostCalculatorRepository m_CalculatorRepository
= null;
        private readonly OrderCostCalculationService m_OrderCostCalculation
Service= null;
        public OrderSettlementAppService(IOrderRepository orderRepository,
            ICommodityRepository repository,
            IOrderCostCalculatorRepository calculatorRepository,
            OrderCostCalculationService orderCostCalculationService)
        {
            m_OrderRepository = orderRepository;
            m_CommodityRepository = repository;
            m_CalculatorRepository = calculatorRepository;
            m_OrderCostCalculationService = orderCostCalculationService;
        }

        // 结算订单
        public void SettlementOrder(User user, string orderID)
        {
            ...
            // 验证参数
            Order order = m_OrderRepository.GetObjectInID(orderID);
            // 定义商品列表
            List<Commodity> commodities = new List<Commodity>();
            // 定义货物需求列表
            // 遍历订单项，获取引用的商品对象，同时创建货物需求
            foreach (OrderItem item in order.OrderItems)
            {
                // 根据订单项中的商品信息获取商品对象
                Commodity commodity =
                    m_CommodityRepository.GetObjectInID(item.CommodityInfo.ID);
                commodities.Add(commodity);
            }
            OrderCostDiscountBase[] orderCostCalculators =
                m_CalculatorRepository.GetOrderCostCalculators();
            // 使用库存服务获取能发货的最近的仓库
            m_OrderCostCalculationService.SettlementOrder(order,
                commodities.ToArray(),
                orderCostCalculators);
        }
    }
```

以上只是应用服务的示例代码，在实际项目开发中还需要加入身份认证和日志等相关
代码。

注意：应用服务可以实现身份认证、事务控制及事件发布等操作，不应该包含相关的领
域知识，而包含领域知识的代码应该封闭在领域模型中。

9.1.2　应用服务的接口形式

应用服务和领域服务还有一个重要的区分，即领域服务是以业务逻辑为核心，而应用服务考虑的主要问题是用例。

用例是 UML 中的重要概念，是指在没有展现一个系统或子系统内部结构的情况下，对系统或子系统的某个连贯的功能单元的定义和描述。在 UML 中，用例用于描述用户需求，即用户使用软件时要达到的某种目的。例如在 iShopping 中，结算订单、查看物流状态和确认收货都是用例。

用例包含一系列操作序列，其中包含为了完成用例必须执行的人机交互步骤。用户对 UI 层的操作（或者别的系统）会被应用服务转换为对领域对象的调用，应用服务必须提供或支持这些交互步骤所需要的方法。

不同于领域服务，实现这些步骤需要的方法不需要领域专用知识，应用服务实现的仅仅是完成某项任务时的调用流程。例如，提交订单用例，它需要的方法是提交订单和确认订单，至于订单怎么结算、确认订单时需要具体做哪些事则不是用例关心的。提交订单用例关心的仅仅是如何通过这几个步骤完成提交订单的操作。这时，订单应用服务就应该支持这个用例的流程。示例代码如下：

```
// 订单结算应用服务
public class OrderSettlementAppService
{
// 结算订单
    public void SettlementOrder(string orderID)
    {
        ...
    }
    // 获取订单详情
    public OrderDTO GetOrderInfo(string orderID)
    {
        ...
    }
    // 确认订单
    public void  ConfirmOrder(string orderID)
    {
        ...
    }
}
```

在上述代码中，我们针对提交订单的用例定义了应用服务的接口方法。这些方法会被 MVC 的控制器（Controller）或 WebAPI 调用，甚至被其他类型中的方法调用，这取决于系统在 UI 层中采用的模式。但是不管 UI 层采用什么界面展示模式，它们的基本流程都是一样的，UI 层把用户的操作翻译成指令，然后调用应用服务中的相应方法。

用例的概念在软件行业取得了巨大的成功。使用用例描述需求，能让系统设计人员聚焦在用户的目的上，而不是纠结于用户的某个动作。当然，用户通过使用系统满足自己的目的时，往往会因为各种原因使流程无法正常完成。例如，用户在提交订单时需要支付订单费用，可是金额不够，提交订单的流程就不能完成。因此在使用用例描述用户需求时，除了正常流程以外，还需要描述各种意外情况的处理流程。这些异常情况可能会导致两种结果：一种是无法达到用例的目的的异常流程，另一种是与主场景步骤不一致的备用流程。如图 9.6 所示为提交订单的用例图。

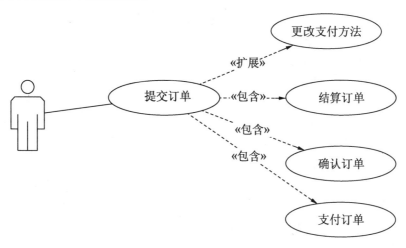

图 9.6 提交订单的用例

在如图 9.6 所示的用例中，提交订单的用例被分成了几个小的用例，在正常流程和场景中，提交订单的用例包含结算订单、确认订单和支付订单 3 个子用例。除此之外，提交订单还有一个扩展的子用例——更改支付方法，用于金额不足以支付的场景，这是用于备用流的子用例。当然这只是一个用例的示例，在实际的项目设计中应该包含网络中断和系统故障等不能完成用例的异常流程。

用例的正常流程、备用流程及异常流程组成了一个近似封闭的集合，理论上这个集合能够应对用例中的所有情况。这时用例所描述的就是用户使用这个系统满足某个目的时所遇到的和必须解决的问题。也就是说，用户通过 UI 层做了他们应该做的事情，剩下的就是系统该做的事情了。

所谓系统该做的事就是系统提供的功能，它是通过应用服务提供和展示的。用例用于描述用户在使用系统（功能）时输入的命令和数据，而应用服务应提供合适的接口去解析和执行这些输入。在系统中，应用服务和用例的关系如图 9.7 所示。

在这种方式中，应用服务负责接收 UI 层传入的指令和数据，然后根据指令编排来调用领域模型，类似于门面的作用。领域模型通过应用服务这个门面，提供了更加简化和易于使用的接口，通过这些接口向用户界面或其他系统提供所谓的系统功能，这个聚合了很多动作的系统功能就是应用程序。

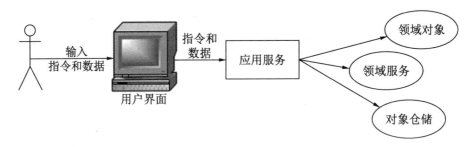

图 9.7　应用服务和用例的关系

　　如果是单体 Web 应用程序，UI 层和应用层一般都部署在同一个进程中，UI 层的代码可以直接访问应用服务，使用这种接口方式没有任何问题。如果将 UI 层和应用层分开部署或者将应用服务作为 Web 服务提供者，这时候需要考虑远程通信的问题。

　　在需要远程通信时，RPC（Remote Procedure Call Protocol）框架是一个不错的选择。RPC 支持客户端（UI 层）像调用本地代码一样调用远程对象。在使用 RPC 时，应用服务接口不需要做任何改变，甚至不需要考虑 RPC 的存在。这时候应用服务接口应该是由动词命名的方法组成，就像前面的订单应用服务示例一样，完全是面向对象的方式。

　　用例定义用户目的，目的由一系列动作完成，而应用服务对象则提供执行这些动作的方式。这种面向对象风格的接口完全符合设计人员的正常思维习惯。即使 UI 层和应用程序层部署在不同的进程中，在需要使用 RPC 框架时，该框架对于 UI 层和应用服务来说也是"透明"的，不会影响应用服务的接口定义。

9.1.3　CQRS 风格的应用服务

　　对于一些复杂的应用程序，除了领域模型较复杂以外，系统对查询也有很高的要求。这种要求体现在查询数据的聚合性和查询效率方面。而在设计领域模型时，考虑更多的是模型的内在意义，体现在对象的创建、修改和删除方面，而对于领域的查询则考虑不多。

　　查询结果相对于领域模型更偏向于非结构化，需要查询的可能仅仅是领域对象中的一部分。查询结果用于在界面中进行渲染，因此在描述查询结果时可以使用数据迁移对象（DTO）。但是对于只需要部分数据的查询来说，描述整个聚合对象的 DTO 就显得过于庞大。

　　数据查询仅仅是把符合过滤器要求的数据查询出来，对模型本身没有任何修改，本质上是无副作用的函数（Side-Effect Free）。而对于领域对象的增加、修改和删除操作，则是另外一种函数，它们会对领域对象产生巨大的副作用。对于这类函数，应该和无副作用的函数隔离开。查询应该只返回查询的结果，而不修改任何数据。修改数据的函数只会返回操作的结果，而不应该返回任何查询数据。

　　如果用这种隔离的思想来审视领域模型会发现，领域模型实际上也面临着命令和查询分离的需求。在设计领域模型时往往基于模型的行为建模，更多考虑的是领域对象如何交互，以及交互完成后的状态是否正确。在这个过程中很少考虑查询的需求，而事实上，在大多数的应用程序中，查询命令的执行次数要远大于命令的执行次数，并且查询对性能造成的压力也远大于执行命令造成的压力。

在系统中，虽然查询的实现对系统的功能（查询方式）和性能都有巨大的影响，但是以对象行为为核心的领域模型对查询功能的扩展和性能的优化并不能提供太多的支持，如图 9.8 所示。

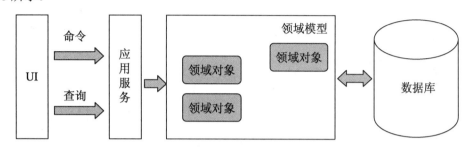

图 9.8　没有使用命令和查询分离的领域模型

在图 9.8 中，应用服务接收通过用户接口（UI）发送的修改和查询命令，再把这些命令转化成对领域模型的调用，系统的命令和查询执行使用了同一个领域模型和数据库。领域模型本身就是为了描述复杂的业务逻辑而设计，在此基础上把查询功能的扩展强加到领域模型上会给领域模型带来不必要的复杂性，也分离了领域模型的关注点。

领域对象是通过 ORM 和数据库相连的。在通过命令修改领域对象的状态时，必须通过 ORM 内置的工作单元（Unit Of Work）在内存中保持对领域对象的跟踪，从而维持领域状态的一致性。而查询本质上是获取领域对象状态的快照，没必要在内存中保持跟踪，因此应该跳过笨重的 ORM，而直接使用效率更高的原生态 SQL 语句。

为了解决领域模型的查询问题，Greg Young 和 Udi Dahan 提出了命令查询责任分离模式（Command Query Responsibility Segregation，CQRS）。CQRS 是建立在 Bertrand Meyer 的命令查询分离（Command Query Separation）基础上的，提供了从模型层面分离查询命令的模式。CQRS 的主旨很简单，即实现查询和命令的分离，因此这个模式特别适合事件驱动架构（EDA），如图 9.9 所示。

图 9.9 中的 CQRS 的实现还是比较简单的，在这个方案中使用命令封装操作，实现命令与查询分离。

在这个方案中，查询可以使用前面介绍过的原生态的数据库访问技术 ADO.NET 来实现，从而提升查询速度，并且可以独立于领域模型单独对查询系统进行优化，这种优化是对查询语句（SQL）和数据库的视图（View）进行的优化。

针对命令使用 EDA 方式的关键在于实现命令总线。实现命令总线的方式和前面章节中实现的事件总线相似，事实上完全可以用同一套事件"发布-订阅"框架来实现，只需要重新定义命令和命令处理器即可。

定义命令和定义领域事件不同之处在于，命令对象不必要和领域对象保持严格的同步关系，但命令对象必须包含执行所需要的所有数据。

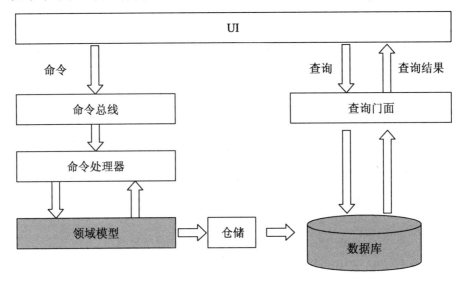

图 9.9　CQRS 和 EDA

类似于领域事件，命令对象还应该包含一个唯一的标识，用于实现命令的存储，它还应该拥有版本，用来识别重复的命令，还可以根据这些特征，定义一个命令对象的通用接口和抽象类。代码如下：

```csharp
// 定义命令对象的接口
public interface IDomainCommand
{
    //  获取命令 ID
    string ID { get; }
    // 获取命令版本
    int Version { get; }
}

// 命令对象的抽象实现
public abstract class DomainCommand : IDomainCommand
{
    private string m_ID = string.Empty;
    private int m_Version = 0;

    public DomainCommand(string id)
        :this(id,0)
    {

    }
    public DomainCommand(string id, int version)
    {
        m_ID = id;
        m_Version = version;
    }
```

```
    // 获取命令 ID
    public string ID { get=>
        string.IsNullOrEmpty(m_ID)?string.Empty:m_ID; }
    // 获取命令版本
    public int Version { get; }
}
```

定义完命令对象以后，还需要定义命令处理器。命令处理器的作用和事件处理器类似，只是它用于接收 UI 层传入的命令对象，然后再把命令转化成对领域对象的操作。为命令处理器创建一个通用的接口和抽象类，代码如下：

```
// 定义命令处理器的泛型接口
public interface IDomainCommandHandler<TCommand>
    where TCommand : IDomainCommand
{
    // 执行命令
    void Execute(TCommand command);
}
// 提供命令处理器的抽象实现
public abstract class DomainCommandHandler<TCommand>
    : IDomainCommandHandler<TCommand>
    where TCommand : IDomainCommand
{
    // 执行命令
    public abstract void Execute(TCommand command);
}
```

定义完命令对象和命令处理器对象的接口和抽象类以后，就可以通过继承它们来实现命令对象和命令处理器对象。命令总线和执行上下文的实现与事件总线和事件上下文的实现方法几乎一致，限于篇幅不再赘述。下面以购物车为例，实现向购物车中添加商品的命令对象。

首先要确定添加购物车子项的参数。在添加购物车子项时，购物车的标识、添加的商品的标识和添加的数据都是必须要有的参数。有了这些参数，才能获取正确的领域对象，执行正确的方法。代码如下：

```
// 添加购物车项的命令
public class AddItemToCartCommand : DomainCommand
{
    public AddItemToCartCommand(string id, int version)
        : base(id, version)
    {
    }
    // 获取或设置用户 ID，用户 ID 也用于购物的标识
    public string UserID { get; set; }
    // 获取或设置商品 ID
    public string CommodityID { get; set; }
    // 获取或设置添加的数量
    public int Quantity { get; set; } = 1;
}
```

创建一个命令很简单，命令类似于数据迁移对象（DTO），传递所需要的数据，但是

必须包含所有需要的参数。命令对象在 UI 与领域模型之间建立天然的隔离。在 UI 层中不需要保持对领域对象的引用，只需要传递对象的标识和导致对象状态改变的数据即可。因此，在添加的购物车子项命令中，只要传递购物车的标识（和用户标识相同）、商品对象的标识和添加的数量即可。

　　每一个命令都需要定义一个命令处理器。对于添加的购物车子项命令，其命令处理器的代码如下：

```
// 添加购物车子项的命令处理器
public class AddItemToCartCommandHandler :
       DomainCommandHandler<AddItemToCartCommand>
{
    private readonly IShoppingCartRepository m_ShoppingCartRepository =
null;
    private readonly ICommodityRepository m_CommodityRepository = null;

    public AddItemToCartCommandHandler(
       IShoppingCartRepository shoppingCartRepository,
       ICommodityRepository commodityRepository)
    {
       m_ShoppingCartRepository = shoppingCartRepository;
       m_CommodityRepository = commodityRepository;
    }
    // 重写命令处理方法
    public override Task Execute(AddItemToCartCommand command)
    {
       // 防御式编程
       // 检查参数是合法
       if(command == null)
       {
           throw new Exception("不能处理空的命令");
       }
       if(string.IsNullOrEmpty(command.UserID) ||
           string.IsNullOrEmpty(command.CommodityID)
           || command.Quantity<=0)
       {
           throw new Exception("命令数据不完整或不合法");
       }
       // 获取购物车对象
       ShoppingCart cart =
           m_ShoppingCartRepository.GetObjectInID(command.UserID);
       if(cart == null)
       {
           throw new Exception("没有找到购物车");
       }
       // 获取商品对象
       Commodity commodity =
           m_CommodityRepository.GetObjectInID(command.CommodityID);
       if(commodity == null)
       {
           throw new Exception("没有找到商品");
       }
```

```
        // 创建商品信息对象
        CommodityInfo commodityInfo = new CommodityInfo(commodity.ID,
        commodity.Name,commodity.GetPrice());
        // 把商品添加到购物车中
        cart.AddCommodity(commodityInfo, command.Quantity);
        // 获取工作单元
        IUnitOfWork unitOfWork = m_ShoppingCartRepository.GetUnitOfWork();
        // 更新购物车对象
        m_ShoppingCartRepository.UpdateObject(cart);
        // 保存更改
        unitOfWork.SaveChanges();
        // 命令执行完毕, 返回
        return Task.CompletedTask;
    }
}
```

命令处理器的实现方式类似于应用服务和领域服务。内部实现时使用仓储对象获取领域对象，然后根据需要调用领域对象的相应方法，最后还要通过仓储对象把领域对象保存到数据库中，命令处理器所需要的仓储对象也会通过依赖注入而取得。

9.1.4 事件存储

CQRS 强调的是查询和命令职责的分离，是一个扩展性很强的模式。在 9.1.3 节的实现方式中只体现了 CQRS 的初步应用，即把命令服务和查询服务分离。虽然在实现时使用了事件驱动模式，但是并没有涉及事件的本质，即命令（事件）在系统中仅仅起到传递消息的作用。

CQRS 的关注点本质上在于对象的状态。所谓职责分离是指对对象状态关注点的分离。对象状态的关注点只有两个：状态的改变和状态的快照。状态的快照就是查询所关心的问题。数据库中存储的就是领域对象的快照，而查询的目的就是按照一定的条件（过滤器）查询这些对象的快照，然后通过 DTO 把这些快照传递到 UI 层。

对于命令来说，对象的状态随着命令的执行而改变。而领域对象的状态是由内存中的对象属性和数据库中的记录共同维护的，每次执行命令时都需要使用仓储对象把领域对象最新的状态序列化到数据库中，如图 9.10 所示。

把对象的状态保存到数据库中是对象序列化的一种方式，但不是唯一的方式。而对象序列化的本质是对象状态的序列化。在对象状态改变时，保存对象改变的原因也是实现对象序列化的一种方式。此时在数据库中保存的不再是对象的状态，而是一条条导致对象状态改变的命令。

从 9.1.3 节中可以了解到，命令对象其实和事件对象非常类似，可以非常方便地实现命令对象和事件对象的转化。同时，命令对象和事件对象都是结构非常简单的对象，非常适合关系型数据库和 NoSQL 数据库的存储。在存储这类对象时甚至不需要再使用 ORM 实现对象和关系型数据库的映射，使用命令对象存储状态，如图 9.11 所示。

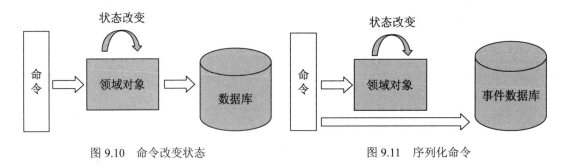

图 9.10　命令改变状态　　　　　　　　　图 9.11　序列化命令

从本质上来说，事件数据库中存储的仍然是领域对象最新状态的序列化，只是保存的不再是领域对象的最新状态，而是状态变化的过程。同时为了支持查询，还需要一个数据库来保存对象状态的快照。在这两个数据库中，事件数据库虽然没有保存对象的状态，但事件数据是与领域对象保持同步的关键所在。而保存对象状态的数据库更像是查询的缓存，用于跟踪事件，以保持查询数据的同步。使用 CQRS 方式，不但可以实现命令和查询的分离，而且可以真正实现对对象状态关注点的分离，如图 9.12 所示。

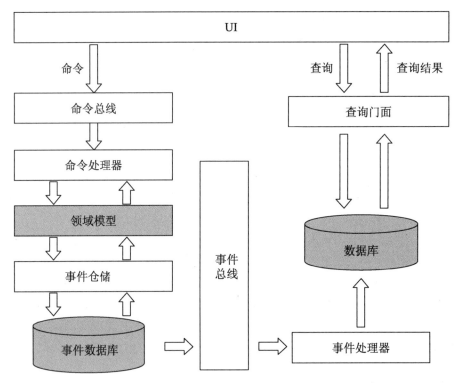

图 9.12　实现命令和查询分离的 CQRS

使用命令和查询彻底分离的方式，为系统在灵活性和扩展性上带来了巨大的优势。这种优势主要体现在查询的横向和纵向扩展方面。从横向看，CQRS 方式可以方便地支持对多查询服务器的部署，只要在领域对象接收命令后，把命令同步到各个服务器的数据库中即可。从纵向看，由于查询数据库彻底和领域模型无关，因此可以使设计人员完全从查询的角度来优化数据库的设计。

这种完全分离的 CQRS 方式虽然有巨大的优势，但在实现上比较困难，适合在复杂的领域模型和大型企业应用程序中使用。对于小型的企业应用程序来说，由于实现过程比较烦琐，不建议使用。

9.2　实现查询的方法

把命令和查询分离，有助于在设计时独立考虑查询的实现方案。查询方案的设计目的是为了支持查询的多样性，并提升查询效率。

查询的多样性来源于用户需求。一个系统从设计到发布再到运行期间，用户对查询的需求可能会有多次变更。如何能快速修改或增加查询功能对系统设计是一个挑战。查询功能的变动意味着查询接口的变化。随着查询需求的不断提出，查询接口日益庞大。

领域对象并不适合描述查询结果的对象，应该使用更轻量级的数据迁移对象（DTO）描述。如果能使用通用的过滤条件来描述，将会使查询更加灵活。

如果使用 Entity Framework Core 作为查询的实现技术，就必须使用 Lambda 表达式定义通用过滤条件。为了提高查询效率，使用原生态的 ADO.NET 前必须自己实现通用过滤条件框架，或者编写一个自定义的框架，以实现从 Lambda 表达式到 SQL 语句的转换，这也是实现通用过滤条件的必要技术。

9.2.1　对象的映射

系统 UI 层通过不同的框架把查询结果渲染出来。在 UI 层中，渲染一个对象只要能获取对象的状态即可，并不需要对对象的逻辑进行控制。

直接使用领域对象可能会导致部分业务逻辑泄漏，从而增加 UI 层的负担。UI 层的目的很简单，即把对象的状态渲染出来展示给用户，或者收集用户的操作并把操作转换成命令对象（使用 CQRS）。

.NET 的 UI 框架（如 WinForm、WPF 和 ASP.NET）都提供了基于属性的自动绑定技术。虽然双向绑定（可以通过 UI 层中的组件自动修改对象的属性）的做法违背了面向对象的原则，但是把绑定限制在单一方向上（从对象属性到 UI 组件）却给设计人员提供了一个渲染对象的快捷方式。

一般而言，这些 UI 层自动绑定的框架都需要对象提供简单的原生类型的属性，这一点和数据迁移对象（DTO）相似。DTO 对象只包含用于传递的数据，并不包含领域逻辑的方法。因为在设计查询条件时，可以根据查询需求直接设计查询的返回结果，所以 DTO

不但可以用于查询从服务到 UI 的数据传递，也可以用于描述查询结果。如果使用数据库分离的方式，还可以根据 UI 层查询的需求来设计数据库。

另一方面，领域模型只允许获取聚合对象的根对象，有时查询结果需要多个聚合对象，而且仅需要多个聚合对象的某几个属性或片段，而不是全部的聚合对象。如果返回多个聚合对象或对象的集合，除了会泄漏业务逻辑外，还会导致数据量过于庞大。

iShopping 是一个典型的企业应用程序，当它上线运行后，搜索查询的操作频率要远高于命令操作，并且查询的结果往往由多个聚合对象组成，不同的搜索查询对同一个聚合对象的数据需求并不一致。以商品搜索为例，一般是先返回一个搜索结果列表，系统会把这些结果渲染出来呈现给用户，用户再根据自己的喜好，选择一个商品查看详情，如图 9.13 所示。

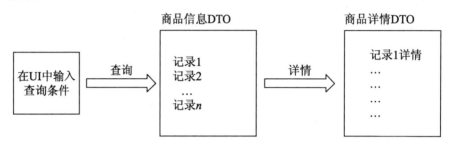

图 9.13　用户搜索商品

在两个搜索结果中，都需要包含商品和商品分类对象的数据，但所需要的数据又不完全一样。定义搜索结果的数据相对少一点，而定义商品详情的数据还需要融合更多的数据，如价格数据和商品特征数据。显然，使用同一个 DTO 并不恰当。为此，在设计时对搜索结果和商品详情使用了两个独立的 DTO 分别定义数据。代码如下：

```
// 定义商品信息的 DTO
public class CommodityDTO
{
    public CommodityDTO(string commodityID, string name,
        bool isOnSale, string description,
        string categoryID, string categoryName)
    {
        CommodityID = commodityID;
        Name = name;
        IsOnSale = isOnSale;
        Description = description;
        CategoryID = categoryID;
        CategoryName = categoryName;
    }
    // 获取或设置商品 ID
    public string CommodityID { get; set; }
    // 获取商品的名称
    public string Name { get; set; }
    // 商品是否在售
    public bool IsOnSale { get; set; }
```

```
        //获取商品的信息
        public string Description { get; set; }
        //获取商品的分类 ID
        public string CategoryID { get; set; }
        //获取商品的分类名称
        public string CategoryName { get; set; }
    }
    // 定义商品详情的 DTO
    public class CommodityDetialDTO
    {
        public CommodityDetialDTO(string commodityID, string name,
            bool isOnSale, string description,
            string categoryID, string categoryName,
            double basePrice)
        {
            CommodityID = commodityID;
            Name = name;
            IsOnSale = isOnSale;
            Description = description;
            CategoryID = categoryID;
            CategoryName = categoryName;
            BasePrice = basePrice;
        }
        // 获取或设置商品 ID
        public string CommodityID { get; set; }
        // 获取商品的名称
        public string Name { get; set; }
        //获取是否在售
        public bool IsOnSale { get; set; }
        //获取商品的信息
        public string Description { get; set; }
        //获取商品的分类 ID
        public string CategoryID { get; set; }
        //获取商品的分类名称
        public string CategoryName { get; set; }
        // 获取或设置商品的基础价格
        public double BasePrice { get; set; }
    }
```

商品信息 DTO 和商品详情 DTO 虽然很相似，但在实现时没有使用继承，即没有使用 CommodityDetialDTO 继承 CommodityDTO。在 DTO 设计时应尽量减少继承的使用，因为它们不存在实际的 is-a 关系。虽然它们在概念上很相似，但它们是为了不同的查询需求和 UI 需求而定义的，为了精减代码而强行建立继承关系，会使两个 DTO 对象建立不必要的耦合。而查询需求是多变的，一旦建立这种耦合，当需要修改系统时会带来不必要的麻烦。

9.2.2 查询过滤器

查询过滤器是查询设计中的另一个重点。查询过滤器用于定义用户输入的查询条件，并使用过滤器过滤查询结果。查询过滤器主要由两部分组成，一部分用于描述查询条件，另一部分用于把查询条件转换成 SQL 语句，如图 9.14 所示。

图 9.14　查询过滤器

一个通用的查询过滤器框架能够为查询系统带来极大的灵活性。在这个方面，语言集成查询（Language Integrated Query，LINQ）是一个不错的选择。LINQ to SQL 提供了快速开发数据库的功能，它基于 ADO.NET 实现，提供语言级别的查询功能，让设计人员能够使用编程语言自身的语法实现查询，从而摆脱 SQL 语句。以下代码演示了如何使用 LINQ 查询商品对象。

```
// 使用 LINQ ToSQL 的商品查询
public class CommodityQuery
{
    private CommodityDbContext _Context = new CommodityDbContext();

    // 使用 Lamdba 表达式：按关键词搜索商品
    public CommodityDTO[] Search(string keyword)
    {
        // 使用 Lamdba 表达式
        var query =
            _Context.Commodity.Where(p=>p.Name. Contains (code));
        return query;
    }
    //使用 LINQ ToSQL：按关键词搜索商品
    public CommodityDTO[] Search(string keyword)
    {
        var commoditys =
          from commodity in _Context.Commodity
          where p.Name. Contains (code);
        select commodity;
        return commoditys;
    }
}
```

在上述代码中，分别使用 Lambda 表达式和 LINQ To SQL 的方式实现了按关键词搜索商品的功能。可以看出，使用 LINQ 非常简单，并且基于属性的查询过滤器可以非常直观地设置各种查询条件。

虽然使用 LINQ 很方便，但基于性能考虑，在面对复杂的查询需求时，很多设计人员还是选择使用原生的 SQL 语句。使用原生的 SQL 语句不但性能比较高，而且在 SQL 优化方面也比 LINQ 体现出了更多的优势。基于性能考虑，iShopping 在实现查询需求时使用原生的 SQL 语句。因此我们需要自己设计一个查询过滤器框架，以实现对查询条件的建模和 SQL 语句的转换。

在为查询条件建模时，我们使用类似于合成模式的方式，用一个查询条件对象表示查询条件，查询条件对象中包含查询关系的属性，以及用来描述 SQL 语句的 And 和 Or。每一个查询条件对象可以包含查询条件项和子查询条件，从而组成一个树结构，用于表现更加复杂的查询条件，如图 9.15 所示。

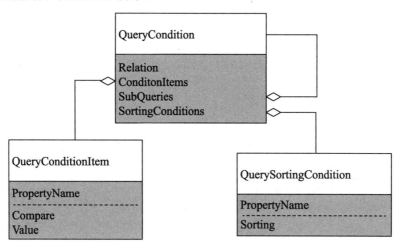

图 9.15　查询条件模型

图 9.15 中的 QueryCondition、QueryConditionItem 和 QuerySortingCondition 分别表示查询条件、查询项和排序条件的模型。排序条件用于定义查询时的排序方式，需要定义两个属性，分别是排序的字段名和排序的方式。代码如下：

```
//描述对一组对象进行排序的条件
public class QuerySortingCondition
{
    public  QuerySortingCondition(string  propertyName,  SortingPattern
sorting)
    {
        PropertyName = propertyName;
        Sorting = sorting;
    }
    //获取排序的属性名
    public string PropertyName { get; set; }
    //获取排序的方向
    public SortingPattern Sorting { get; set; }
}
//描述排序的方式
public enum SortingPattern
{
    //升序
    Ascending,
    //降序
    Descending
}
```

QueryConditionItem 用于描述查询的具体条件，即某个属性和指定值的比较。查询条件项在执行时会被转换成 SQL 中 Where 关键词后面的类似于 Name = "xxx" 的 SQL 查询语句片段。要实现查询条件项，首先要实现比较方式。查询条件项和比较方式的实现代码如下：

```
//描述一条数据查询项，用于和对象的属性或数据库的字段值进行比较
public class QueryConditionItem
{
    public QueryConditionItem(string propertyName,
        ComparePattern oper, object value)
    {
        PropertyName = propertyName;
        Value = value;
        Compare = oper;
    }
    //获取或设置属性名
    public string PropertyName { get; set; }
    //获取或设置属性值
    public object Value { get; set; }
    //获取或设置比较条件操作
    public ComparePattern Compare { get; set; }

    //获取一个值，指示当前查询条件是否有效
    public bool IsQueryValidate()
    {
        if (string.IsNullOrEmpty(PropertyName)) return false;
        if (Compare == ComparePattern.IsNotNull ||
            Compare == ComparePattern.IsNull) return true;
        return Value != null;
    }
}
//描述比较的模式
public enum ComparePattern
{
    // 等于比较操作
    Equal,
    // 不等于比较操作
    NotEqual,
    // 大于比较操作
    GreaterThan,
    // 小于比较操作
    LesserThan,
    // 大于等于比较操作
    GreaterThanOrEqual,
    // 小于等于比较操作
    LesserThanOrEqual,
    // 类似比较操作
    Like,
    // 不类似比较操作
    NotLike,
    // 是否为空的比较操作
    IsNull,
    // 是否不为空的比较操作
```

```
        IsNotNull
}
```

查询条件是由多个查询条件项组成的具体的查询条件的组合。这些组合又可以和其他组合或者查询条件项组成一个更复杂的查询条件的树结构，从而支持描述更加复杂的查询条件。查询条件的实现代码如下：

```
// 定义一个查询条件
public sealed class QueryCondition
{
    private List<QueryConditionItem> m_ConditionItems = new List<Query
ConditionItem>();
    private List<QueryCondition> m_SubQueries = new List<QueryCondition>();
    private List<QuerySortingCondition> m_SortingConditions =
                        new List<QuerySortingCondition>();
    private QueryRelation m_Relation = QueryRelation.Or;
    public QueryCondition(QueryRelation realtion)
    {
        m_Relation = realtion;
    }
    // 获取或设置关系操作
    public QueryRelation Relation { get; set; }
    // 获取查询条件的集合
    public QueryConditionItem[] ConditionItems
    {
        get { return m_ConditionItems.ToArray(); }
    }
    // 获取子查询条件的集合
    public QueryCondition[] SubQueries
    {
        get { return m_SubQueries.ToArray(); }
    }
    // 获取排序条件的集合
    public QuerySortingCondition[] SortingConditions
    {
        get { return m_SortingConditions.ToArray(); }
    }
    //获取一个值，指示查询条件是否有效
    public bool IsQueryValidate()
    {
        if (ConditionItems.Length <= 0 && SubQueries.Length <= 0) return
false;
        return true;
    }
    //获取一个值，指示是否有有效的排序条件
    public bool IsOrderValidate()
    {
```

```
        if (SortingConditions.Length <= 0) return false;
            return true;
    }
    //获取一个值，指示是否有有效的排序条件
    public void AddConditionItem(QueryConditionItem item)
    {
        if (item == null) return;
        m_ConditionItems.Add(item);
    }
    //增加子查询条件
    public void AddSubCondition(QueryCondition item)
    {
        if (item == null) return;
        m_SubQueries.Add(item);
    }
    //增加排序条件
    public void AddSortingConditions(QuerySortingCondition item)
    {
        if (item == null) return;
        m_SortingConditions.Add(item);
    }
}
//定义查询条件后，条件项之间的关系
public enum QueryRelation
{
    // And 关系
    And,
    // Or 关系
    Or
}
```

当定义好查询对象及查询子项后，就可以使用这些对象组合复杂的查询条件。以搜索商品为例，搜索名称不等于 ccc 而等于 aaa 并且描述信息中包含 bbb 的商品，经过分析可知，查询条件是同时包含 Or 和 And 的复合条件，在数据库执行查询时，会使用类似于"Where Name != 'ccc' Or (Name ='aaa' And Description Like '%bbb%')"这样的查询语句因此需要创建一个查询条件对象和一个子查询条件对象。代码如下：

```
public void SearchCommodities()
{
    // 创建一个查询条件对象，并作为根条件
    // 内部关系为 Or
    QueryCondition conditionRoot =
    new QueryCondition(QueryRelation.Or);
    // 创建一个子查询条件对象，内部关系为 OR
    QueryCondition conditionSub = new QueryCondition(QueryRelation.And);
    // 创建一个 'Name' 字段等于 'aaa'的查询条件子项
    QueryConditionItem item1 =
```

```
new QueryConditionItem("Name", ComparePattern.Equal, "aaa");
// 创建一个 'Description '字段等于 'bbb'的查询条件子项
QueryConditionItem item2 =
new QueryConditionItem("Description", ComparePattern.Like, "bbb");
// 把条件项 item1、item2 加入子查询对象 conditionSub 中
conditionSub.AddConditionItem(item1);
conditionSub.AddConditionItem(item2);

// 创建一个 'Name '字段等于 'bbb'的查询条件子项
QueryConditionItem item3 =
new QueryConditionItem("Name", ComparePattern.NotEqual, "ccc");

// 把条件项 item3 和子查询对象 conditionSub 加入根查询对象 conditionRoot 中
// 最终形成一个（Name==aaa And Description 包含 bbb）或 (Name != ccc)的查
询条件
conditionRoot.AddConditionItem(item3);
conditionRoot.AddSubCondition(conditionSub);
// 设置查询结果按照 Name 排序
// 创建排序对象，并将其加入根查询对象中
QuerySortingCondition sortingCondition =
    new QuerySortingCondition("Name", SortingPattern.Descending);
conditionRoot.AddSortingConditions(sortingCondition);
}
```

通过上述代码可以看出，这个自定义的通用查询过滤器框架在描述具有多重关系的查询条件时非常方便。在代码的最后，通过添加 QuerySortingCondition 对象，在查询条件中指定查询结果的排序方式。

在实现了对查询条件建模的要求以后，通用过滤器框架只是完成了一半的工作，为了能够正常工作，还需要把创建的查询模型转化成 SQL 语句。因为在转换 SQL 语句时涉及具体使用的数据源，所以会在实现查询服务时介绍怎么把查询条件的模型转化成 SQL 语句。

9.2.3　数据代理

在使用 ADO.NET 实现查询服务时，所有的代码必须自己实现。在一个查询系统中，除了过滤器和 DTO 的设计以外，查询门面和数据代理的设计也是极其重要的。在设计 iShopping 的查询系统时，支持多种数据源是一个重要的非功能性需求，这也是很多系统的要求。

要实现支持多种数据源，意味着必须把查询门面和数据代理分开。数据代理定义了使用各种数据源查询的通用接口，查询门面在接收到 UI 的查询请求后会把这些请求转换成查询条件对象（QueryCondition），然后依赖数据代理的抽象接口实现查询功能，如图 9.16 所示。

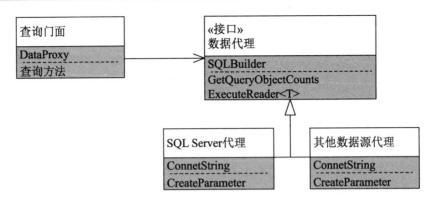

图 9.16　查询门面和数据代理

在图 9.16 中,查询门面保持一个对数据代理接口的引用,数据代理是对使用 ADO.NET 访问数据库的封装,针对不同的数据库,数据代理接口可以有很多实现方式。在 iSopping 中使用的是 SQL Server 数据库,因此默认的实现是 SQL Server 的数据代理。如果需要使用其他数据源,只需要增加一个数据代理即可。数据代理定义了使用查询功能的方法,这些方法可以被查询门面调用。实现查询功能和数据代理的代码如下:

```
//表示使用 <see cref="IDateReader"/> 读取数据库并创建返回对象的方法
public delegate object ReaderHandler(IDataReader reader);
//表示使用 <see cref="IDateReader"/> 读取数据库并创建返回对象的方法
public delegate T ReaderHandler<T>(IDataReader reader) where T : class;
//定义构建查询语句的方法
public interface IQueryProxy
{
    // 获取 SQL 语句构建器
    IQueryStringBuilder SQLBuilder { get; }
    // 获取查询结果的数量
    int GetQueryObjectCounts(QueryParameter query);
    // 针对 Connection 执行 CommandText,并生成 IDataReader
    // 执行 handler 指向的方法,并返回创建的对象
    object ExecuteReader(QueryParameter query,
        ReaderHandler hander);
    // 针对 Connection 执行 CommandText,并生成 IDataReader
    // 执行 handler 指向的方法,并返回创建的对象
    T ExecuteReader<T>(QueryParameter query,
        ReaderHandler<T> hander) where T : class;
}
//定义构建查询语句的方法
public interface IQueryStringBuilder
{
    //获取分页查询字符串
    string GetQueryOfSearchTextByPageded(string tableName,
        QueryCondition query, DateTimeCondition condition,
        string indexField, int objectCount,
        int pageSize, int pageIndex);
    //根据查询条件创建合适的 SQL 语句
```

```
string GetQueryOfCondition(QueryCondition query,
    DateTimeCondition condition);
}
```

在数据代理中定义了一个 **IQueryStringBuilder** 类型的属性 **SQLBuilder**，用于把查询对象转化成 SQL 语句。对于同一个查询条件的模型，不同的数据库在转化 SQL 语句时可能会有部分差异，因此转换 SQL 语句的实现代码由数据代理提供。

为了简化代码，在实现查询条件时以 **SQL Server** 为基准提供了一个基础的转换器。实现查询条件到 SQL 语句转换的核心是对子查询对象的递归调用，首先要遍历所有查询条件子项，然后遍历所有子查询对象并进行递归调用。代码如下：

```
public class StandardQueryStringBuilder : IQueryStringBuilder
{
    ...
    //获取条件的查询字符串
    protected virtual string GetQueryConditionQueryText(QueryCondition
query)
    {
        // 使用字符串构建器
        StringBuilder sb = new StringBuilder();
        bool first = true;
        // 循环查询对象的查询子项
        foreach (QueryConditionItem item in query.ConditionItems)
        {
            // 如果查询条件子项无效，则跳过
            if (!item.IsQueryValidate()) continue;
            // 如果不是第一个查询条件子项，添加关系标记 And 或 Or
            if (first)
            {
                first = false;
            }
            else
            {
                sb.Append(GetRelationOperatorText(query.Relation));
            }
            // 添加字段名
            sb.Append(item.PropertyName);
            //  添加比较符号
            sb.Append(GetComparePatternText(item.Compare));
            // 添加比较值
            sb.Append(GetComparePatternValueText(item.Compare, item.Value));
        }
        // 如果没有子查询对象，则直接返回
        if (query.SubQueries.Length <= 0) return sb.ToString();

        // 循环子查询对象
        foreach (QueryCondition subQuery in query.SubQueries)
        {
            // 如果不是第一个查询条件子项，则添加关系标记 And 或 Or
            if (first)
            {
```

```
                    first = false;
                }
                else
                {
                    sb.Append(GetRelationOperatorText(query.Relation));
                }
                // 添加 （
                sb.Append(" ( ");
                // 递归调用，计算子查询对象的 SQL 语句
                sb.Append(GetQueryConditionQueryText(subQuery));
                // 添加 ）
                sb.Append(" ) ");
            }
            return sb.ToString();
        }
        ...
}
```

StandardQueryStringBuilder 是按照 SQL Server 支持的标准的 SQL 语法实现的，如果系统需要支持另外一种数据库，则需要另外实现一个 IQueryStringBuilder 接口，或者直接继承 StandardQueryStringBuilder 后重写里面的方法。

在项目设计中，很多项目要求对查询结果分页显示。分页显示的实现方式有两种：一种是查询全部的结果，然后分页显示；另外一种是只查询显示页的数据。第二种方式实现起来虽然比较烦琐，但是比第一种方式效率高。在接口 IQueryStringBuilder 中定义 GetQuery-OfSearchTextByPageded() 方法，实现了对第二种方式的支持。

SQL 语法中有多种实现分页查询的方法，比较常用的方法是使用 Not in 关键字。在分页查询时，Not in 会把查询页码以前的记录过滤掉，然后再选择指定数量的记录。例如，需要查询名称包含 aaa 或者备注包含 bbb 的商品，分页查询时每页显示 10 条记录，查询第二页的 SQL 语句如下：

```
Select Top 10 * from Commoditys
Where ( Name Like '%aaa%' And Description Like '%bbb%' )
And ID not in
( Select Top 10 ID From Commoditys
Where ( Name Like '%aaa%' And Description Like '%bbb%' ))
```

在 StandardQueryStringBuilder 中实现对分页查询的支持，需要根据查询条件对象生成类似的分页查询 SQL 语句。代码如下：

```
    public class StandardQueryStringBuilder : IQueryStringBuilder
{
    private static string Query_SelectByPage = "Select Top {0} * from {1} ";
    private const string PageSearchQuery1 = " And {0} not in( Select Top ";
    private const string PageSearchQuery2 = " {0} From ";
    private const string PageSearchQuery3 = " Where {0} not in( Select Top ";
    private const string PageSearchQuery4 = " {0} From ";
    //获取分页查询字符串
    public string GetQueryOfSearchTextByPageded(string tableName,
        QueryCondition query, DateTimeCondition condition,
        string indexField, int objectCount,
```

```
        int pageSize, int pageIndex)
{
    ...
    // 用于分页查询字符串的前半部分
    string selectText =
        string.Format(Query_SelectByPage, pageSize, tableName);
    // 计算排除的数量
    int exclude = pageSize * (pageIndex - 1);
    // 计算页数
    int pagCount =
    (objectCount % pageSize) == 0 ?
        objectCount / pageSize : objectCount / pageSize + 1;
    // 创建字符串构造器
    StringBuilder sb = new StringBuilder();
    sb.Append(selectText);
    // 获取查询条件对象的 SQL 语句
    string text = GetQueryTextWhitoutOrder(query, condition);
    // 判断是否是第一页
    // 如果是第一页，则不适用 Not in 排除记录
    if (pageIndex == 1)
    {
        if (!string.IsNullOrEmpty(text))
        {
            sb.Append(" Where ");
            sb.Append(text);
        }
    }
    else
    {
        // 判断条件语句是否为空
        if (!string.IsNullOrEmpty(text))
        {
            sb.Append(" Where ");
            sb.Append(text);
            sb.Append(string.Format(PageSearchQuery1, indexField));
            sb.Append(exclude);
            sb.Append(string.Format(PageSearchQuery2, indexField));
            sb.Append(tableName);
            sb.Append(" Where ");
            sb.Append(text);
            sb.Append(" ) ");
        }
        else
        {
            sb.Append(string.Format(PageSearchQuery3, indexField));
            sb.Append(exclude);
            sb.Append(string.Format(PageSearchQuery4, indexField));
            sb.Append(tableName);
            sb.Append(" ) ");
        }
    }
    // 加入排序的 SQL 语句
    string order = GetOrderQueryText(query);
    if (!string.IsNullOrEmpty(order))
```

```
        {
            sb.Append(" ");
            sb.Append(order);
        }
        return sb.ToString();
    }
    ...
}
```

在数据代理的代码中需要使用 IQueryStringBuilder 对象创建 SQL 语句，为此数据代理对象保持一个对 IQueryStringBuilder 的引用，并把这个引用公开为属性。数据代理的实现类负责创建 IQueryStringBuilder 对象，以保证这个对象能够把查询对象转换为正确的 SQL 语句。

针对不同的数据库，数据代理必须有不同的实现模式。借助 ADO.NET 面向组件的设计原理，可以把数据代理中数据库的访问流程和实现细节分离开。不管基于什么数据库，使用数据库组件读取数据的流程是不变的，而创建这些组件必须针对不同的数据库。基于这一点，可以在数据代理接口和实现类之间增加一个抽象类，用于封装基于 ADO.NET 组件读取数据的流程。代码如下：

```
// 数据源代理的抽象实现
public abstract class QueryDataProxy : IQueryProxy
{
    public QueryDataProxy(string connectString,
        IQueryStringBuilder queryStringBuilder)
    {
        ...
    }
    ...
    //获取查询结果的数量
    public int GetQueryObjectCounts(QueryParameter query)
    {
        // 防御式编程
        if (query == null) return 0;
        // 使用 using 语句，实现数据库连接的自动关闭
        // 获取创建的数据库连接组件
        using (DbConnection con =
            PrepareConnection(ConnectionString))
        {
            // 获取数据库命令组件
            DbCommand command = PrepareCommand(con, query);
            con.Open();
            // 读取第一行第一列
            object obj = command.ExecuteScalar();
            if (obj == null) return 0;
            // 把读取的结果转换成整型
            if (!int.TryParse(obj.ToString(), out int count))
            {
                return 0;
            }
            else return count;
```

```
        }
    }
    // 读取数据
    public T ExecuteReader<T>(QueryParameter query,
    ReaderHandler<T> hander) where T : class
    {
        // 防御式编程
        if (query == null) return 0;
        // 使用 using 语句，实现数据库连接的自动关闭
        // 获取创建的数据库连接组件
        using (DbConnection con = PrepareConnection(m_ConnectString))
        {
            // 获取数据库命令组件
            DbCommand command = PrepareCommand(con, query);
            con.Open();
            // 获取数据读取组件
            IDataReader reader = command.ExecuteReader();
            // 把数据读取组件作为参数传入
            // 执行委托指向的方法
            return hander(reader);
        }
    }
    // 创建数据库连接组件
    protected abstract DbConnection PrepareConnection(
        string connectionString);
    // 创建数据库命令组件
    protected abstract DbCommand PrepareCommand(DbConnection conn,
        QueryParameter query);
}
```

在数据代理的抽象类中，GetQueryObjectCounts()和 ExecuteReader()方法使用数据库连接组件和命令组件来完成自己的功能。这两个组件对象是依靠抽象方法 PrepareConnection()和 PrepareCommand()创建的。也就是说，在 QueryDataProxy 子类中必须实现这两个方法，并且创建数据库连接对象和命令对象。

在数据代理的抽象类中，泛型方法 ExecuteReader()比较特殊，它的参数 hander 是一个 ReaderHandler<T>类型的委托。委托可以指向一个方法，这个方法的返回值就是泛型的类型 T。这个委托执行时需要一个 IDataReader 类型的参数。第 8 章已经介绍过这个委托的用法，在 ExecuteReader()中使用命令组件获取 IDataReader 组件后会把其作为参数传入委托中。

数据代理的抽象类实现后，创建具体数据库代理的数据代理就很简单了，只要重写两个抽象方法，用于获取具体的数据连接和命令组件即可。针对 SQL Server 的数据代理，这两个抽象方法应该返回 SQL Server 的组件。实现代码如下：

```
// SQL Server 代理
public class SQLQueryDataProxy : QueryDataProxy
{
    public SQLQueryDataProxy(string connectString)
        :base(connectString,new StandardQueryStringBuilder())
```

```
    {
    }
    ...
    // 根据连接字符串创建数据库连接组件
    protected override DbConnection PrepareConnection(string connectionString)
    {
        // 创建一个 SQLServer 连接组件并返回
        SqlConnection conn = new SqlConnection();
        conn.ConnectionString = connectionString;
        return conn;
    }
    // 创建数据库命令组件
    protected override DbCommand PrepareCommand(DbConnection conn,
            QueryParameter query)
    {
        // 把数据库连接组件转换成 SQL Server 连接组件
        SqlConnection sqlConnection = conn as SqlConnection;
        if(sqlConnection == null)
        {
            throw new ArgumentException(nameof(conn));
        }
        // 创建一个 SQL Server 命令组件并返回
        SqlCommand command = new SqlCommand();
        command.Connection = sqlConnection;
        command.CommandText = query.CommandText;
        command.CommandType = query.CommandType;
        command.CommandTimeout = query.CommandTimeout;
        foreach (DbParameter p in query.Parameters)
        {
            command.Parameters.Add((SqlParameter)p);
        }
        return command;
    }
}
```

通过 SQL Server 的数据代理可以看出，实现针对特定数据库的代理非常简单。在查询系统中使用数据代理的方式可以为查询创建一个不依赖实现细节的抽象层，它是基于 ADO.NET 组件设计的接口，使用这些接口，可以使查询门面依赖接口定义的功能去实现查询操作。

使用哪种数据代理依赖于容器配置。查询门面使用的数据代理是在运行时通过依赖注入的方式获取的。使用这种方式，查询门面不必关心使用的是什么数据库，而只要具体的查询代码使用的是基于 ADO.NET 的组件即可。

9.2.4   查询门面

数据代理从本质上说是系统的基础设施，因此接口定义和实现代码都放在继承设施层。查询门面和对象仓储类似，接口定义在应用程序层，而实现需要依赖数据代理，要放在继承设施层。

　　在定义查询门面的接口时，应考虑如何接收 UI 层的参数，并使用 DTO 描述和返回查询的结果。以 iShopping 的商品搜索为例，接收的主要查询参数是关键词，用户一般都会按照关键词搜索商品。在返回结果中需要提供两个方法，分别用于普通查询和分页查询。另外，还要提供一个用于查询商品详情的方法，其输入的参数是商品的标识。接口的代码如下：

```
// 商品搜索门面
public interface ICommodityQuery
{
    // 按关键词搜索商品
    CommodityDTO[] QueryCommoditys(string keyword,string category);
    // 按关键词搜索商品
    PagedResultObject<CommodityDTO> QueryCommoditysInPaged(string keyword,
            string category,
    int pageSize,int pageIndex);
    // 获取商品详情
    CommodityDetialDTO GetCommodityDetail(string id);
}
```

　　在分页查询时，返回结果中需要包含总页数、总记录数、每页显示的记录数和当前页码等信息，因此需要一个单独的泛型类型来描述分页查询的结果。泛型的类型就是返回记录的类型。分页查询记录类的代码如下：

```
//描述分页查询结果
public class PagedResultObject<T> where T : class
{
    public PagedResultObject(int pageSize, int pageIndex, int pages,
        int objectCount, IEnumerable<T> collection)
    {
        PageSize = pageSize;
        PageIndex = pageIndex;
        Pages = pages;
        ObjectCount = objectCount;
        ObjectItems.AddRange(collection);
    }

    //获取或设置每页的记录数
    public int PageSize { get; set; }
    //获取或设置当前页码
    public int PageIndex { get; set; }
    //获取或设置总页数
    public int Pages { get; set; }
    //获取记录数的数量
    public int ObjectCount { get; set; }
    //获取当前页的对象集合
    public List<T> ObjectItems { get; set; }
}
```

　　查询门面的接口和分页查询结果的类都是定义在应用程序层。查询门面和仓储对象的实现方法一样，都是在基础设施层中实现。实现查询门面时，会保持一个对数据代理的引用。查询门面首先会把来自 UI 层的查询信息转换成查询条件对象，然后再调用数据代理引用的 IQueryStringBuilder 对象，把查询条件对象转换成适合当前数据代理的 SQL 语句。当然，要实现查询门面，首先要定义使用 IDataReader 读取数据记录并创建 DTO 的方法，这个方法会循环读取 IDataReader 中的数据，并根据这些数据创建需要的 DTO。代码如下：

```csharp
// 商品搜索门面的实现
public class CommodityQuery : ICommodityQuery
{
    ...
    // 定义用于读取商品对象的方法
    private CommodityDetialDTO[] ReadCommodityDetialDTOs(IDataReader reader)
    {
        List<CommodityDetialDTO> result = new List<CommodityDetialDTO>();
        if (reader == null) return result.ToArray();
        // 循环读取所有的查询记录
        while (reader.Read())
        {
        // 根据查询记录的数据创建商品对象
            CommodityDetialDTO dto = new CommodityDetialDTO
            {
                CommodityID = reader.IsDBNull(0) ? string.Empty : reader.GetString(0),
                Name = reader.IsDBNull(1) ? string.Empty : reader.GetString(1),
                IsOnSale = reader.IsDBNull(2) ? false : reader.GetBoolean(2),
                Description = reader.IsDBNull(3) ? string.Empty : reader.GetString(3),
                CategoryID = reader.IsDBNull(4) ? string.Empty : reader.GetString(4),
                CategoryName = reader.IsDBNull(5) ? string.Empty : reader.GetString(5),
                BasePrice = reader.IsDBNull(6) ? 0 : reader.GetDouble(6)
            };
            if (string.IsNullOrEmpty(dto.CommodityID)) continue;
            result.Add(dto);
        }
        return result.ToArray();
    }
    // 定义用于读取商品详情对象的方法
    private CommodityDTO[] ReadCommodityDTOs(IDataReader reader)
    {
        List<CommodityDTO> result = new List<CommodityDTO>();
        if (reader == null) return result.ToArray();
        // 循环读取所有查询记录
        while (reader.Read())
        {
            // 根据查询记录的数据创建商品详情对象
            CommodityDTO dto = new CommodityDTO
            {
                CommodityID = reader.IsDBNull(0) ? string.Empty : reader.GetString(0),
                Name = reader.IsDBNull(1) ? string.Empty : reader.GetString(1),
```

```
                IsOnSale = reader.IsDBNull(2) ? false : reader.GetBoolean(2),
                Description = reader.IsDBNull(3) ? string.Empty : reader.
GetString(3),
                CategoryID = reader.IsDBNull(4) ? string.Empty : reader.
GetString(4),
                CategoryName = reader.IsDBNull(5)?string.Empty:reader.
GetString(5)
            };
            if (string.IsNullOrEmpty(dto.CommodityID)) continue;
            result.Add(dto);
        }
        return result.ToArray();
    }
}
```

在商品查询门面中定义了两个读取 IDataReader 的方法，分别用于读取商品信息和商品详情信息的 DTO。这些方法最终会被泛型委托 ReaderHandler<T>所引用，并作为参数传入数据代理的 ExecuteReader()方法中。

🔔 **注意**：在读取 IDataReader 中的数据时，要确保读取的顺序和 SQL 查询语句定义的顺序保持一致，否则程序会发生不可意料的错误。

数据代理的 ExecuteReader()方法的第一个参数是 QueryParameter 类型，该类型适用于封装一条 SQL 命令或者一个数据库的存储过程或视图。作为一种通用的封装，QueryParameter 也支持对数据库参数的创建。定义 QueryParameter 的代码如下：

```
//定义查询条件的参数
public class QueryParameter
{
    private List<DbParameter> m_Parameters = new List<DbParameter>();
    public QueryParameter(string commandText, CommandType commandType,
        int timeout, params DbParameter[] parameters)
    {
        CommandText = commandText;
        CommandType = commandType;
        CommandTimeout = timeout;
        if (parameters != null)
        {
            m_Parameters.AddRange(parameters);
        }
    }
    //获取或设置针对数据源运行的文本命令
    public string CommandText { get; set; }
    //指示或指定如何解释 CommandText 属性
    public CommandType CommandType { get; set; }
    //获取或设置 SQL 语句执行的最长时间
    public int CommandTimeout { get; set; }
    //获取 SQL 语句的参数集合
    public DbParameter[] Parameters
    {
```

```
        get { return m_Parameters.ToArray(); }
    }
}
```

查询门面在实现查询时，首先根据 UI 层的查询参数创建查询条件对象，在商品查询门面中，搜索商品的两个方法使用了相同的搜索参数，只是返回方法不同，一个返回普通的 DTO 数组，一个返回分页查询的结果。此时可以定义一个方法，根据方法的两个查询输入内容统一创建查询条件对象。代码如下：

```
// 根据关键词搜索创建查询条件
private QueryCondition GetQueryCondition(string keyword, string category)
{
    // 创建根查询条件 And
    QueryCondition condition = new QueryCondition(QueryRelation.And);
    // 创建子查询条件 Or
    QueryCondition conditionSub = new QueryCondition(QueryRelation.Or);
    // 子查询条件增加按名称和备注搜索两个条件项
    conditionSub.AddConditionItem(new QueryConditionItem("Name",
        ComparePattern.Like, keyword));
    conditionSub.AddConditionItem(new QueryConditionItem("Description",
        ComparePattern.Like, keyword));
    condition.AddSubCondition(conditionSub);
    // 判断是否加入商品分类的查询条件
    if (!string.IsNullOrEmpty(category))
    {
        condition.AddConditionItem(new QueryConditionItem("CategoryName",
            ComparePattern.Like, category));
    }
    return condition;
}
```

根据 UI 层的查询条件创建完查询条件对象后，剩下的事就是把查询条件对象转换成 SQL 语句，然后在数据代理中执行。商品查询门面接口的实现代码如下：

```
// 商品搜索门面的实现
public class CommodityQuery : ICommodityQuery
{
    private const string SQL_SelectCount= @"SELECT count(*)
        FROM dbo.CommodityCategories INNER JOIN
        dbo.Commoditys
         ON dbo.CommodityCategories.ID = dbo.Commoditys.ID";
    private const string SQL_CommodityDetial = @"";
    private const string SQL_QueryCommodity = @"SELECT
        dbo.Commoditys.ID,
        dbo.Commoditys.Name, dbo.Commoditys.IsOnSale,
        dbo.Commoditys.Description,
        dbo.Commoditys.CategoryID,
        dbo.CommodityCategories.Name AS CategoryName
        FROM dbo.CommodityCategories INNER JOIN
        dbo.Commoditys ON dbo.CommodityCategories.ID = dbo.Commoditys.ID";
    private const string PagedTable_QueryCommodity =
        @"dbo.CommodityCategories
        INNER JOIN
```

```
        dbo.Commoditys
        ON dbo.CommodityCategories.ID = dbo.Commoditys.ID";

private readonly IQueryProxy m_QueryProxy = null;

public CommodityQuery(IQueryProxy queryProxy)
{
    m_QueryProxy = queryProxy;
}

// 获取商品详情
public CommodityDetialDTO GetCommodityDetail(string id)
{
    if (string.IsNullOrEmpty(id)) return null;
    // 格式化查询字符串
    string queryText = string.Format(SQL_CommodityDetial, id);
    // 查询商品详情
    CommodityDetialDTO[] detialDTOs =
        m_QueryProxy.ExecuteReader(new QueryParameter(queryText),
        ReadCommodityDetialDTOs);
    if (detialDTOs == null || detialDTOs.Length < 1) return null;
    return detialDTOs[0];
}
// 搜索商品信息
public CommodityDTO[] QueryCommoditys(string keyword, string category)
{
    // 获取查询条件对象
    QueryCondition condition = GetQueryCondition(keyword, category);
    // 使用 StringBuilder 拼接查询字符串
    StringBuilder stringBuilder = new StringBuilder();
    stringBuilder.Append(SQL_QueryCommodity);
    stringBuilder.Append(
        m_QueryProxy.SQLBuilder.GetQueryOfCondition(condition, null));
    // 查询并返回商品对象
    return m_QueryProxy.ExecuteReader<CommodityDTO[]>(
        new QueryParameter(stringBuilder.ToString()), ReadCommodityDTOs);
}
// 按分页方式搜索商品信息
public PagedResultObject<CommodityDTO> QueryCommoditysInPaged(
    string keyword, string category,
    int pageSize, int pageIndex)
{
    // 判断每页查询的数量和页码
    // 如果不合格，则按正常查询返回
    if (pageSize <= 0 || pageIndex <= 0)
    {
        IEnumerable<CommodityDTO> list =
            QueryCommoditys(keyword, category);
        return new PagedResultObject<CommodityDTO>(list);
    }
    // 获取查询条件对象
    QueryCondition condition = GetQueryCondition(keyword, category);
    StringBuilder stringBuilderCount = new StringBuilder();
```

```
            stringBuilderCount.Append(SQL_SelectCount);
            stringBuilderCount.Append(
            m_QueryProxy.SQLBuilder.GetQueryOfCondition(condition, null));
            // 查询符合条件的总数
            int objectCount =
                m_QueryProxy.GetQueryObjectCounts(
                new QueryParameter(stringBuilderCount.ToString()));
            // 按总数计算总页数
            int pagCount =
                (objectCount % pageSize) == 0 ?
                    objectCount / pageSize : objectCount / pageSize + 1;
            // 创建分页查询字符串
            string queryText =
                m_QueryProxy.SQLBuilder.GetQueryOfSearchTextByPageded(
                PagedTable_QueryCommodity, condition, null,
                "ID", objectCount, pageSize, pageIndex);
            // 按分页方式查询商品对象
            CommodityDTO[] result =
                m_QueryProxy.ExecuteReader(new QueryParameter(queryText),
                ReadCommodityDTOs);
            // 返回分页查询结果
            return new PagedResultObject<CommodityDTO>(pageSize, pageIndex,
            pagCount, objectCount, result);
        }
        ...
    }
```

在实现商品查询门面的过程中，获取商品详情的 GetCommodityDetail()方法很简单。首先使用固定格式的字符串拼接成查询语句，然后使用 QueryParameter 对象包装查询语句，再将查询语句作为参数传入数据代理的 ExecuteReader()方法。ExecuteReader()方法还需要一个符合委托 ReaderHandler< CommodityDetialDTO[] >的方法，也就是 ReadCommodity-DetialDTOs()方法。使用这个方法，可以使用记录集中的数据创建商品详情 DTO 对象的集合。

搜索商品的 QueryCommoditys()方法和 GetCommodityDetail()类似，只是需要把关键词和商品分类标识转化成查询条件对象，这个由前面已经实现的 GetQueryCondition()方法来完成。查询条件对象创建后，要使用数据代理的 SQLBuilder 属性所指向的 IQueryString-Builder 对象把查询条件转换成 SQL 语句。

🔲注意：在使用 IQueryStringBuilder 转换 SQL 语句时，作为接口的约定，只转换 SQL 语句中 where 以后的部分（包含 where），前面的语句需要自己拼接。在转换分页查询的 SQL 语句时也遵守同样的约定。

分页查询 QueryCommoditysInPaged 的实现比上述两个方法要烦琐一点。首先要创建关键词的查询条件对象，然后生成 SQL 语句，获取符合条件的记录数量，其次要根据记录数量计算页数等参数，进行第二次查询。这次查询的结果是指定页的记录。获取描述查询结果的 DTO 对象集合后，还要用 PagedResultObject< CommodityDTO >对象包装这个集合和分页的数据。

　　商品搜索在 iShopping 中是一个很典型的搜索应用。在实际项目设计中，商品搜索的应用方式也是很常用的。在实现商品搜索时遵循了 CRQS 规范，虽然没有实现数据库的分离，但是实现了应用层和模型的分离。

　　在实现商品搜索时使用的是 SQL 语句的查询方式，实际项目设计中可以由数据库设计人员来完成查询优化的工作。数据库设计人员可以根据查询特点来优化查询语句，如使用视图优化常用的查询等。

　　⌂注意：数据库优化不属于本书的范畴，有兴趣的读者可以阅读相关书籍。

9.3　小　　结

　　本章介绍了应用程序层的概念和特点，以及它的实现过程。应用程序层是 UI 层和领域模型之间的桥梁，既协助 UI 层和领域模型交互，又防止了 UI 层和领域模型的过多耦合。在实现应用层时，常用的是 CQRS 模式。遵循 CQRS 规范更利于命令功能和查询功能的独立演进与优化。

　　本章通过增加订单项和商品搜索两个示例，介绍了如何实现查询功能。通过这两个典型示例，可以帮助读者掌握应用程序服务的实现流程和方法，并将其应用到真实的项目开发中。

第 10 章　展示层和 MVC 框架

本章主要介绍 Web 应用程序的 UI 层的实现过程，以及 ASP.NET Core MVC 的框架技术和工作原理。

本章的主要内容有：

- ASP.NET Core MVC 框架的工作原理；
- 如何搭建一个 MVC 项目框架；
- ASP.NET Core 中的依赖注入；
- 控制器和视图如何与应用服务集成。

⌂注意：本书不包含前端设计（如 HTML、CSS 和 JavaScript）的相关知识。

10.1　ASP.NET Core MVC 框架

ASP.NET Core 并不是微软第一次在框架中引入的 MVC 框架。在.NET Framework 3.5 中就发布了 MVC 框架。在此之前，在.NET 平台上开发 Web 程序的标准框架是 ASP.NET，它是一种基于事件驱动的开发方式，和用于开发桌面程序的 WinForm 框架类似。ASP.NET 中负责渲染界面的控件称为 Web 窗体。正如其名称，.NET 是想使用与桌面程序相同的方式开发 Web 应用。

和 WinForm 窗体一样，Web 窗体除了使用一个文件描述渲染的内容以外，还有一个代码隐藏文件。这个文件负责与 UI 层的交互逻辑，响应用户交互事件的代码就是在这个文件中实现的。当与用户交互时，客户端会向服务器发送请求并把事件的参数传递给服务器。服务器端接收到请求时，代码隐藏文件负责响应事件。响应事件可能会引起应用程序状态的改变，ASP.NET 会根据新的状态生成新的页面并发送给客户端浏览器。ASP.NET 响应用户事件的流程如图 10.1 所示。

这种事件驱动的开发方式在很大程度上降低了开发难度，使开发人员能够快速理解 ASP.NET 的工作方式。这种工作方式依赖于庞大的框架支撑。为了实现事件驱动方式，ASP.NET 提供了一个抽象层用来把用户的操作事件回传给服务器。很显然，事件驱动方式之所以能在桌面程序中运行良好，是因为桌面窗体文件和响应事件的代码隐藏文件都在同一个进程内，而 ASP.NET 需要使用 HTTP 在 Web 窗体和代码隐藏文件之间建立通信。

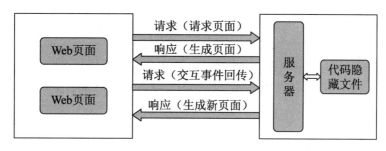

图 10.1　ASP.NET 响应用户事件的流程

除了试图让事件驱动方式与桌面程序保持一致外，ASP.NET 的 Web 窗体引擎也使用了和 WinForm 类似的方式。ASP.NET 的 Web 窗体是由被称为 Web 控件的元素组成，这些控件也被称为服务器控件。它们不会直接被发送到客户端浏览器上，而是在服务器中生成相应的 HTML 元素后再发送给浏览器。当然这种转换也需要一个复杂的抽象层支持。

ASP.NET 的这种开发方式虽然核心层的框架十分庞大，但是并不符合 HTTP 的运作方式。就像把一个方木块插入一个圆管中一样，显然不合适。虽然 ASP.NET 取得了成功，自从发布以来开发了大量的 Web 应用程序，但是这种类似于桌面的开发方式始终被人质疑。质疑来自 ASP.NET 庞大的抽象层和事件驱动方式造成的效率低下。

为了解决这些问题，微软在.NET 3.5 版中推出了另一种 Web 程序框架 ASP.NET MVC。它是一款使用主流方式开发的 Web 应用框架，抛弃了以前隐藏代码的方式，而使用 MVC 架构作为页面与逻辑分离的实现方式，ASP.NET Core 是它的最新版本。

10.1.1　路由

在 MVC 的实现框架中，需要解决的核心问题是如何处理用户的请求。在 ASP.NET Core 中使用了经典的处理方式，由控制器（Controller）处理用户请求。当接收到用户请求后，ASP.NET 会把这个请求转发给控制器，控制器响应请求时，先获取需要渲染的模型对象，再获取用于渲染的视图，然后把模型对象装载到视图中，最后返回这个视图对象，如图 10.2 所示。

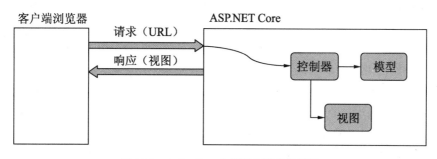

图 10.2　ASP.NET 响应用户请求的流程

在 ASP.NET Core 中，一般有多个控制器，每个控制器有多个方法，控制器的方法也被称为动作。当接收到用户的请求后，ASP.NET 框架会选择由相关控制器的相关方法来响应请求。这个根据 URL 选择控制器及方法的过程称作路由。

如何根据 URL 选择合适的或者匹配的控制器及方法，是程序能否正常工作的关键要素。在为 URL 匹配控制器时，ASP.NET Core 提供了强大、灵活的处理方法。

和在 ASP.NET 中请求被映射到磁盘上的 aspx 文件不同，ASP.NET Core 提供的路由功能完全消除了对磁盘存储文件的依赖，并且可以使用自定义的 URL。这就使得 URL 不再局限于对磁盘文件进行固定方式的映射，这样对用户更友好，而且更利于搜索引擎对 URL 进行优化。

ASP.NET Core 提供了约定路由和特性路由两种方式。约定路由是默认方式，符合约定大于配置的设计思想。约定路由需要一个配置表来定义路由规则，配置表也可以自定义。为了保证程序能正常运行，一般需要为应用程序定义一个默认路由，代码如下：

```
routes.MapRoute(
    name: "default",
    template: "{controller=Home}/{action=Index}/{id?}");
```

上述代码是大多数 ASP.NET Core 程序的默认配置，它建立了一个约定的 URL 路径。这个默认的配置中包含两个参数{controller}和{action}，以及一个可选的参数{id}，每个参数用 URL 的分隔符 '/' 分隔开。这 3 个参数的含义如下：

- controller：映射到控制器的名称；
- action：映射到操作的名称；
- id：可选参数，用于映射到模型实体的 ID。

约定路由同样对控制器和视图的名称和位置做了约定。控制器存放在 Controllers 文件夹中，其名称以 Controller 结尾，视图则存放在 Views 文件夹中。每个控制器都有一个以控制器名称命名的单独的子文件夹，子文件夹中存放的是以控制器的动作（方法）命名的视图文件，如图 10.3 所示。

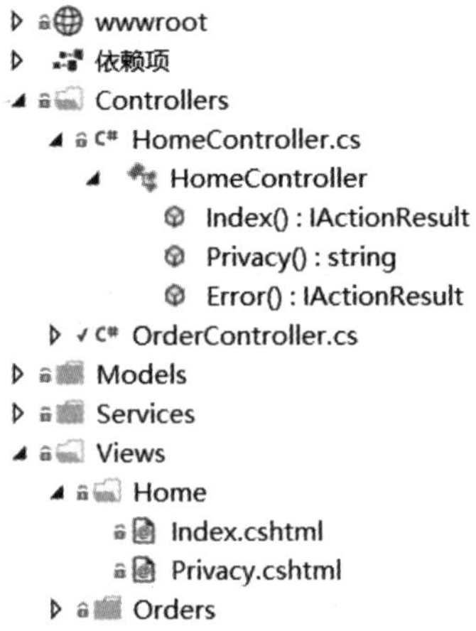

从图 10.3 中可以看出，Controllers 文件夹中有两个控制器 Home 和 Order。而 Views 文件夹中显示的是对应的 Home 控制器的视图文件，两个视图文件分别对应控制器 Home 的两个动作（方法）Index 和 Privacy。通过这种约定，可以方便地添加控制器和视图，而不需要考虑如何配置它们的映射关系，因为 ASP.NET 是通过"约定"而不是配置找到它们的。

约定路由中的默认配置表定义了如何解析请求的 URL，来获取匹配的控制器和动作，并通过符合约定的控制器和视图文件存放目录，让

```
▷ ⊕ wwwroot
▷ ⚏ 依赖项
▲ ⌂▦ Controllers
  ▲ ⌂ C# HomeController.cs
    ▲ ⚙ HomeController
        ⊚ Index() : IActionResult
        ⊚ Privacy() : string
        ⊚ Error() : IActionResult
  ▷ ✓ C# OrderController.cs
▷ ⌂▦ Models
▷ ⌂▦ Services
▲ ⌂▦ Views
  ▲ ⌂▦ Home
      ⌂ 🗎 Index.cshtml
      ⌂ 🗎 Privacy.cshtml
  ▷ ⌂▦ Orders
```

图 10.3　控制器和视图的默认存放目录

ASP.NET Core 正确地找到控制器。这样，ASP.NET Core 就可以正确地把请求转发到控制器的方法中。以默认的配置表为例，其控制器和动作参数都设置了默认的参数 Home 和 Index。控制器的常用动作和 URL 映射如表 10.1 所示。

表 10.1　控制器的常用动作和URL映射

请求URL	控　制　器	动　　作
Home/Index	Home	Index()
Home	Home	Index()
/	Home	Index()
Order/	Order	Index()
Order/Create	Order	Create()
Order/Submit/1	Order	Submit(1)

在 ASP.NET 中，除了默认的路由配置表以外，还可以添加多个路由配置表。当使用多个配置表时，ASP.NET Core 会按照配置表的顺序依次匹配请求的 URL，直到匹配到控制器及动作。添加多个配置表的示例代码如下：

```
app.UseMvc(routes =>
{
    routes.MapRoute(
        name:"Order",
        template: "Order/{action=Index}/{id?}");
    routes.MapRoute(
        name: "default",
        template: "{controller=Home}/{action=Index}/{id?}");
});
```

在上述示例中，所有以 Order 开头的请求都会按照第一个配置表的方式映射。在项目中配置多个路由表，可以帮助设计人员设计出更加个性化和友好的 URL，但是所带来的复杂性也是必须要考虑的。

注意：在一般的项目中，增加路由表会带来路由解析的复杂度提高。除非有必要的理由，否则不要轻易添加路由配置表。

约定路由能很好地解决常规请求的映射问题，而对于一些特殊的请求，如获取某个用户的订单项，则往往会使用类似的请求 URL "http://www.xxx.xx/Customer/{ID}/Order" 来解决。这个请求中包含两个控制名字 Customer 和 Order，使用默认路由表不能正确地处理路由。如果支持这种请求，则在不添加路由表的情况下，可以使用特性路由来实现。特性路由是在设计时通过 RouteAttribute 特性在控制器的方法上标注路由的属性实现的，代码如下：

```
// Order 控制器
public class OrderController : Controller
{
    // Index 动作
    [Route("/")]
```

```
public ActionResult Index()
{
    return View();
}

// 获取用户的订单动作
[Route("Customer/{customerId}/Order")]
public ActionResult GetOrderByCustomer(int customerid)
{
    return View();
}
}
```

在用 Route 特性指定路由时，还可以为路由加上约束条件，例如为参数"{customerid}"指定数据类型和数据范围等约束条件。ASP.NET 的路由功能十分强大，可以通过特性路由为自己的程序配置更加灵活的路由。路由功能的实现和 ASP.NET Core 中的大部分功能的实现一样，都是通过中间件的扩展实现的。这意味着，只要愿意，都可以通过中间件实现更加个性化的路由。

💬注意：特性路由的级别高于约定路由。在解析请求时，使用控制器的方法定义的特性路由级别最高。

10.1.2　MVC 简介

路由解决了对请求的解析问题，它可以使 MVC 模型能够正确地响应用户的请求。除此之外，在一个商业化系统中，日志记录、异常处理和身份认证等模块都是不可或缺的。这些模块是与系统功能垂直的切面。能否提供这些模块的标准化实现，或者为这些模块提供扩展支持，是衡量开发框架好坏的一个重要指标。

在一个商业框架中，要使 MVC 能正常、有效地工作，也需要日志记录、异常处理和身份认证等模块。在响应用户需求时，MVC 一般会把需求转发给控制器。不过有时客户请求的仅仅是静态文件，如层叠样式表文件（CSS），对于这种请求，则不需要经过控制器转发。

控制器在响应用户请求时，并不是都能够顺利地处理，框架需要支持对请求异常的统一处理方法。对于异常的处理和现实方式，开发阶段和部署阶段有不同的需求。当用户发出请求时，大多数企业应用程序基于安全考虑，需要对用户身份进行验证，以确定用户是否有足够的权限访问或修改资源。上述几种情况的处理方式组成了一个成熟的 MVC 框架的最小系统，如图 10.4 所示。

ASP.NET Core 是通过中间件实现上述功能的。事实上，ASP.NET 本身就是建立在中间件基础上的。换句话说，它的大部分功能都是使用中间件实现的。使用中间件的好处是可以灵活、快捷地替换或增加中间件，而不会对其他中间件产生影响。

ASP.NET Core 使用"管道-过滤器"架构实现对中间件的扩展管理。"管道-过滤器"

是一种扩展性非常强的架构，最早被用于编译系统的开发中。"管道-过滤器"架构在工作时就像一个流水线，由一个个互相连接的过滤器组成。当取得输入的数据以后，这些数据会经过一个个过滤器的处理，最终交付给 MVC。"管道-过滤器"架构如图 10.5 所示。

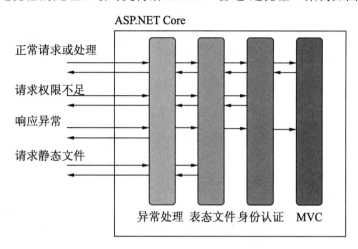

图 10.4　MVC 的最小处理系统

图 10.5　"管道-过滤器"架构

"管道-过滤器"架构的一个非常大的优势是扩展十分简单和方便，在扩展功能时，只要把新的过滤器添加到管道中即可。在 ASP.NET Core 中，中间件是通过 IApplicationBuilder 的扩展方法添加的，注册中间件的地方是 Startup 类的 Configure()方法。在 Visual Studio 中使用 MVC 项目模板自动添加中间件的代码如下：

```
public void Configure(IApplicationBuilder app, IHostingEnvironment env)
{
    // 判断开发环境
    if (env.IsDevelopment())
    {
        // 在开发环境中使用更详细的异常页面
        app.UseDeveloperExceptionPage();
    }
    else
    {
        // 在运行环境中使用专用的异常页面（/Home/Error）
        app.UseExceptionHandler("/Home/Error");
        // 使用 HTTP 严格地传输安全协议
        app.UseHsts();
    }
    var builder = new ConfigurationBuilder();
    builder.SetBasePath(env.ContentRootPath).AddAddressSegmentConfiguation();
```

```
    // 使用 HTTP 重定向
    app.UseHttpsRedirection();
    // 适应静态文件
    app.UseStaticFiles();
    // 使用 Cook 隐私控制
    app.UseCookiePolicy();
    // 使用内置的安全认证
    app.UseAuthentication();
    // 使用 MVC
    app.UseMvc(routes =>
    {
        routes.MapRoute(
            name: "default",
            template: "{controller=Home}/{action=Index}/{id?}");
            });
    }
}
```

在上述自动生成的代码中，使用 IApplicationBuilder 的 UseXXX 扩展方法把各个中间件添加到了请求管道中，具体添加的项数根据项目模板中的选择有所差异。当然，这些代码也可以手动添加。

从代码中可以看出，MVC 也是作为中间件被添加到项目中的。在代码中，系统使用了 IHostingEnvironment 接口的 IsDevelopment()方法判断开发环境，并且为开发环境和运行环境添加了不同的异常处理中间件。作为扩展，可以为开发环境添加处理数据库异常的中间件，代码如下：

```
    // 判断开发环境
    if (env.IsDevelopment())
    {
        // 在开发环境中使用更详细的异常页面
        app.UseDeveloperExceptionPage();
        // 使用数据库异常处理
        app.UseDatabaseErrorPage();
    }
```

除了添加已经实现的中间件外，ASP.NET Core 还允许创建一个自定义的中间件，并将其添加到请求管道中。例如，需要有一个日志文件记录每次的请求，则可以尝试用自定义的中间件来实现。代码如下：

```
    // 自定义请求日志中间件
public class RequestLogMiddleware
{
    // 指向可以处理 HTTP 请求的方法
    private static RequestDelegate m_NextRequest = null;

    public RequestLogMiddleware(RequestDelegate request)
    {
        m_NextRequest = request;
    }
```

```
// 被请求管道调用的方法
public async Task Invoke(HttpContext context)
{
    // 添加日志代码
    // 对象 context 中包含请求的数据
    ...
    // 转向下一个中间件
    await m_NextRequest.Invoke(context);
}
}
```

注意：创建的自定义中间件也要符合一定的约束要求，如方法签名。具体的细节读者可以自行查询相关资料。

10.1.3　控制器

解决完请求路由和请求管道的问题后，MVC 就可以正常地响应请求了。在 MVC 模型中，控制器无疑处于中枢地位，它接收来自用户的请求，获取并修改模型，选择匹配的视图。也就是说，控制器作为 MVC 模型的输入端，在 ASP.NET Core 的 WebAPI 项目中体现得更明显。作为输入端，控制器接收请求管道中传入的用户请求，并对客户端做出正确的响应。

因为控制器接收的请求来自请求管道，而身份认证或用户权限认证的实现是作为中间件添加到请求管道中的，所以控制器可以直接处理客户的请求而不需要考虑权限认证的问题。同样，如果系统需要一些其他的通用功能，也可以作为中间件来实现并添加到请求管道中，控制器更应该关注的是对功能的处理。

控制器作为 MVC 的中枢在实现时有自己的逻辑，它虽然处理请求，但不应该涉及领域逻辑，而应该在处理请求时验证输入参数或者处理视图选择之类的工作。在实现控制器时，一般都会定义一个继承自 Controller 父类并以 Controller 结尾的类，并且一般都会将该类放在 Controllers 的文件夹中。

控制器的名称和存放位置的约束来源于早期版本的 ASP.NET MVC。而在 ASP.NET Core 中，这个约束已经不复存在，新的版本会自动扫描程序集，通过反射找出所有的控制器。但是作为一个良好的编程习惯，开发者在开发过程中应尽量遵守这个约束，这不管是对开发者自己的代码维护，还是对代码的可读性都有利。

实现的控制器与其说是一个类，倒不如说是一个动作容器。一个控制器中包含多个用于处理请求的动作，如果使用 REST 架构风格，这些动作应该是围绕着资源内聚在一起的。也就是说，一个控制器对应一种资源，控制器中的动作是获取、修改和删除等与资源相关的方法。例如，对于 iShopping 系统来说，商品控制器处理的是商品资源内聚的动作，如获取商品、按关键词搜索商品、按分类搜索商品，以及将商品添加到购物车等操作。商品控制器的代码如下：

```
// 商品控制器
public class CommodityController : Controller
{
    // 处理 Comodity 请求，返回指定 ID 的商品
    public IActionResult Index(int id)
    {
        ...
        return View();
    }
    // 处理 Category/{category}/Commdoity 请求，返回指定分类的商品
    [Route("Category/{category}/Commdoity")]
    public IActionResult GetByCategory(string category)
    {
        ...
        return View();
    }
    // 处理 Searck/{key}/Commdoity 请求，返回按关键字搜索的商品
    [Route("Searck/{key}/Commdoity")]
    public IActionResult SearchInKey(string key)
    {
        ...
        return View();
    }
    // 处理 AddToCart/{id}/Commdoity 请求，把商品添加到购物车中
    [Route("AddToCart/{id}/Commdoity/")]
    public IActionResult AddToCart(string id)
    {
        ...
        return View();
    }
}
```

在控制器的方法中，使用了 IActionResult 作为方法的返回值类型，它是 ASP.NET Core 默认的返回值类型。上述代码中的方法都没有具体实现，仅仅是为了程序可以运行而返回的 View 对象。

在控制器的方法中，使用 return View()作为返回代码，意思是返回一个默认视图，而这个视图必须在约定的文件中提供，视图的文件名就是方法名。例如，控制中的 SearchInKey()方法对应的视图是 Views/Commodity/文件夹下的 SearchInKey.cshtml。

在 ASP.NET Core 中，控制器方法的返回值类型并不一定是 IActionResult，也可以是一个方法返回一段字符串。例如，把 SearchInKey()方法的返回类型改为 string，代码如下：

```
// 商品控制器
public class CommodityController : Controller
{
    ...
    处理 Searck/{key}/Commdoity 请求，返回按关键字搜索的商品
    [Route("Searck/{key}/Commdoity")]
    public string SearchInKey(string key)
    {
```

```
        return key;
    }
}
```

把返回类型改为字符串后，当尝试请求这个动作时，会在页面中显示搜索的关键词，如图 10.6 所示。

图 10.6　使用字符串作为返回类型的动作

除了字符串外，控制器的方法还可以有多种返回类型，如 JOSN 和 void 等。这其实是框架实现的语法糖衣。ASP.NET Core 其实要求所有的返回值都是 IActionResult 类型，只是在处理时把字符串、JSON、void 等转换成 IActionResult 的实现类。为了支持不同的返回类型，ASP.NET Core 提供了多种 IActionResult 的实现类，如表 10.2 所示。

表 10.2　ASP.NET Core提供的IActionResult的实现类

返 回 类 型	说　　明
ViewResult	返回一个视图引擎
PartialViewResult	返回一个局部视图
ContentResult	返回字符串
JsonResult	返回JSON文本
FileContentResult	返回文件内容
FilePathResult	返回文件的路径
JavaScriptResult	返回一段JavaScript代码
EmptyResult	返回空值
RedirectToResult	重定向到另一个URL
RedirectToRouteResult	重定向到另一个控制器动作
HttpUnauthorizedResult	返回HTTP403未授权状态码

在设计控制器方法时，可以根据需要从表 10.2 中选择合适的返回类型。到目前为止，所有的示例代码方法都是同步方式，如果控制器方法中调用了长时间的操作，也可以选择异步实现方式。要实现异步方式，需要使用 Task 或 Task<T>返回，示例代码如下：

```
// 使用异步方式定义的动作
public async Task<IActionResult> Search(string key,
    string categoru)
{
```

```
        IActionResult x = null;
        // 长时间的操作可以用异步方式执行
        await Task.Run(() =>
        {
            x = View();
        });
        return x;
    }
```

🔖注意：async 和 await 关键字是 C# 5.0 版本中增加的，用于支持异步编程模型，不能在早期版本的 C#中使用。

10.1.4　控制器和领域模型

控制器是 MVC 架构的中枢，用于调度 MVC 模型，使其能够正常工作。控制器中不应该包含任何业务逻辑代码。按照 MVC 架构的约束，业务逻辑应该在模型中实现，但是作为一个用于处理用户请求的架构，模型的作用被淡化了。在使用领域驱动设计的系统中，MVC 模型不应该包含业务逻辑，它只是领域对象状态的快照。

控制器在处理用户请求而需要修改领域对象时，应该调用应用程序层中的服务，控制器只是负责把修改的命令传给应用服务。这就需要控制器保持对应用服务的引用。同样，当引入依赖注入后，应用服务对象会被注入控制器中。如果应用服务的接口是基于命令的 CQRS，那么控制器在接收到请求后仅需要转换成命令对象，然后转发给应用服务即可。用户请求的处理流程如图 10.7 所示。

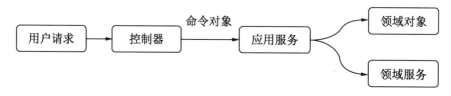

图 10.7　用户请求的处理流程

在 MVC 模型中，通过应用程序层中的查询服务执行查询请求。同样，在应用程序层中也定义了描述查询结果的数据迁移对象（DTO）。DTO 本身就是数据模型。也就是说，DTO 完全可以代替 MVC 中的模型。因此，在进行领域驱动设计时，一般无须再在 MVC 中定义模型。

控制器的方法能区分 HTTP 的方法。也就是说，在 ASP.NET Core 中可以使用 REST 风格设计控制器。但是 ASP.NET Core 并没有对 HATEOAS 提供很多支持，如果想实现 Level3 级的 REST 架构风格，必须手动增加代码支持。

REST 的 HATEOAS 指富媒体应该作为应用程序的状态引擎。简单地说，在视图中应该提供引导应用程序状态改变的链接。这些链接不是视图自己生成的，而是作为查询结果传入视图中的。视图获取这些链接后会自动渲染出这些链接对象，指导用户下一步的操作。

可以在控制器中将符合 HATEOAS 的链接添加到模型对象或者 DTO 对象中。把链接加入对象中的方法有两种：静态加入和动态加入。静态加入需要为模型或 DTO 提供一个父类或者包装类，以支持加入链接。动态加入的方法是使用.NET 中描述动态对象的 ExpandoObject 类实现。不管使用哪种方法，都需要定义描述链接的模型。代码如下：

```
// 描述链接的模型
public class LinkObject
{
    public LinkObject (string href, string rel, string method)
    {
        Href = href;
        Rel = rel;
        Method= method;
    }
    // 链接的 URL
    public string Href { get; set; }
    // 链接的描述
    public string Rel { get; set; }
    // HTTP 方法
    public string Method { get; set; }
}
```

在控制器处理请求资源的方法并获取资源对象后，就可以把这些用户操作指导的链接加入对象资源中。代码如下：

```
// 处理 Searck/{key}/Commdoity 请求，返回按关键字搜索的商品
[Route(template: "Searck/{key}/Commdoity",Name = "SearchInKey")]
public IActionResult SearchInKey(string key)
{
    CommodityDTO dto = new CommodityDTO()
    {   CategoryID = "CC1", CategoryName = "家电",
        CommodityID = "C1",Name="电视",
        Description="描述", IsOnSale=true
    };
    CommodityViewModel model = new CommodityViewModel(dto);
    // 添加链接
    model.AddLinkedObject(new LinkObject(
    m_IUrlHelper.Link("SearchInKey",key), "self", "GET"));
    // 添加链接
    model.AddLinkedObject(new LinkObject(
    m_IUrlHelper.Link("IndexInID",key),  "self", "GET"));
    return View();
}
```

注意：如果请求的是对象集合的资源，需要遍历集合中的对象，并为每一个对象添加操作的链接。

如果想让以上演示代码真正运行，必须实现商品对象的模型 CommodityViewModel。在创建链接时使用了 IUrlHelper，在使用前必须先在依赖注入容器中注册这个接口对象。

IUrlHelper 用于把控制器的动作解析成请求的 URL，它是常用的帮助类，注入的方法如下：

```
services.AddSingleton<IHttpContextAccessor, HttpContextAccessor>();
services.AddSingleton<IActionContextAccessor, ActionContextAccessor>();
services.AddScoped<IUrlHelper>(factory =>
{
    var actionContext = factory.GetService<IActionContextAccessor>()
        .ActionContext;
    return new UrlHelper(actionContext);
});
```

使用这些代码和帮助方法就可以让控制器的返回结果中不但有请求的资源，而且还有资源操作的指导，而视图只要负责把这些指导的链接渲染出来呈现给用户即可。

10.1.5　视图和模型

在 ASP.NET Core 中，视图和 MVC 中的定义完全一致。视图用于渲染模型，并将模型呈现给用户。在 ASP.NET Core 中，视图文件包含服务器运行的方法，并不能将其直接发送给客户端，ASP.NET Core 需要一个视图引擎把视图文件转换成浏览器可以接收的 HTML 文件，如图 10.8 所示。

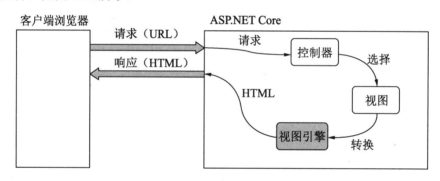

图 10.8　ASP.NET Core 的视图引擎

相比较早期的 ASP.NET 版本，ASP.NET Core 使用了更加先进的 Razor 引擎处理视图文件。视图文件更加接近 HTML 的编写方式。使用 Razor 引擎的视图文件以 cshtml 作为文件的扩展名。在 ASP.NET Core 中，视图文件不再使用代码隐藏文件，逻辑代码（调用应用程序层）全部移到了控制器中，而只在视图文件中保留了用 Razor 语言渲染模型的代码。Razor 允许在视图文件的 HTML 代码中嵌入 C#代码，就像早期的 ASP 文件一样。

在视图文件中嵌入 C#代码是为了渲染对象的属性。在 HTML 代码中融入 C#代码，特别适合将 HTML 中的元素和模型的属性值绑定。在视图文件中，只要在 C#代码前加上@符号，Razor 就能够智能地识别出嵌入的 C#代码。

在 MVC 模型的视图中渲染的是数据模型。由于渲染时使用的是模型中的数据，因此在视图中必须先引入模型的类型。引入模型的 Razor 语法是@model 命名空间.类型名称，模型可以是 MVC 的数据模型，也可以是应用程序层中的 DTO 模型，还可以是项目中的任何类型。例如，要在视图中使用 CommodityDTO 的列表作为模型，需要引入的代码如下：

```
@model IEnumerable<iShopping.Application.CQRS.CommodityDTO>
```

引入模型以后，在视图文件中可以访问这个模型，并且也可以在 HTML 中嵌入 C#代码后访问这个模型对象。当然，前提是控制器在选择视图时会把这个模型类型的对象作为构造方法的参数传入视图中。示例代码如下：

```
// 处理 Searck/{key}/Commdoity 请求，返回按关键字搜索的商品
[Route(template: "Searck/{key}/Commdoity",Name = "SearchInKey")]
public IActionResult SearchInKey(string key)
{
    CommodityDTO[] dTOs;
    // 获取商品集合
    ...
    // 选择视图并把 dTOs 对象传入
    return View(dTOs);
}
```

Razor 视图没有强制使用模型，也就是说在视图中用不用模型完全可以根据需要确定。在 Razor 视图中使用模型很方便，例如想要在视图中渲染商品列表，可以使用 foreach 语句遍历商品 DTO 的集合，从而把所有商品渲染出来。代码如下：

```
<ul>
    @foreach(iShopping.Application.CQRS.CommodityDTO item in Model)
    {
        <li>@item.Name</li>
    }
</ul>
```

在进行创建、修改和删除等操作时，MVC 视图不需要通过事件触发服务器代码。事件触发是一个庞大而烦琐的过程。虽然在 ASP.NET 中从用户事件到服务器之间的实现过程被抽象层隐藏了，但是这种隐藏只是对设计人员而言，在框架中，这些抽象层必须要承担起事件转换和回传的工作。在 Razor 中，创建、修改和删除等操作都是依靠表单提交实现的。表单提交的示例代码如下：

```
@*表单, 动作: AddToCart *@
<form asp-action="AddToCart">
    @*输入值*@
    <input asp-for="CommodityID" />
    <input asp-for="Count" />
    ...
    @*提交按钮*@
    <input type="submit" value=" 添加到购物车 "/>
</form>
```

在上述代码中，asp-action 和 asp-for 是 Razor 的标签助手（TagHelper），它们是一种标记语法，允许向网页中嵌入基于服务器的代码（C#）。两个标签助手分别用于指定表单

提交的动作和用于输入绑定的模型属性。

Razor 的标签助手类似于 ASP.NET 的服务器控件，它并不会直接被发送给客户端浏览器，而会在服务器中运行，转换成 HTML 后再发送给客户端浏览器。它的作用类似于内嵌的服务器代码（C#），只不过使用了更简洁的助记符号。在 Razor 中内置了很多种标签助手，这些标签助手都以"asp-"开头。常用的标签助手如下：

- asp-action：指定动作名。
- asp-controller：指定控制器名。
- asp-fragment：指定 URL 片段名。
- asp-host：指定访问的主机（host）名。
- asp-protocol：指定访问协议，如 http 或者 https。
- asp-route：指定路由名。
- asp-for：指定绑定模型的某个属性
- asp-format：设置显示的格式

除了以上内置的标签助手以外，ASP.NET Core 还允许设计人员通过继承 TagHelper 来自定义标签助手。

默认的 Razor 页面并不是完整的 HTML 页面，该页面只有很少的代码，并没有 HTML 必须具备的元素和标签，它只是 HTML 的一部分。代码如下：

```
@{
    // 指定 Title 的值
    ViewData["Title"] = "Home Page";
}
@{
    // 指定布局页面
    Layout = "_Layout";
}
<div id="content" class="row-fluid">
    <h2>Home</h2>
</div>
```

Razor 视图文件之所以使用这样的方式，是为了充分利用布局页面。布局页面的作用类似于 ASP.NET 中的模板页，而视图页面中的 Layout = "_Layout"是指定的布局页面。布局页面文件一般存放在 Views 文件夹下的 Shared 文件夹中。使用布局页面可以使网站的页面保持同一种风格和布局。在布局页面中，需要在合适的位置加入 RenderBody 方法，用于载入视图页面的内容。代码如下：

```
<!DOCTYPE html>
<html>
<head>
    <meta charset="utf-8" />
    <meta name="viewport" content="width=device-width, initial-scale=1.0" />
    <title>@ViewData["Title"] - iShopping.App</title>
    ...
</head>
```

```
<body>
    ...
    <div class="container">
        <partial name="_CookieConsentPartial" />
        <main role="main" class="pb-3">
            // 载入视图页面
            @RenderBody()
        </main>
    </div>
    ...
    @RenderSection("Scripts", required: false)
</body>
</html>
```

当程序运行时，视图引擎首先把布局文件和视图文件合并成一个完整的 HTML 文件。也就是说，不但可以把页面导航等风格统一的 HTML 元素写入布局视图，还可以把引入的样式表（CSS）和 JavaScript 写在布局视图中，而视图文件中只要关注要渲染模型的 HTML 元素即可。

除了布局文件以外，ASP.NET Core 还有两个特殊页面：_ViewImports 页面和_ViewStart 页面。_ViewImports 页面用于将命名空间引用符号应用到全局的 Razor 页面中，而不必单独添加到每一个页面中。典型代码如下：

```
// 命名空间的引用
@using iShopping.App
@using iShopping.App.Models
@model iShopping.Domain.CommodityCatalog.Commodity;
//标签助手类的引用
@addTagHelper *, Microsoft.AspNetCore.Mvc.TagHelpers
```

而_ViewStart 页面包含每个 Razor 页面执行的代码，会影响位于当前文件夹及子文件夹中的所有 Razor 页面。_ViewStart 页面最常见的用途是为每个 Razor 页面设置布局页面。典型代码如下：

```
@{
    Layout = "_Layout";
}
```

在 ASP.NET Core 的视图设计中，如果需要在多个页面中共用一部分元素，还可以使用局部视图。局部视图只是一个视图片段，和普通视图一样使用 cshtml 后缀名。局部视图也可以使用数据模型，但是控制器并不会和局部视图直接通信。在普通视图中可以使用以下代码，加载并将模型对象传入局部视图中。

```
@Html.Partial("xxx.", Model);
```

注意：为了与普通视图进行区分，局部视图的文件名一般以 "_" 作为前缀。局部视图应保持代码简单，不应该编写复杂的逻辑代码。如果想要包含特殊的功能，可以使用视图组件。

10.1.6　OWIN 和反向代理

ASP.NET Core 是微软的第一个跨平台软件框架，可以将它部署到不同的操作系统中，这一点相比早期的.NET 框架有了很大的进步。ASP.NET Core 能够跨平台，意味着它与 IIS（Internet Information Services）的耦合会大幅减少。IIS 是微软提供的运行在 Windows 系统上的 Web 服务器。目前，IIS 不能运行在其他操作系统中。

在早期使用 ASP.NET 开发的 Web 程序中，程序集被编译成类库，再由 IIS 中的 w3wp 模块托管。而在 ASP.NET Core 中，Web 程序不再是一个类库，而是真正的可执行程序，从项目中有一个 Program 类就可以看出这一点。Program 的代码如下：

```
public class Program
{
    public static void Main(string[] args)
    {
        CreateWebHostBuilder(args).Build().Run();
    }

    public static IWebHostBuilder CreateWebHostBuilder(string[] args) =>
        WebHost.CreateDefaultBuilder(args)
            .UseStartup<Startup>();
}
```

和大多数可执行程序一样，main 方法是程序的入口。在 CreateWebHostBuilder()方法中调用了 IWebHostBuilder 的 CreateDefaultBuilder()方法，完成了 Web 程序的启动。在 ASP.NET Core 的源码中可以看到，CreateDefaultBuilder 的实现代码如下：

```
public static IWebHostBuilder CreateDefaultBuilder(string[] args)
{
    //创建一个 Web 宿主的 builder
    var builder = new WebHostBuilder()
    //使用 Kestrel 作为宿主
    .UseKestrel()
    //获取当前 Web 项目的目录
    .UseContentRoot(Directory.GetCurrentDirectory())
    //配置 WebApp
    .ConfigureAppConfiguration((hostingContext, config) =>
    {
        //获取环境变量
        var env = hostingContext.HostingEnvironment;
        //用 config 来获取 appsettings.json 的内容并进行配置
        config.AddJsonFile("appsettings.json", optional: true, reloadOnChange: true)
            .AddJsonFile($"appsettings.{env.EnvironmentName}.json",
                optional: true, reloadOnChange: true);
        //如果是开发者环境
        if (env.IsDevelopment())
        {
            //加载开发者环境配置
```

```
                var appAssembly = Assembly.Load(new AssemblyName(env.ApplicationName));
                if (appAssembly != null)
                {
                    config.AddUserSecrets(appAssembly, optional: true);
                }
            }
            //用 config 配置环境变量参数
            config.AddEnvironmentVariables();

            if (args != null)
            {
                config.AddCommandLine(args);
            }
        })
    //配置 logger
    .ConfigureLogging((hostingContext, logging) =>
    {

    logging.AddConfiguration(hostingContext.Configuration.GetSection("Logging"));
        logging.AddConsole();
        logging.AddDebug();
    })
    //用 IIS 集成托管 Web 程序
    .UseIISIntegration()
    .UseDefaultServiceProvider((context, options) =>
    {
        options.ValidateScopes = context.HostingEnvironment.IsDevelopment();
    });

    return builder;
}
```

在用 ASP.NET Core 创建默认的主机构建器的代码中，当使用 UseKestrel()方法添加 Kestrel 宿主时，在 CreateDefaultBuilder 方法中对 UseIISIntegration()方法的调用启用了 IIS 集成服务，这样可以使 IIS 与 Web 应用程序进行通信。这是 ASP.NET Core 创建并启动构建器的核心步骤。

Kestrel 是 ASP.NET Core 程序的真正宿主，也是它的默认服务器。Kestrel 是一个内置了解析 HTTP 连接和请求的中间件，支持对 Websocket 和 Signal 请求的解析。也就是说，ASP.NET Core Web 应用程序实际上运行在 Kestrel 中。在与 IIS 集成时，IIS 并不处理 ASP.NET Core 程序的运行，而是把请求转发到 Kestrel 中，从而形成一个反向代理。反向代理是客户请求和真实服务器之间的代理，如图 10.9 所示。

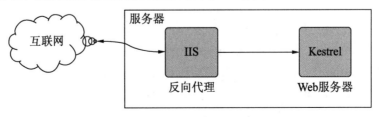

图 10.9　ASP.NET Core 的反向代理

　　使用反向代理可以使客户端和真正的服务器解耦。客户端在发送请求时把请求发送到了反向代理服务器（IIS）上，并没有意识到真正的服务器（Kestrel）的存在。在早期的 IIS 中，处理 ASP.NET 程序的 w3wp 模块并不能和 Kestrel 通信，而 IIS 的全新模块 ASP.NET Core Module 则可以把所有的请求转发给 Kestrel，再把 Kestrel 的响应发送到客户端，其流程如图 10.10 所示。

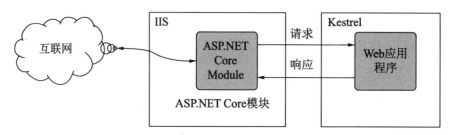

图 10.10　IIS 宿主的 ASP.NET Core Module 和 Kestrel

🔔注意：IIS 作为反向代理时，仅转发请求服务，而不需要运行.NET 的托管代码，因此在配置 ASP.NET Core 网站时可以选择禁止执行托管代码，这样可以提高网站的运行效率。

　　由于使用了反向代理，因此 ASP.NET Core 程序在 Kestrel 中运行几乎不需要依赖 IIS，也就是说几乎不需要和 IIS 进行通信的代码，这就为脱离 IIS 提供了底层支持。ASP.NET Core 程序可以使用第三方的反向代理服务器，Nginx 就是其中的一种。和 IIS 不同，Nginx 可以运行在多个操作系统上，为 ASP.NET Core 的跨平台提供了技术支持。

　　第三方的反向代理服务器之所以能够宿主 ASP.NET Core 程序，是因为它实现了 OWIN（Open Web Interface for .NET）。OWIN 是一种规范，定义了反向代理与 Web 服务器通信的接口，用于统一 Web 服务器通信的方式。ASP.NET Core 中的 Kestrel、Katana 和 Freya 实现了 OWIN，这样支持 OWIN 的反向代理就可以与 Kestrel 进行通信，从而可以宿主 ASP.NET Core Web 程序。

　　OWIN 规范约定，每一个程序都需要提供一个用于启动的 Startup 类。一般情况下会把程序的配置写在 Startup 类中，然后在 ASP.NET Core 程序的启动方法中调用这个 Startup 类。代码如下：

```
public static IWebHostBuilder CreateWebHostBuilder(string[] args) =>
    WebHost.CreateDefaultBuilder(args)
        .UseStartup<Startup>();
```

　　在上述代码中使用扩展方法 UseStartup<T>注册了 Startup 类。虽然按照约定，Startup 类必须要实现 IStartup 接口，但是在静态方法中实现了按方法约定的转换，也就是说 Startup 类没必要一定要实现 IStartup 接口。扩展方法 UseStartup<T>内部调用了对非泛型的方法重载。UseStartup 方法的实现代码如下：

```
public static IWebHostBuilder UseStartup(this IWebHostBuilder hostBuilder,
                                         Type startupType)
{
    var startupAssemblyName = startupType.GetTypeInfo().Assembly.GetName().
Name;

    return hostBuilder
        .UseSetting(WebHostDefaults.ApplicationKey, startupAssemblyName)
        .ConfigureServices(services =>
        {
            if (typeof(IStartup).GetTypeInfo().
              IsAssignableFrom(startupType.GetTypeInfo()))
            {
                services.AddSingleton(typeof(IStartup), startupType);
            }
            else
            {
                services.AddSingleton(typeof(IStartup), sp =>
                {
                    var hostingEnvironment =
                            sp.GetRequiredService<IHostingEnvironment>();
                    // 约定转换
                    return new ConventionBasedStartup(
                            StartupLoader.LoadMethods(
                                sp, startupType,
                                hostingEnvironment.EnvironmentName));
                });
            }
        });
}
```

注意：ASP.NET Core 是一个开源的项目，其源码使用 GitHub 进行托管。读者可以通过代码仓库 https://github.com/dotnet/aspnetcore 下载 ASP.NET 的源码。

10.2　ASP.NET Core MVC 项目

创建 ASP.NET Core MVC 项目最快捷的方式是使用 Visual Studio 的项目模板。使用项目模板可以迅速搭建 MVC 程序所需要的框架，只需要在创建 ASP.NET Core 时选择 MVC 项目模板即可，如图 10.11 所示。

Visual Studio 提供了多个 ASP.NET Core 项目模板。除了支持 MVC 的模板和用于开发 WebAPI 的 API 模板外，还提供了支持前端框架的 Angular 和 React.js 模板。

Angular 是目前十分流行的 Web 前端框架，而 React.js 也是用于前端开发的 JavaScript 库。支持这些流行的前端框架和库是 ASP.NET Core 的一大进步，可以极大地提高项目前端开发的效率。ASP.NET Core 在创建默认的 Razor 页面时使用了另一个非常流行的前端框架 Bootstrap。Bootstrap 是一个基于 HTML、CSS 和 JavaScript 的前端框架，它用于快速开发 Web 应用程序和网站。

图 10.11　ASP.NET Core 中的项目模板

支持 Docker 是 ASP.NET Core 跨平台的另一个特点。Docker 是一个开源的基于沙箱技术的应用程序容器，它可以让开发者将他们开发的应用及依赖包打包到一个轻量级、可移植的容器中，然后发布到任意的 Linux 平台上，从而实现虚拟化。也就是说，使用 Docker 可以让 Web 程序快速移植到另一台主机上。

在 ASP.NET Core 中启用 Docker 并不复杂，需要先安装 Docker 镜像。为了能够正确地运行 ASP.NET Core 程序，在 Docker 镜像中必须包含程序运行所需要的 SDK。为了方便使用，微软提供了完整的 Docker 容器镜像，供设计人员使用，该镜像可以在 https://hub.docker.com/r/microsoft-dotnet-core 网页中找到。

10.2.1　搭建 MVC

虽然使用模板和选项可以快速地创建 ASP.NET Core MVC 程序，但是想要深入理解在 ASP.NET Core 中 MVC 的工作方式和框架支持，最好的方式是手动搭建一个 MVC 框架。手动搭建并不意味着我们要从零开始创建一个 MVC 框架，而是不使用项目模板，借助.NET Core 提供的组件为 Web 项目搭建 MVC 的支持框架。

搭建 MVC 框架从 ASP.NET Core 项目开始，先在项目模板中选择"空"项目。空项目并不意味着创建的项目真的为空，只是项目没有添加 MVC 框架。创建好的项目的文件结构如图 10.12 所示。

在这个空项目中，通过 Startup 文件可以看出，

图 10.12　ASP.NET Core 中的空项目

项目已经添加了对 OWIN 的支持，说明这个空项目是一个具备完全运行功能的 Web 项目。项目中的 wwwroot 文件夹用于存放静态文件，如层叠样式表（CSS）文件和 JavaScript 文件，后续设计中的前端框架，如 Bootstrap 将会加入该文件中。

🔔注意：有的 Visual Studio 版本并不会自动创建 wwwroot 文件夹，但可以使用手动添加的方式创建 wwwroot 文件夹。

　　appsettings.json 和 appsettings.Development.json 文件是项目的配置文件，这两个文件分别用于运行时的配置和开发配置。ASP.NET Core 抛弃了早期版本的 web.Config 式的配置文件，而是使用了更加符合主流方式的 JSON 文件配置。在 appsettings.json 中可以把系统使用的数据库连接字符串添加到配置文件中，代码如下：

```
{
  // 连接字符串配置
  "ConnectionStrings": {
    // 配置系统使用的数据库连接字符串
    "Connection": "Data Source=*;Initial Catalog=*;User ID=*;Password=*"
  },
  // 配置日志文件记录级别
  "Logging": {
    "LogLevel": {
      "Default": "Warning"
    }
  },
  // 权限配置
  "AllowedHosts": "*"
}
```

　　在 ASP.NET Core 项目中，Startup 类是实现 OWIN 规则的类，是搭建和初始化项目的重要类，同时也是项目中注册依赖注入类型的地方。在初始化项目时，很多代码都需要使用上述代码中的配置文件，因此需要把 Startup 类修改一下，增加一个使用 IConfiguration 类型参数的构造方法。代码如下：

```
public class Startup
{
    public Startup(IConfiguration configuration)
    {
        Configuration = configuration;
    }
    public IConfiguration Configuration { get; }
    // 该方法运行时会被自动调用，可以在这个方法中添加服务
    public IServiceProvider ConfigureServices(IServiceCollection services)
    {
        ...
    }
    // 该方法运行时会被自动调用，可以在这个方法中配置 MVC 管道
    public void Configure(IApplicationBuilder app, IHostingEnvironment env)
    {
```

```
        ...
    }
}
```

IConfiguration 接口类型定义了读取配置值的方法，增加使用 IConfiguration 类型的构造方法，可以在系统构建 Startup 对象时传入 IConfiguration 对象。为了方便使用，在 Startup 类中增加了一个 IConfiguration 类型的属性。

Startup 类里有两个被系统运行时自动调用的默认方法。其中，ConfigureServices()方法用于在容器中添加服务，Configure()方法用于配置 HTTP 请求管道。为了使项目增加对 MVC 的支持，需要在 ConfigureServices()方法中增加 MVC 服务，在 Configure()方法中启用 MVC 中间件并配置路由表。代码如下：

```
// 在容器中添加服务
public void ConfigureServices(IServiceCollection services)
{
    // 在容器中添加 MVC 服务，并配置 MVC 兼容版本
    services.AddMvc().
        SetCompatibilityVersion(CompatibilityVersion.Version_2_2);
}

// 配置 HTTP 请求管道
public void Configure(IApplicationBuilder app, IHostingEnvironment env)
{
    // 启用 HTTP 重定向中间件
    app.UseHttpsRedirection();
    // 启用静态文件中间件
    app.UseStaticFiles();

    // 启用 MVC 中间件
    // 设置路由配置表
    app.UseMvc(routes =>
    {
        routes.MapRoute(
            name: "default",
            template: "{controller=Home}/{action=Index}/{id?}");
    });
}
```

添加完 MVC 服务并在请求管道中启用 MVC 中间件后，如果运行网站，会得到一个 404 的异常提示，表示请求的页面不存在，如图 10.13 所示。

图 10.13　网站的 404 异常提示

得到这个响应错误，说明网站确实运行了，并且请求的路由解析也起作用了。因为在

运行网站时没有创建任何控制器和动作，所以按照路由配置表，默认的请求会被映射成 Home/Index。出现 404 错误的原因是程序中没找到 Home 控制器。要让网站运行，必须要添加控制器和视图。

添加控制器很简单。在添加控制器前，需要先按照编码约定在项目的根目录下添加 3 个文件夹，分别是 Controllers、Views 和 Models，用于存放 MVC 的控制器、视图和模型文件，然后在 Controllers 文件夹中添加一个控制器，并保持最简洁的代码形式。代码如下：

```
// Home 控制器
public class HomeController : Controller
{
    // Index 动作
    public IActionResult Index()
    {
        return View();
    }
}
```

在 ASP.NET Core 中允许使用布局视图（Layout）来维持网站外观的一致性。为了利用这个优势，在创建视图前首先要创建布局视图。创建布局视图时也采用了极简的代码，没有实现任何风格和网页特效。在后续中会介绍怎样优化布局视图。按照约定，将布局视图命名为_Layout.cshtml，存放在 Views 中的 Shared 文件夹中。代码如下：

```
<!DOCTYPE html>
<html>
<head>
    <meta charset="utf-8" />
    <meta name="viewport" content="width=device-width, initial-scale=1.0" />
    <title>@ViewData["Title"] - iShopping.App</title>
</head>
<body>
    <div>
        @RenderBody() /*渲染主体，普通视图的占位符*/
    </div>
</body>
</html>
```

布局视图中的 ViewData 用于在视图间传递数据。也就是说，每个视图都要给 ViewData["Title"]赋值，这样可以使每个页面的标题都能够正确地显示。

添加完布局视图文件后，还应该添加_ViewStart.cshtml 和_ViewImports.cshtml 文件，这样可以使每个视图都默认使用布局视图，并导入标签助手以及其他类型的命名空间（namespace）。这两个文件按约定应该存放在 Views 文件夹中。

视图文件一般是和控制器的动作一一映射的，它存放在 Views 文件夹中。每一个控制器都有一个单独的文件夹，里面存放着以动作命名的视图文件。对于 Home 控制器的 Index 动作来说，需要创建一个 Index 视图并将其存放在 Home 文件夹中。代码如下：

```
@{
    ViewData["Title"] = "Index";
}
```

```
<div>
    <h2>Index</h2>
</div>
```

🔔注意：ViewData 可以在视图间传递数据，它采用键-值对的方式存储值。在读取数据或
　　　给 ViewData 赋值时，一定要注意键和值要一致。

此时再次运行网站，即可可以得到正确的响应，如图 10.14 所示。

图 10.14　网站的正确响应

网站有了正确的响应，意味着 MVC 框架搭建成功了。为了提高网站的健壮性，还需
要在 Startup 类中加入异常处理中间件和身份认证中间件。通过这些步骤，MVC Web 项目
最终的文件结构如图 10.15 所示。

图 10.15　MVC 项目的文件结构

🔔注意：控制器和视图的文件架构及名称遵循了 ASP.NET Core 的默认约定。这不是强制
　　　规定，在项目开发中也可以不用遵守，但代价是可能会破坏代码的可读性，并且
　　　必须通过烦琐的配置才能保证程序的正常运行。

10.2.2　依赖注入容器

依赖注入（DI）在前几章中提到过，它是控制反转（Inversion of Control，IoC）的一种实现。控制反转是一种设计模型，是指把正常的依赖移除，使得对依赖对象的获取被倒置到别的地方，从而实现将对象创建（获取）和实现对象的职责分离。例如，在 iShopping 中，很多服务都要使用仓储对象，如果按照正向控制的方式，想要使用仓储对象，必须先把仓储对象创建出来。代码如下：

```
// 订单结算应用服务
public class OrderSettlementAppService
{
    private IOrderRepository m_OrderRepository = null;

    public OrderSettlementAppService()
    {
        // 创建订单的仓储对象
        m_OrderRepository = new OrderEFCoreRepository();
        ...
    }
    ...
}
```

这种正向控制的方式显然不符合依赖倒置（Dependence Inversion Principle）的原则。如果有多种仓储对象的实现方式，必须在订单服务中指定仓储对象的类型。订单服务只应依赖于订单仓储的接口，而不应该依赖于实现。简单地说，控制反转就是把对订单仓储实现的依赖移除。

控制反转的实现方法有多种，可以把创建仓储对象的依赖移植到配置文件中。代码如下：

```
// 订单结算应用服务
public class OrderSettlementAppService
{
    private IOrderRepository m_OrderRepository = null;

    public OrderSettlementAppService()
    {
        // 创建订单的仓储对象
        m_OrderRepository =

    Assembly.Load(ConfigurationManager.AppSettings["AssemblyName"])
            .CreateInstance(ConfigurationManager.AppSettings["Order
    RepositoryName"]);
        ...
    }
    ...
}
```

使用这种方式可以把对仓储对象类型的选择放在配置文件中。如果想更换仓储对象，只要修改配置文件即可，这样实现了订单服务与仓储对象类型的解耦。这种使用配置文件的方式只是简单地实现了控制反转，而对一些多层依赖的支持并不好。例如，仓储对象同时依赖数据上下文，实现起来比较麻烦，只能处理一些简单的控制反转。

目前的流行方式是使用容器实现依赖注入，即使用容器实现类的对象创建和管理。这样，对象的使用者就不再依赖于类的实现，在需要对象时，容器会根据依赖关系创建或获取对象，然后把对象注入使用对象的代码中。

依赖注入容器一般都能解析所负责的层次的依赖关系，并且能够根据配置管理对象的生命周期，使程序设计人员不用关心对象的创建和生命周期的管理，而只关心如何使用对象即可。

ASP.NET Core 的 MVC 也是建立在依赖注入之上的，它利用依赖注入容器管理控制器的激活及视图的渲染。在 ASP.NET Core 中已经内置了原生态的依赖注入容器。

一般而言，依赖注入的方式有两种，分别是构造方法注入和属性注入。比较常用的是构造方法注入，就像在前面章节中多次用到的那样，直接把需要注入的对象类型作为构造方法的参数，在创建这个对象时容器就会把依赖的对象注入进来。以提交订单服务为例，使用构造方法注入的代码如下：

```
// 订单结算应用服务
public class OrderSettlementAppService
{
    private readonly IOrderRepository m_OrderRepository = null;

    public OrderSettlementAppService(IOrderRepository orderRepository)
    {
        // 创建订单的仓储对象
        m_OrderRepository = orderRepository;
        ...
    }
    ...
}
```

OrderSettlementAppService 在代码中并没有创建所依赖的 IOrderRepository，而是在构造方法中把 IOrderRepository 类型对象作为参数传入，在运行时从容器中获取 OrderSettlement-AppService 对象。在容器中创建这个对象时会解析它的依赖关系，创建或获取依赖的对象。

在 ASP.NET Core 中，原生态的容器支持构造方法的注入。为了能够正确地解析依赖关系，需要把依赖对象注册到容器中。ASP.NET Core 提供了一系列 AddXXX 方法，用于注入对象。被注入的对象在容器中有如下 3 种生命周期管理方式。

- Transient：AddTransient()方法，对于每次获取的请求，容器都会创建一个新对象。
- Scoped：AddScoped()方法，对于每一个 HTTP 请求，容器都会创建一个新对象。
- Singleton：AddSingleton()方法，在整个应用程序的生命周期中只有一个实例。

注入对象的系列方法都是通过扩展方法实现的，本质上是把对象添加到 Service-Descriptor 类型的集合中。除了这些通用的方法以外，一些常用的模块还提供特制的扩展方法，如用于添加数据上下文（DbContent）的 AddDbContext()方法。

由于注册对象的代码需要在程序初始化时进行，因此这些代码都会在 Startup 的 ConfigureServices() 中实现。在 iShopping 中存在从控制器到仓储接口的依赖链，如图 10.16 所示。

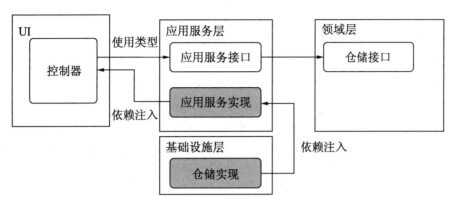

图 10.16　从控制器到仓储接口的依赖关系

从图 10.16 中可以看出，仓储对象和应用服务的实例都需要注册到容器中，这也是一般程序都需要注册的对象。在注册仓储对象以前，需要把数据上下文注入容器中，因为仓储对象的创建也依赖于数据上下文对象。代码如下：

```
public void ConfigureServices(IServiceCollection services)
{
    // 注册订单数据上下文
    services.AddDbContext<OrderDbContext>(options =>
        options.UseSqlServer(
            Configuration.GetConnectionString("Connection")));
    // 注册商品分类数据上下文
    services.AddDbContext<CommodityCatalogDbContext>(options =>
        options.UseSqlServer(
            Configuration.GetConnectionString("Connection")));

    // 注册商品仓储对象
    services.AddScoped<ICommodityCategoryRepository,
        CommodityCategoryEFCoreRepository>();
    services.AddScoped<ICommodityRepository,
        CommodityEFCoreRepository>();

    services.AddScoped<IOrderCostCalculatorRepository,
        OrderCostDiscountEFCoreRepository>();
    services.AddScoped<IOrderRepository,
        OrderEFCoreRepository>();
    services.AddScoped<IShoppingCartRepository,
        ShoppingCartEFCoreRepository>();

    // 注册应用服务
    services.AddScoped<OrderSettlementAppService>();
    // 注册订单事件发布服务
    services.AddScoped<IDomainEventSubscriber,
```

```
                    OrderMessagaPublishService>();

        // 在容器中添加 MVC 服务，并配置 MVC 兼容版本
        services.AddMvc().
            SetCompatibilityVersion(CompatibilityVersion.Version_2_2);
    }
```

在注册数据上下文（DbContext）时需要指定连接的字符串。读取配置中的连接字符串的工作是由前面加入的 Configuration 属性完成的。

ASP.NET Core 内置的依赖注入容器为一般需求的依赖注入提供了简单、灵活的解决方案，但是在应对复杂依赖链的解析时就有点"力不从心"了。ASP.NET Core 内置了一些方法，允许设计人员快速地更换第三方容器。

目前，流行的.NET 平台上的依赖注入容器很多，但是对 ASP.NET Core 支持得最好的是 AutoFac，它提供了更为灵活和强大的功能，如支持扫描程序集加载依赖对象。在 ASP.NET Core 中使用 AutoFac 也很方便，首先需要从 NuGet 中获取引用包。代码如下：

```
Install-Package Autofac -Version 5.2.0
```

然后需要修改 Startup 的代码，以代替原生态的容器。代码分成两部分，首先创建 AutoFac 容器，并把服务寄存到 AutoFac 容器中，然后在 ConfigureServices()方法中代替原生态容器。为了实现代替原生态容器的目的，需要把 ConfigureServices()方法的返回值修改为 IServiceProvider 类型并返回创建的 AutoFac 容器。代码如下：

```
// 把返回类型修改为 IServiceProvider
public IServiceProvider ConfigureServices(IServiceCollection services)
{
    // 添加服务，注册依赖对象
    ...
    ///创建并返回 AutoFac DI 容器
    ///使用 AutoFac DI 容器代替 ASP.NET Core 内置的 DI 容器
    return CreateAutoFac(services);

}
// 创建 AutoFac 容器
private IServiceProvider CreateAutoFac(IServiceCollection services)
{
    /// 创建 AutoFac 容器构建器
    ContainerBuilder bulder = new ContainerBuilder();
    /// 把服务寄存到 AutoFac 中
    bulder.Populate(services);
    /// 使用构建器创建容器
    var container = bulder.Build();
    /// 创建并返回 Auto 容器提供的程序
    return new AutofacServiceProvider(container);
}
```

注意：AutoFac 是一个功能强大的商用依赖注入容器，关于它的更多详细信息请参考网站 http://docs.autofac.org/。

10.2.3　搭建前端开发框架

ASP.NET Core 中使用的 Razor 引擎为前端开发提供了极大的便利，可以使设计人员像设计网页那样设计 Razor 页面。

网页表现力的设计关键是层叠样式表（CSS）和 JavaScript 的使用。CSS 本身很简单，它建立在几个关键的特性上。首先是描述规则的语法，这些语法控制着网页元素如何被渲染。其次是选择器，通过选择器 CSS 知道需要渲染的是哪些元素。最后是为规则进行赋值，正确的赋值不但能匹配元素属性的单位，还能决定渲染的效果。

JavaScript 是一种弱类型语言，它很灵活，使用也很方便。大部分 Web 应用程序都需要使用 JavaScript 实现表单提交、与服务器的异步通信和本地更新等功能。这就像广为流传的"阿特伍德定理"：任何程序，只要能用 JavaScript 编写，最终总归会用 JavaScript 编写。

虽然 CSS 和 JavaScript 有着这样或那样的问题，但是在开发 Web 程序时几乎离不开 CSS 和 JavaScript，它们和 HTML 共同组成了前端开发技术栈。为了简化并进行标准化的前端开发，这些年市场上出现了很多前端开发框架，如 Vue.js、React、Angular 和 Bootstrap 等。

在 Web 程序的前端设计中，使用框架可以极大地提高设计效率，这些框架很多都是基于商业系统开发的，使用它们可以快速创建具有商业应用水平的前端页面。

.NET 社区最流行的前端框架是 Bootstrap，它来自 Twitter，基于 HTML、CSS 和 JavaScript 技术开发，在 2013 年就作为 ASP.NET 的默认视图模板被引入。本章中的示例项目是空项目，想要在该项目中引入 Bootstrap 框架，需要在引入的文件夹（wwwroot）的快捷菜单中选择"添加-添加客户端"命令，会弹出"添加客户端库"对话框，在其中输入需要添加的库"twitter-bootstrap@4.5.2"，然后单击"安装"按钮就可以引入 Bootstrap 框架，如图 10.17 所示。

之后会从 CDNJS 上下载所选取的文件，然后将其复制到 wwwroot 文件夹中。在 Visual Studio 中添加客户端的功能依赖于第三方客户端库管理工具 LibMan。Visual Studio 中的 libman.json 文件用于记录引用的框架。

libman 允许从多个源下载引用的框架文件，CDNJS 是默认选项。CDNJS 是一个基于内容分发网络（Content Delivery Network，CDN）的开源项目提供源。添加完客户端工具后，libman.json 文件会被修改，在该文件中记录了客户端工具安装的各种属性。代码如下：

图 10.17　"添加客户端库"对话框

```
{
  "version": "1.0",
  "defaultProvider": "cdnjs",
  "libraries": [
    {
      "library": "twitter-bootstrap@4.3.1",
      "destination": "wwwroot/twitter-bootstrap/"
    }
  ]
}
```

注意：使用添加客户端功能时需要从远程服务器上下载文件，并且必须保持网络连接的畅通。

从 CDNJS 下载的 CSS 和 JavaScript 文件会保存在 wwwroot 文件夹中。为了方便管理，在"添加客户端库"对话框中可以设置复制的路径。安装好的文件结构如图 10.18 所示。

除了使用 libman 管理第三方的前端框架外，ASP.NET Core 还允许使用 npm 管理程序包。npm 是 Node.js 的包管理工具。目前，前端设计人员大量使用的工具都是通过 Node.js 包提供的，并通过 npm 管理。

在 Visual Studio 中，通过添加"NPM 配置文件"可以把 package.json 文件加入项目中，在这个文件中定义了通过 npm 引用的包。以下示例引用了单元测试框架 Jasmine 和运行程序 Karem，其代码如下：

图 10.18 引用的 Bootstrap 文件结构

```
{
  "version": "1.0.0",
  "name": "asp.net",
  "private": true,
  "devDependencies": {
    "jasmine":"2.5.0",
    "karem":"`1.2.0"}
}
```

本书的重点不在前端设计，毕竟前端设计本身就是一个很庞大的体系，很难用一本书讲透。对于擅长后端设计的开发人员来说，借助类似于 Bootstrap 的前端框架，会大幅降低前端设计的难度。网上也有很多风格各异的 Bootstrap 模板，可以方便开发者直接将其应用到项目中。本书着重介绍 Web 程序的后端设计，主要的关注点在于架构和模式，对前端设计感兴趣的读者可以自行查阅相关资料。

10.3 控制器和视图的实现

10.2 节为 iShopping 项目创建了 Web 应用程序的基本框架，主要搭建了 MVC 的基本框架，并且为前端视图开发引入了 Bootstrap 框架。接下来需要为项目创建控制器和视图。完成领域模型和其他各层的开发工作后，创建控制器就很简单了。这里的简单实际上有两层含义：第一层含义是，控制器的代码仅接收用户的查询和命令，协调应用服务器完成用户请求；另外一层含义是，如果控制器需要编写很烦琐的流程代码，则说明应用服务是不合格的。

10.3.1　控制器和视图

在 iShopping 项目中，最常用的场景是搜索商品。任何一个网上购物网站都会在首页上的显著位置提供搜索商品的入口。在搜索商品时，一般会输入关键字和商品分类两个条件，如图 10.19 所示。

图 10.19　搜索商品

用户在关键词输入框中输入想要搜索的关键字，然后在商品分类下拉列表框中选择商品的分类。当然，用户也可以选择默认的"所有分类"，搜索所有分类的商品。输入搜索条件后单击搜索按钮，系统会跳转到另一个页面并显示搜索的结果。

按照 MVC 模式，搜索请求会被映射到商品控制器上。这就需要创建一个新的商品控制器 CommodityController。控制器在处理搜索请求时会把请求的任务转交给商品查询服务 ICommodityQuery，商品查询服务按惯例会被容器注入商品控制器中。代码如下：

```
// 商品控制器
public class CommodityController : Controller
{
    // 商品查询服务引用
    private readonly ICommodityQuery m_CommodityQuery = null;

    // 商品控制器构造方法
    // 使用构造方法注入 ICommodityQuery 对象
    public CommodityController(ICommodityQuery query)
    {
        m_CommodityQuery = query;
    }
    // 处理 "Commodity/" 请求
    public IActionResult Index()
    {
        return View();
    }
    // 按关键字和分类搜索商品
```

```
    // 特性路由模板 Category/{category}/Commodity/{key}
    [Route("Category/{category}/Commodity/{key}")]
    public IActionResult SearchCommoditys(string category,string key)
    {
        // 使用商品搜索服务获取商品对象 DTO
        CommodityDTO[] commodityDTOs =
            m_CommodityQuery.QueryCommoditys(key, category);

        // 创建视图模型 SearchResult<CommodityDTO>
        var resuls =
            new SearchResult<CommodityDTO>(key, category,string.Empty,
            commodityDTOs);
        return View(resuls);
    }
}
```

　　商品控制器使用了商品搜索服务，而商品搜索服务的实现也引用了数据代理 IQuery-Proxy 对象。为了使商品控制器能够正确运行，必须把商品搜索服务和数据代理服务器注入容器中，而注册的代码依然写在 Startup 类的 ConfigureServices()方法中。在注册数据代理时使用了特殊的方法指定如何使用配置文件中保存的连接字符串创建一个数据代理。代码如下：

```
public IServiceProvider ConfigureServices(IServiceCollection services)
{
    ...
    // 注册数据代理对象
    services.AddTransient<IQueryProxy>(
        x=>new SQLQueryDataProxy(
            Configuration.GetConnectionString("Connection")));

    // 注册商品查询服务
    services.AddScoped<ICommodityQuery,
        CommodityQuery>();
    // 注册商品分类查询服务
    services.AddScoped<ICommodityCategoryQuery,
        CommodityCategoryQuery>();
    ...
    ///创建并返回 AutoFac DI 容器
    ///使用 AutoFac DI 容器代替 ASP.NET Core 内置的 DI 容器
    return CreateAutoFac(services);
}
```

　　在商品控制器处理搜索请求的方法中，使用了特征路由为其指定自定义的路由模板，这样可以响应更加友好的“Category/{category}/Commodity/{key}”请求。

　　在执行搜索商品的任务时调用了商品搜索服务以获取符合条件的商品集合。集合元素的类型是定义在应用层中的商品对象的数据迁移对象 CommodityDTO。但是并没有把这个集合直接传入视图中，因为很多渲染搜索结果的视图需要为用户提示搜索条件。为了把这些附加的数据传入视图中，使用了泛型类 SearchResult<T>描述搜索结果。SearchResult<T>是一个自定义的封装搜索结果的通用数据模型类。代码如下：

```
// 描述通用的搜索结果
public class SearchResult<T> where T:class
{
    private List<T> m_Datas = new List<T>();

    public SearchResult(string key,string categoryID,string categoryName,
T[] datas)
    {
        Key = key;
        CategoryID = categoryID;
        CategoryName = categoryName;
        if(datas!=null) m_Datas.AddRange(datas);
    }

    // 获取搜索的结果
    public T[] Datas{ get => m_Datas.ToArray(); }
    // 获取搜索的关键字
    public string Key { get; private set; }
    // 获取搜索的分类
    public string CategoryID { get; private set; }
    // 获取搜索的分类
    public string CategoryName { get; private
set; }
    // 获取搜索结果的数量
    public int Count { get => Datas == null ?
0 : Datas.Length; }
    // 获取一个值, 指示搜索结果中是否有值
    public bool HaveData { get => Count > 0; }
}
```

图 10.20　项目文件结构

　　数据模型 SearchResult<CommodityDTO>同样也作为搜索商品映射的视图模型。在 ASP.NET Core 中创建视图有多种方式，可以在创建时选择模型及视图的模板。对于新手来说，最好的方式是创建一个不使用模型的空视图，然后手动加入代码。创建视图时需要遵守 ASP.NET Core 的约定，把搜索商品的视图存放在 Views 中的 Commodity 文件夹中。完成控制器文件、视图文件及数据模型文件的创建后，项目文件结构如图 10.20 所示。

　　不使用模板的空视图不会包含过多的内容，需要在视图中加入要使用的模型类型。在 Razor 中的页面开始的地方使用@model 指令标记视图使用的模型类型。代码如下：

```
@model iShopping.MVCApp.SearchResult<iShopping.Application.CQRS.CommodityDTO>
```

　　注意：在控制器中传入的视图对象的类型必须和视图指定的模型类型保持一致，或者是模型的子类型，否则会出错。

　　导入数据模型后，在视图文件中就可以渲染视图模型了。Razor 允许把渲染模型的 C#

代码嵌入 HTML 中，这种方式为视图的设计提供了很大的方便。在使用模型数据时通过 @Model 指令可以获取传入视图的模型对象。渲染搜索结果的视图文件代码如下：

```
@model iShopping.MVCApp.SearchResult<iShopping.Application.CQRS.CommodityDTO>
@{
    ViewData["Title"] = "搜索结果";
    ViewData["Searckey"] = Model.Key;
    ViewData["CategoryID"] = Model.CategoryID;
}

<div class="container">
    <!-- 从模型中获取搜索的附加数据 -->
    <div class="post-title pb-30">
        <h2>您使用关键字 '@Model.Key '搜索了商品，共有 @Model.Count 条记录</h2>
    </div>
    <!-- 渲染搜索的结果 -->
    <div class="hot-deal-active owl-carousel">
        <!-- 遍历搜索的结果 -->
        @foreach (var item in Model.Datas)
        {
            <!-- 渲染商品对象 -->
            <div class="single-product">
            <!--获取并渲染商品图片 -->
                <div class="pro-img">
                    <a href="product.html">
                        <img class="primary-img"
                            src=@item.Description alt="产品描述">
                    </a>
                </div>
                <div class="pro-content">
                    <div class="pro-info">
                        <!--获取并渲染商品名称 -->
                        <h4><a href="product.html">@item.Name</a></h4>
                        <p><span class="price">@item.BasePrice.ToString()</span>
</p>
                    </div>
                    <div class="pro-actions">
                        <div class="actions-primary">
                            <!-- 连接指向 Commodity/AddToCart 动作  -->
                            <!-- 并把商品 ID 参数传入  -->
                           <a title="把商品添加到购物车中"
                             asp-controller="Commodity"
                             asp-action="AddToCart"
                             asp-route-time="@item.CommodityID">
                            + 添加到购物车中</a>
                        </div>
                    </div>
                </div>
            </div>
        }
    </div>
</div>
```

在视图中用很简洁的代码遍历搜索结果，并把每个商品对象渲染出来。对象的属性可以直接作为 HTML 元素的属性值。在每个商品对象的渲染层（div）中增加了一个"添加到购物车"的链接，这个链接指向的也是控制器。在描述链接属性时使用标签助手设置链接请求被映射的控制器动作及需要传入的参数。商品对象的渲染效果如图 10.21 所示。

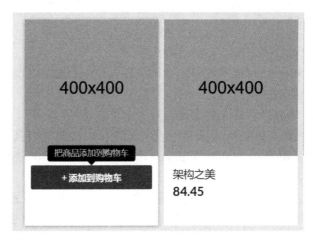

图 10.21　商品对象的渲染效果

为了能使这个链接正常运行，必须在商品控制器中增加 AddToCart 动作，以确保系统能响应这个链接的请求。代码如下：

```
// 商品控制器
public class CommodityController : Controller
{
    ...
    // 添加到购物车中
    public void AddToCart(string commodityID)
    {
        ...
    }
}
```

执行"添加到购物中"的动作时，并没有使用 IActionResult 作为返回值类型，而是使用了 void，表示这个动作不会返回一个新的页面，而只是把商品添加到了购物车中。在设计时如果需要跳转到购物车页面，只需要把返回类型改成 IActionResult 即可。

10.3.2　视图的表单提交

商品搜索请求是用户单击搜索按钮发起的。不同于 ASP.NET 的事件方式，在 ASP.NET Core 中使用链接或表单提交的方式向服务器发出请求。表单提交有多种方式，最常用的方式是在 HTML 中使用 form 提交。其他方式主要用于特殊需求，如使用控制器提交或者使用 JavaScript 提交。

使用 form 元素提交的方式是直接在 HTML 中嵌入 form，提交的服务器地址通过 action 属性进行设置，表单中可以包含一系列的<input>元素。代码如下：

```
<form action="xxx" method="get">
  <input type="text" name="input1"/>
  <input type="text" name=" input2"/>
  <input type="submit" value="提交"/>
</form>
```

表单中的 action 和 method 是两个最重要的属性。action 属性用于设置表单提交的地址，这个地址可以是一个静态的网页地址，也可以是控制器的动作地址。这就意味着表单可以直接提交给控制器，毕竟表单提交的也是用户的请求。

表单提交时大多会附带数据，这些数据会随着表单一起提交给服务器。这些数据称为表单数据。这些表单数据是由表单中的<input>元素和表单允许的其他元素组成的。通过元素中的 name 属性，表单会把数据表编成键-值对的格式。

表单提交的方式通过 method 属性来设置。表单共有两种提交方式，即 POST 和 GET，默认是 GET 方式。POST 和 GET 方式的最大区别是表单数据对用户是否可见。GET 方式会把表单数据编码在 URL 中，因此对用户是可见的。而 POST 方式则把表单数据编码在请求的主体中，并不会重新编码 URL，因此对用户是不可见的。

搜索商品对象的表单被写在布局文件中，这样就为所有的页面都提供了统一的搜索界面。在搜索表单中使用两个表单元素分别记录关键字和商品分类的表单数据。其中，关键字使用<input>元素，商品分类使用<select>元素。表单的代码如下：

```
<div class="categorie-search-box">
    <!-- 表单 form 元素 - 提交动作 "/Category/category/Commodity/key" -->
    <form  action ="/Category/category/Commodity/key" method="post">
        <div class="form-group">
            <!-- select 元素 - 提交数据 "category" -->
            <select class="bootstrap-select" name="category"
            id="commoditycategory">
                <option value="0" >所有分类</option>
                <option value="1">书籍</option>
                <option value="2">技术</option>
                <option value="3">家电</option>
                <option value="4">时尚</option>
            </select>
        </div>
        <!-- input 元素 - 提交数据 "key" -->
        <input type="text" name="key" placeholder="我想搜索...">
        <!-- button 元素 - 点击后提交表单 -->
        <button id="but_Search">
        <i class="lnr lnr-magnifier"></i>
        </button>
    </form>
</div>
```

添加表单后，商品的搜索功能就基本实现了。输入查询条件后单击搜索按钮，表单会提交一个 HTTP 请求，并会把查询条件作为表单数据附加到请求中。请求会被映射到商品控制器的 SearchCommoditys 动作中，这个动作会根据条件查询商品并把结果用视图渲染出来，如图 10.22 所示。

图 10.22　商品搜索结果

在表单中描述商品分类数据时使用了硬编码数据，所有的商品分类都是使用<select>元素中的<option>添加的。这是因为布局页没有对应的控制器，没办法使用模型传入商品分类数据。10.3.3 小节将会使用异步通信的方式从控制器中异步读取商品分类数据，并使用 JavaScript 把数据加载到页面上。

10.3.3　视图与服务器的异步通信

在 Web 应用程序项目中，当视图引擎将生成的 HTML 文件发送给客户端浏览器后就断开了连接，发送给客户端的 HTML 文件是静态文件。也就是说，发送给客户端的 HTML 文件不能再从服务器中获取数据，直到客户端再一次请求服务器。当然，客户端浏览器也可以通过 JavaScript 修改显示的 HTML 文件，但是这种修改仅限于使用本地数据。

作为企业应用程序，有时需要在渲染视图后自动更新数据。这种需求有两种情况：一种是客户端浏览器主动发起的数据请求，客户端几乎需要实时地刷新数据，例如客户端需要实时监控股票行情；另一种是服务器中运行的对象状态发生了改变，需要通知客户端，例如订单状态发生改变时通知用户。不管是哪一种情况，都需要客户端和服务器保持实时的连接。

对于第一种情况，需要本地的 JavaScript 能够建立与服务器的连接，然后获取服务器的数据，然后在客户端修改 HTML 文件。这种技术被称为 AJAX 技术。

AJAX 是 Asynchronous JavaScript And XML 的缩写，通过 JavaScript 与服务器进行少量的数据交换，从而实现网页的异步更新。这样可以在不重新加载整个网页的情况下对网页进行局部更新。

与早期的 ASP.NET 不同，ASP.NET Core 并没有直接提供对 AJAX 的支持，但设计人员可以通过 jQuery 实现 AJAX。jQuery 是一个 JavaScript 框架，提供了使用 AJAX 的方法。在 jQuery 中使用$.ajax 标明开始一个异步通信方法，代码如下：

```
$.ajax({
```

```
        url: "服务器地址",
        dataType: 'json',
        type: "post"
   }).done(function(results)
   {
        读取成功，result 是返回值
   });
```

在 10.3.2 小节的示例中，表单描述商品分类数据时使用了硬编码数据。这种方式只是为了演示的方便，在实际项目设计中会造成视图与领域逻辑的深度耦合。正确的方式是视图从控制器中获取数据，然后动态渲染商品分类。由于产品分类的渲染是布局文件的一部分，因此布局文件没有相应的控制器。

对于这种情况，可以通过 ASP.NET Core 的 ViewBage 缓存数据，即在每个返回视图的控制器动作中都读取商品分类数据，然后把这些数据缓存到 ViewBage 中。代码如下：

```
public IActionResult SearchCommoditys(string category,string key)
{
    ...
    // 获取商品分类数据
    CommodityCategoryDTO[] categoryDTOs =
        m_CommodityCategoryQuery.GetPrimaryCategory();
    // 添加到 ViewBage 中
    ViewBag["CommodityCategorys"] = categoryDTOs;
    return View(resuls);
}
```

在视图布局文件获取 ViewBage 中的数据后就可以渲染出商品分类数据。代码如下：

```
<select class="bootstrap-select" name="category"
    id="commoditycategory">
@{
    CommodityCategoryDTO[] dtos =
    ViewBag["CommodityCategoru"] as CommodityCategoryDTO[];
}
@foreach (var item in dtos)
{
    <option value='@item.CategoryID'>@item.CategoryName</option>
}
</select>
```

这种方式虽然可行，但是要求每个使用布局的视图都要读取商品分类数据，然后把数据放入缓存中，略显"笨拙"。更好的方式是使用 AJAX 技术，在布局页中动态地加载数据。

在实现异步通信时，从控制器传回的数据使用的是 JSON 格式，极大地简化了客户端代码。网页的局部更新是通过 JavaScript 完成的，JavaScript 获取控制器返回的数据，动态地把<option>添加到<select>中。代码如下：

```
function loadcommoditycategory(elementID) {
    var jsonData = $.ajax({
        url: '/CommodityCategory/PrimaryCategory',
        dataType: 'json',
```

```
    }).done(function (results) {
        var select = document.getElementById(elementID);
        //select.options.length = 0;
        select.remove();
        for (j = 0, len = results.length; j < len; j++) {
            var y = document.createElement('option');
            y.text = results[j].CategoryName;
            y.value = results[j].CategoryID;
            select.options.add(y, null);
        }
    })
}
```

可以将以上这段 JavaScript 代码嵌入视图文件中。但是为了养成良好的编程习惯，最好把它写在一个单独的 JavaScript 文件中，然后在布局页面中加载这段脚本。布局文件加载脚本的代码如下：

```
<!-- 加载 jQuery js -->
<script src="/js/jquery.js"></script>
<script>
    <!-- 页面加载时执行 -->
    window.onload = function () {
        loadcommoditycategory("commoditycategory");
    }
</script>
```

因为使用了 jQuery 的 AJAX 技术，所以在布局页面中要引入 jquery.js 文件，当然这需要先下载 jQuery 框架。在 Visual Studio 中可以使用与 Bootstrap 同样的方式（即添加客户端的方式）把 jQuery 框架加入项目中。

AJAX 技术适用于客户端的异步刷新，但不适用于服务器的状态改变而需要通知客户端的场景。例如在 iShopping 中，物流信息改变了，需要通知正在客户端浏览商品的用户。要想从服务器上不断获取物流数据，客户端代码必须使用轮询方式不断地请求服务器，这显然不是一个高效的解决方案。

对于需要服务器通知客户端的场景，推送服务是一个高效的解决方案，这在手机 App 中的应用很广泛，一般都是基于第三方平台提供推送服务。在.NET 社区中，SignalR 是一个非常高效的推送服务解决方案，可以将其集成在.NET 中，实现局域网和互联网上的推送服务。SignalR Core 是应用在.NET Core 平台上的版本。

SignalR Core 本来是准备作为 ASP.NET Core 的一部分集成发布的，但由于种种原因最终作为一个单独的组件发布。在 ASP.NET Core 中使用 SignalR 很方便，但需要引用 SignalR 库。SignalR 库分为两部分，一部分是运行在服务器中的服务器库，另一部分是运行在客户端浏览器中的 JavaScript 库。服务器只要从 NuGET 中引用 SignalR 库即可，而 SignalR 库则需要通过 npm 引用。

SignalR 的使用很简单，限于篇幅，本书不对 SignalR 做过多介绍，有兴趣的读者可以查阅官方资料。

10.4　小　　结

　　软件和界面（UI）是人机交互的重要途径，不管是 Web 应用程序还是桌面应用程序，对 UI 的要求越来越高。这意味着设计人员几乎不可能离开 UI 框架的支持而创建一个可以商用的软件产品。同样，对于 UI 框架的设计来说，应尽可能集成项目中的常用功能，这样可以让设计人员将重点放在业务逻辑的实现上。

　　ASP.NET Core 是一个优秀的 Web 应用程序开发框架，它和以往的 ASP.NET 不同，它拥抱开源社区，而且可以跨平台使用。开源使 ASP.NET Core 的开发更符合主流方式，同时也为设计人员在开发项目时引入第三方的开源库提供了方便。数量众多的开源库和不断发展的 UI 框架给设计人员的知识体系迭代带来了巨大的压力，但是推动这些变化的设计思想却维持相对的稳定。作为设计人员，了解设计思想比了解这些框架和开源库更重要。

　　UI 层的设计，尤其是前端设计，包含多个专业的知识点，本章不可能完全覆盖这些知识。本章主要介绍了 ASP.NET Core MVC 的运行方式和运行流程，然后通过一个示例介绍了如何在 MVC 基础上实现软件功能。通过本章的学习，读者可以掌握如何使用 MVC 将系统功能和 UI 结合起来开发出一个完整的 Web 应用程序。